U0161498

“十三五”国家重点出版物出版规划项目

光电子科学与技术前沿丛书

有机自旋光电子

胡　斌　王　恺　于浩淼　李金鹏/编著

科学出版社

北京

内 容 简 介

　　有机自旋光电子学是一个将有机光电子学和自旋光电子学相融合的前沿科学领域，该研究方向将自旋作为信息载体，使其融入到有机光电子材料与器件当中；主要通过自旋极化电学输运和磁场效应两大性质，研究与自旋相关的各类现象，并且通过自旋物理、光物理、光化学来加以诠释。本书通过五大方面来详细介绍该领域，包含电子的磁学性质、光物理和光化学、磁场效应、自旋注入和操控、自旋界面；此外，书中还详细介绍了有机-无机杂化钙钛矿自旋光电子方面的研究和进展。

　　本书可供有机化学、光化学、半导体物理、光物理等领域的科研工作者参考，也可作为相关领域本科生、研究生的入门教程。

图书在版编目(CIP)数据

　有机自旋光电子/胡斌等编著. —北京：科学出版社，2020.12
　(光电子科学与技术前沿丛书)
　"十三五"国家重点出版物出版规划项目　国家出版基金项目
　ISBN 978-7-03-066356-6

　Ⅰ. 有…　Ⅱ. 胡…　Ⅲ. 光电子学　Ⅳ. TN201

　中国版本图书馆 CIP 数据核字(2020)第 197322 号

责任编辑：张淑晓　付林林/责任校对：杜子昂
责任印制：肖　兴/封面设计：黄华斌

科学出版社 出版

北京东黄城根北街 16 号
邮政编码：100717
http://www.sciencep.com

河北鹏润印刷有限公司 印刷

科学出版社发行　各地新华书店经销

*

2020 年 12 月第 一 版　开本：720×1000　1/16
2020 年 12 月第一次印刷　印张：13 1/4
字数：267 000

定价：128.00 元

(如有印装质量问题，我社负责调换)

丛书序

　　光电子科学与技术涉及化学、物理、材料科学、信息科学、生命科学和工程技术等多学科的交叉与融合，涉及半导体材料在光电子领域的应用，是能源、通信、健康、环境等领域现代技术的基础。光电子科学与技术对传统产业的技术改造、新兴产业的发展、产业结构的调整优化，以及对我国加快创新型国家建设和建成科技强国将起到巨大的促进作用。

　　中国经过几十年的发展，光电子科学与技术水平有了很大程度的提高，半导体光电子材料、光电子器件和各种相关应用已发展到一定高度，逐步在若干方面赶上了世界水平，并在一些领域实现了超越。系统而全面地整理光电子科学与技术各前沿方向的科学理论、最新研究进展、存在问题和前景，将为科研人员以及刚进入该领域的学生提供多学科、实用、前沿、系统化的知识，将启迪青年学者与学子的思维，推动和引领这一科学技术领域的发展。为此，我们适时成立了"光电子科学与技术前沿丛书"专家委员会，在丛书专家委员会和科学出版社的组织下，邀请国内光电子科学与技术领域杰出的科学家，将各自相关领域的基础理论和最新科研成果进行总结梳理并出版。

　　"光电子科学与技术前沿丛书"以高质量、科学性、系统性、前瞻性和实用性为目标，内容既包括光电转换导论、有机自旋光电子学、有机光电材料理论等基础科学理论，也涵盖了太阳电池材料、有机光电材料、硅基光电材料、微纳光子材料、非线性光学材料和导电聚合物等先进的光电功能材料，以及有机/聚合物光电子器件和集成光电子器件等光电子器件，还包括光电子激光技术、飞秒光谱技术、太赫兹技术、半导体激光技术、印刷显示技术和荧光传感技术等先进的光电子技术及其应用，将涵盖光电子科学与技术的重要领域。希望业内同行和读者不吝赐教，帮助我们共同打造这套丛书。

在丛书编委会和科学出版社的共同努力下，"光电子科学与技术前沿丛书"获得 2018 年度国家出版基金支持，并入选了"十三五"国家重点出版物出版规划项目。

我们期待能为广大读者提供一套高质量、高水平的光电子科学与技术前沿著作，希望丛书的出版为助力光电子科学与技术研究的深入，促进学科理论体系的建设，激发创新思想，推动我国光电子科学与技术产业的发展，做出一定的贡献。

最后，感谢为丛书付出辛勤劳动的各位作者和出版社的同仁们！

"光电子科学与技术前沿丛书"编委会

2018 年 8 月

前　言

　　有机自旋光电子学(organic spin-optoelectronics)是将有机光电子学(organic optoelectronics)和自旋电子学(spintronics)相结合的前沿科学领域，也是现阶段国内外的研究热点。近几年，我国科研人员在有机光电子领域的发展道路上已做出了许多杰出贡献，如有机太阳电池、有机发光二极管、有机光电探测器、有机场效应管、有机存储器的研究和开发。该类研究将电子电荷(electronic charge)特性有效地运用在基于有机半导体材料的光电子器件中，相比于传统的无机半导体材料(如硅、锗、砷化镓)，这类材料价格低廉、器件制备工艺简单且周期较短。需要特别指出的是，有机半导体材料的光、电、磁物性较易通过物理和化学方法进行调控，一般可在室温或低温下完成，这为进一步发展低成本、低能耗、便携式柔性可穿戴、半透明及全透明有机光电器件提供了必要的前提条件。此外，为了实现易携带、高密度集成、超级运算、大容量存储、可折叠等先进功能，部分电子元件的尺寸和体积在研发过程中不断被削减，在器件运行过程中，量子效应变得更加明显，这对进一步均衡器件寿命、能耗、稳定性和体积提出了科学挑战。

　　相比于电子的电荷属性，其自旋属性(spin property)也可以运用在有机半导体材料和器件中，电子电荷和自旋共同作为信息的载体。事实上，自旋光电子学在无机半导体材料中已有长足发展，进而拓展到二维材料、二维电子气、拓扑绝缘体、超导体。近几年相关科学研究已表明，电子的自旋属性在有机半导体材料中更易于调控，这是由于该类材料的组分主要包含碳、氢、氧、氮元素，这些元素的原子序数相对较小，自旋-轨道耦合效应相对比较弱，这为较长的自旋弛豫时间和弛豫距离提供了必要条件。此外，有机半导体分子修饰和元素取代较易完成，这为进一步拓展有机光电子器件的功能提供了可行性。因此，随着新型有机材料的不断涌现以及相关理论的提出，该前沿多元化科研领域将不断受到科学界的广泛关注。

有机自旋光电子作为基础科学研究在欧洲、美国、日本起步较早，发展至今，这些国家和地区已主导许多重要科研成果；而我国在这方面的科研投入和产出相对较少，在有机自旋光电子学领域人才培养方面较弱。此外，该科研领域具有多元化属性，所涵盖的研究内容包括理论物理、实验物理、半导体物理、材料物理、有机化学、电子学等。因此，作为该领域的科学研究工作者，我们希望通过本书为国内正在从事和即将从事该领域研究的学者们提供一些相关知识。此外，本书在本科生和研究生培养方面具有一定的指导作用。

作者长期从事有机自旋光电子学方面的研究，本书即基于作者多年的研究经验和知识储备撰写而成。本书从五大方面来系统地介绍有机自旋光电子的发展和研究，具体内容包括：①电子的磁学性质；②有机材料的光物理与光化学；③有机半导体磁场效应；④自旋注入和操控；⑤自旋界面。

本书所涉及的部分研究工作是在国家自然科学基金重点项目"有机/无机杂化钙钛矿光伏、发光、磁光效应综合研究"及其他项目(编号：61634001, U1601651, 61974010, 61904011)的支持下完成的。本书的出版得到了国家出版基金的资助。在此一并表示衷心的感谢！

限于时间和水平，书中难免存在不足之处，敬请读者批评指正。

编著者

2020 年 5 月于北京交通大学

目 录

第 1 章

电子的磁学性质

1.1　引言

本章对电子的磁学性质特别是自旋属性进行简要介绍。电子的自旋属性决定了固体材料的磁矩，宏观磁学基于量子力学中电子的角动量，该角动量包含其轨道角动量和自旋角动量，二者之间能够产生自旋-轨道耦合作用。在磁场力的作用下，自由电子可发生回旋加速运动，而被原子核所束缚的电子可产生拉莫尔进动。固体材料的磁学性质主要取决于原子中的定域电子以及能带中的离域电子。

1.2　电子简介[1]

电子具有电荷和自旋两大物理属性。我们通常谈论和接触的与电子相关的材料(如金属、半导体)以及各类电子元件和设备，大多与电子的电荷属性相关，而自旋作为电子的另一大属性却常常被忽视，究竟自旋在材料中是如何被体现出来的呢？电子的自旋是否能被当作信息载体呢？本章将介绍自旋的基本性质，从物理学上来讲，也可称之为电子的磁学性质。事实上，磁矩与自旋角动量紧密相连，微观的磁学理论也基于电子的角动量，该角动量包含轨道角动量(通常用 l 表示)和自旋角动量(通常用 s 表示)，二者既可以并存，也可以通过所谓的自旋-轨道耦合进行相互作用。此外，外加磁场可以对自旋以及自旋所处的能级产生干扰，例如，自由电子在外加恒定磁场作用下可以产生回旋轨道运动，而被原子核紧紧束缚的电子在该磁场作用下能够产生拉莫尔进动。历史上人类对电子的电荷属性的认识始于二十世纪初，随着科学的发展，法国著名理论物理学家路易斯·维克多·德布罗意在 1924 年 11 月提出了物质波理论。该理论明确了电子的波动性，并推动了波粒二相性理论的提出和发展。此外，光子也被普遍认为具有该二相性。对于一个电子而言，其波长(λ_e)和动量(p)满足以下关系：

$$p = \frac{h}{\lambda_e} \tag{1-1}$$

式中，h 为普朗克常量。该理论可进一步与尼尔斯·玻尔提出的原子模型相结合。该模型指出，原子体系中电子绕原子核转动的轨道角动量是约化普朗克常量的整数倍 $|r \times p| = n\hbar$，这里的约化普朗克常量 $\hbar = \frac{h}{2\pi}$。该模型假定电子能够占据的整个运动轨道长度是德布罗意波长的整数倍。该理论以及相关模型的提出标志着量子物理学的大门被正式打开。

人类对电子的磁学性质的认知大部分源于量子力学，其中最重要的两个基本理论是薛定谔波动方程和海森伯矩阵力学。在波动方程中，人们通常使用波函数 $\Psi(r)$ 来描述微观粒子的状态，其物理含义可以表述为：在以 r 为半径的三维球体空间内，一个带电粒子能够被探测到的概率为 $\Psi^*(r)\Psi(r)\delta^3 r$，其中 $\Psi^*(r)$ 为 $\Psi(r)$ 的共轭波函数。此外，还可以使用薛定谔方程来进一步描述电子的能量状态。该方程是一个将物质波和波方程相结合的二阶偏微分数学方程，其简写形式为

$$H\Psi = \varepsilon\Psi \tag{1-2}$$

该公式中的可观测量 H 代表哈密顿算符，方程解为一系列不连续且分离化的能量 $\varepsilon_i (i = 1, 2, 3, \cdots)$，方程中的每个特征向量可以表示成 Ψ_i，向量之间具有正交性 $\int \Psi_i^* \Psi_j \mathrm{d}^3 r = 0$。量子力学中的海森伯公式在解决磁学问题时非常适用。在包含少数本征态的体系中，可以通过 $n \times n$ 的矩阵表示哈密顿算符，所有的物理观测量均可通过矩阵运算符找出。对于一个本征态是 $n \times 1$ 的列向量，其特征值是个实数。通过式(1-2)还可以找出电子的能量本征态，也就是薛定谔方程中的定态。如果考虑具有时间依赖性的波函数，如 $\Psi = \Psi(r,t)$，则必须使用具有时间依赖关系的薛定谔方程，该方程可表示为

$$H\Psi = \mathrm{i}\hbar\frac{\partial \Psi}{\partial t} \tag{1-3}$$

其能量本征态将转变为 $\Psi \propto e^{\frac{\mathrm{i}\varepsilon t}{\hbar}}$。

1.3 轨道角动量和自旋角动量

材料的磁学性质和材料中粒子的旋转角动量紧密相关，如果从量子理论的角度来思考，材料的磁学性质与粒子的量子化角动量密切相关。对于某一种粒子，

如质子、中子、电子，它们都具有本征角动量并且可以用 $\frac{1}{2}\hbar$ 表示，该角动量被统一称为自旋。在原子体系中，原子核中的质子的质量 ($m \approx 1.67 \times 10^{-27} \mathrm{kg}$) 要远远大于电子的质量 ($m_e \approx 9.109 \times 10^{-31} \mathrm{kg}$，见表 1-1)，因此固体材料的磁矩主要依赖于电子自旋。如果仅考虑某一材料的宏观磁学性质，核磁性通常情况下可被忽略，电子自旋作为主要因素决定了该材料的磁矩和磁化。

表 1-1 电子的物理性质

物理量	符号	数值
质量/kg	m_e	9.109×10^{-31}
电荷/C	$-e$	-1.6022×10^{-19}
自旋量子数	s	$\frac{1}{2}$
自旋角动量/(J·s)	$\frac{1}{2}\hbar$	5.273×10^{-34}
自旋朗德因子	g	2.0023
自旋磁矩/(A·m²)	m	-9.285×10^{-24}
电子半径(经典理论，$\mu_0 e^2 / 4\pi m_e$)/m	r_e	2.818×10^{-15}

如果考虑玻尔原子模型，电子在库仑力 $U_e = \dfrac{-Ze}{4\pi\varepsilon_0 r}$ 的作用下，其运动轨迹可被认为绕着原子核做圆周运动，如图 1-1 所示[*]。该电子在轨道上的旋动可以被当作一个电流环，由于电子的负电性，电流方向与电子的运动方向相反。假设电子的转动速度为 v，其转动周期可以表示为 $\tau = \dfrac{2\pi r}{v}$，由此产生的等效电流 $I = \dfrac{-e}{\tau}$，电流可进而产生磁矩 $m = IA = -\dfrac{1}{2}er \times v$，该表达式中 r 和 v 之间的矢量叉乘说明磁矩 m 与这二者之间相互垂直。由于轨道角动量 l 的表达式为 $l = m_e r \times v$，磁矩和轨道角动量之间的关系

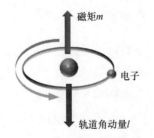

图 1-1 单个电子的磁矩和轨道角动量

---

[*] 扫描封底二维码可查看本书彩图。

式可表示为

$$m = -\frac{e}{2m_e}l \tag{1-4}$$

通常使用旋磁比 γ 来表示磁矩 m 与轨道角动量 l 之间的比例关系，如式(1-5)所示，如果仅考虑电子的轨道运行，γ 应等于 $-\left(\dfrac{e}{2m_e}\right)$，这里的负号说明磁矩和轨道角动量二者方向相反。

$$m = \gamma l \tag{1-5}$$

在量子力学中，轨道角动量呈现出量子化状态，其取值为 $\hbar$ 的整数倍，如果只考虑某一特定方向上的磁矩，如沿着 z 轴方向，其分量 m_z 可以表示为

$$m_z = -\frac{e}{2m_e}m_1\hbar \tag{1-6}$$

式中，m_1 为电子轨道的磁量子数，它的取值是一系列整数（0，±1，±2，±3，…）。该表达式中的 $e\hbar/2m_e$ 包括三个物理常数，被称作玻尔磁子 μ_B：

$$\mu_B = \frac{e\hbar}{2m_e} \tag{1-7}$$

$1\mu_B \approx 9.274 \times 10^{-24} \text{A} \cdot \text{m}^2$。从式(1-6)可以看出，沿 z 轴方向的量子化磁矩是玻尔磁子的整数倍。事实上，还可以通过另外一种方式来表示式(1-5)，该方式需要纳入所谓的 g 因子。g 因子的大小是由以玻尔磁子为单位的磁矩与以 $\hbar$ 为单位的轨道角动量二者之间的比值所决定的，通常可以表示为 $\dfrac{|m|}{\mu_B} = (g|l|/\hbar)$。如果只考虑电子的轨道运行而不考虑其自旋，$g$ 因子约等于 1。此外，如果考虑一个非圆形电子转动轨道，如某一方形轨道，磁矩表达式 $m = IA$ 中的 A 是该方形的面积，电子绕着该轨道运行的角动量 $l = m_e r^2 \omega$，其中 ω 为角速度，由此产生的电流可表示成 $I = -e/\tau = -(el/m_e)\langle 1/2\pi r^2 \rangle_{av} = -el/2m_e A$，式中的 $\langle \cdots \rangle_{av}$ 一项表示所有轨道数的平均量。玻尔模型是量子力学中用来简要叙述和简单理解原子体系中电子结构的一种方法，当原子序数 $Z = 1$ 时，可以采用牛顿第二定律计算出电子在圆周运动下的受力以及相关运动情况，如 $e^2/4\pi\varepsilon_0 r^2 = m_e v^2/r$。由于量子化角动量为 $m_e vr = n\hbar$，该表达式中的 r 可以表示为 $r = n^2 a_0$，其中 a_0 被称作玻尔半径并且可以表示成

$$a_0 = \frac{4\pi\varepsilon_0\hbar^2}{m_e e^2} \tag{1-8}$$

除了轨道角动量，电子还具有本征自旋角动量物性。自旋角动量取值为 $s=\frac{1}{2}$，与其他任何轨道运动以及轨道角动量无关，如图 1-2(b) 所示，自旋取向相对于某一磁场方向而言只能是平行或者反平行。可以近似认为电子是一个真实存在的点粒子，其半径小于 10^{-20} m，比玻尔半径小很多。事实上，所有的费米子都具有自旋特性，以及与之相关的磁矩，大量结果证明与电子自旋相关的磁矩不是 $\frac{1}{2}$，而是约等于一个玻尔磁子，相应的旋磁比 γ 可以写成 $-\frac{e}{m_e}$，如果仅仅考虑电子自旋，g 因子约等于 2：

$$m = -\frac{e}{m_e}s \tag{1-9}$$

由于自旋磁量子数 $m_s=\pm\frac{1}{2}$，自旋在任意方向的分量应为 $\pm\frac{1}{2}\hbar$，如果仅考虑 m_s 在某一特定方向上的分量，如沿 z 轴的分量，该分量 m_z 可表示为

$$m_z = -\frac{e}{m_e}m_s\hbar \tag{1-10}$$

$$m_s = \pm\frac{1}{2} \tag{1-11}$$

可以看出，由自旋角动量所产生的磁矩是轨道角动量所产生磁矩的两倍，高阶修正所得出的电子 g 因子约等于 2.0023，其自旋磁矩的大小为 $1.00116\mu_B$，在一些实际计算过程中可以将小数点之后的部分省略。

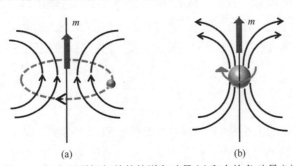

图 1-2　与电子磁矩相关的轨道角动量(a)和自旋角动量(b)

1.4 自旋-轨道耦合

总体上来讲，电子可以同时表现出自旋角动量和轨道角动量两大物理特性，二者可进一步耦合，进而产生总角动量，通常用 J 表示，它与磁矩 m 之间的关系可以表示为

$$m = \gamma \cdot J \tag{1-12}$$

单电子体系中与角动量相关的量子数通常用小写字母 l, s, j 来代表，而大写字母 L, S, J 常使用在多电子体系中，如图1-3所示。

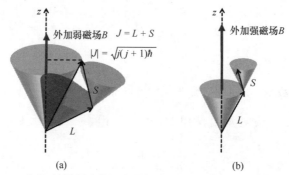

图1-3　$L+S$ 自旋-轨道耦合作用在外加弱磁场(a)和外加强磁场(b)下的表现

假设把电子作为一个参考点，同时设想原子核以速度 v 绕着电子旋转，该旋动所产生的电流可以表示成 $I_n = \dfrac{Zev}{2\pi r}$，在电流回路中心所产生的磁场为 $\dfrac{\mu_0 I_n}{2r}$（μ_0 为自由空间磁导率），电子的自旋磁矩 m_s 与有效磁场 $B_{so} = \dfrac{\mu_0 Zev}{4\pi r^2}$ 可产生相互作用，其相互作用所对应的能量可以表示成 $\varepsilon_{so} = -\mu_B B_{so}$。如果将玻尔磁子和玻尔半径考虑进来，内核电子和外层电子所对应的 r 分别为 $r \approx a_0 / Z$ 和 $r = na_0$，与磁矩相关的轨道角动量和自旋角动量是两个方向相反的矢量，内核电子的相互作用能可以表示为

$$\varepsilon_{so} \approx -\frac{\mu_0 \mu_B^2 Z^4}{4\pi a_0^3} \tag{1-13}$$

式中，原子序数 Z 的大小决定了自旋-轨道耦合效应的强弱，原子序数相对较大的元素可呈现出明显的自旋-轨道耦合效应，特别是该类元素的内核电子。对于单个电子来讲，自旋-轨道耦合效应的哈密顿方程可以表示为

$$H_{so} = \lambda \hat{l} \cdot \hat{s} \tag{1-14}$$

式中，λ 为自旋-轨道耦合能。因此，不难看出自旋-轨道耦合效应实际上源自电子的轨道角动量和自旋角动量的相互作用。电子在真空中的自旋-轨道耦合作用可表示为

$$H_{so} = \frac{\hbar}{4m_0^2 c^2} \sigma \cdot (\nabla V \times P) = -\frac{\lambda_{vac}}{\hbar} \frac{1}{r} \frac{dV}{dr} L \cdot \sigma \tag{1-15}$$

式中，m_0 为自由电子质量；σ 为泡利自旋矩阵矢量；L 为轨道角动量；V 为空间中的电势能变化；c 为光速；P 为动量；常数 $\lambda_{vac} = -3.72 \times 10^{-6} \, \text{Å}^2$。在真空环境下，可以忽略电子自旋轨道作用，但在半导体材料中，λ_{semi} 的值要比真空中大得多。例如，在无机半导体材料 InAs 中，$\lambda_{InAs} = 120 \, \text{Å}^2$，在 GaAs 中，$\lambda_{GaAs} = 5 \, \text{Å}^2$。这是因为电子在真空中的能量尺度为 $m_e c^2 \approx 0.5 \, \text{MeV}$，但是在半导体中能量尺度为带隙，$E_g \approx 1 \, \text{eV}$，二者存在数量级差别。

1.5　Bychkov-Rashba 自旋-轨道耦合[2]

通过以上对自旋-轨道耦合作用的描述，可以看出该效应是一个相对物理效应，它并不依赖于外加磁场，而外加磁场对它具有一定的干扰作用。在以外界环境为参照的物理体系中，电子在磁场力的作用下会感应到洛伦兹力 $f = e(E + v \times B)$，如果将电子作为参照点，即视电子为静止不动的，该磁场可被等同于一个有效的电场。同样的原理也适用于同等相反的物理体系，如果电子在电场中运动，电场也可转换为相对应的磁场。

在材料和器件物理体系中，特别是界面、材料表面的结构反转不对称而导致的自旋-轨道耦合作用，被称为 Bychkov-Rashba 自旋-轨道耦合效应。能够产生该效应的材料及结构包括非磁性材料表面、磁性材料表面、二维电子气、体结构不对称的晶体等。例如，图 1-4 显示的二维电子气结构示意图描绘了沿表面垂直方向的有限势阱，并由此产生在这个方向的电势。根据 Bychkov-Rashba 自旋-轨道耦合原理，材料表面处垂直方向的电场会转换成有效磁场并作用在表面处自旋向上↑和自旋向下↓的电子，二维电子气就是利用这个性质来研究两个宽带隙半导体材料界面处的导电层。图 1-4(b) 显示两种不同带隙的半导体材料(n 型 AlGaAs 和本征 GaAs)相互叠加，为了达到能量平衡态，二者接触后各自的费米能级需要调整至同一高度，这就造成它们的界面会产生相应的能带弯曲，使电子能够较好地被限制在这种不对称结构的界面中，电子的自旋角动量和轨道角动量能够产生相互耦

合。Bychkov-Rashba 自旋-轨道耦合作用由自旋决定，其哈密顿方程可以表示为

$$H_R = \alpha(p \times \sigma) \cdot z \tag{1-16}$$

式中，$p = \hbar k$，为动量；σ 为泡利自旋矩阵矢量；α 为 Bychkov-Rashba 系数，其大小反映了自旋-轨道耦合效应的强度。Bychkov-Rashba 自旋-轨道耦合作用能够造成自旋电子在传输过程中旋转，自旋电子场效应管就是利用了这一原理。这里，总体的哈密顿方程可以表示为

$$H_{总} = H_{动能} + H_R = \frac{\hbar^2 (k)^2}{2m_e} + \alpha(p \times \sigma) \cdot z = \underbrace{\frac{\hbar^2 (k_x^2 - k_y^2)}{2m_e}}_{动能项} + \underbrace{\alpha\hbar(\sigma_x k_y - \sigma_y k_x)}_{Rashba项} \tag{1-17}$$

$$E(k) = \frac{\hbar^2 k^2}{2m_e} \pm \alpha|k| \tag{1-18}$$

式中，$\pm$ 号代表两个相反的自旋方向（自旋向上↑和自旋向下↓）。

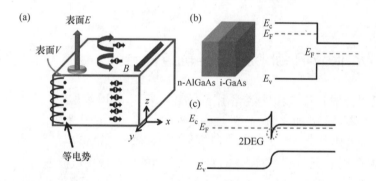

图 1-4 　(a)表面势能诱导 Bychkov-Rashba 效应示意图；(b)两种不同带隙材料 n-AlGaAs 和
i-GaAs 的截面示意图；(c)接触后界面处所产生的电荷积累[3]
E_c 代表导带能级；E_v 代表价带能级；E_F 代表费米能级

1.6　Dresselhaus 自旋-轨道耦合[4]

　　Dresselhaus 自旋-轨道耦合效应多产生在ⅢA-ⅤA 族无机半导体材料中，如 GaAs、InAs，这些材料表现出明显的块体晶体结构反演不对称，造成电场在不同晶轴上不对等，考虑到 Rashba 效应和 Dresselhaus 效应，整体的哈密顿方程可表示为

$$H_{总} = H_{动能} + H_R + H_D = \frac{\hbar^2 (k)^2}{2m} + \alpha\hbar(k \times \sigma) \cdot \tilde{z} + \beta\hbar(k \cdot \sigma)$$

$$= \underbrace{\frac{\hbar^2 \left(p_x^2 - p_y^2\right)}{2m}}_{\text{动能项}} + \underbrace{\alpha\left(\sigma_x p_y - \sigma_y p_x\right)}_{\text{Rashba项}} + \underbrace{\beta\left(\sigma_x p_x - \sigma_y p_y\right)}_{\text{Dresselhaus项}} \tag{1-19}$$

式中，β 为 Dresselhaus 自旋-轨道耦合系数。

图 1-5 为方程(1-19)中 ε-k 能带结构示意图，其中图 1-5(a)给出了三维空间中两个相对位移的同心抛物线二次曲面。如果仅考虑 Rashba 自旋-轨道耦合作用，可知 $\alpha \neq 0$，$\beta = 0$；同样地，对于 Dresselhaus 自旋-轨道耦合作用来讲，$\alpha = 0$，$\beta \neq 0$；

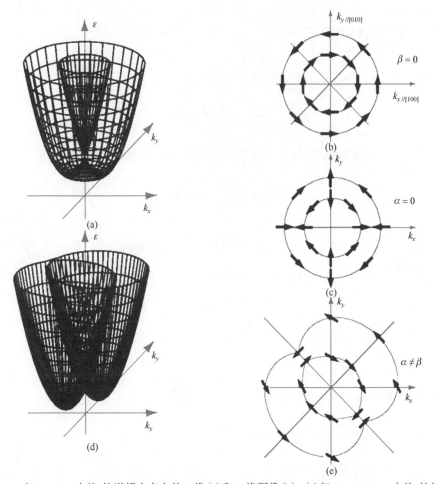

图 1-5　仅 Rashba 自旋-轨道耦合存在的三维(a)和二维图像(b)；(c)仅 Dresselhaus 自旋-轨道耦合存在的二维图像；Rashba 和 Dresselhaus 自旋-轨道耦合相互叠加下的三维(d)和二维图像(e)

Rashba 和 Dresselhaus 自旋-轨道耦合可决定自旋向上和自旋向下的电子在 k 空间面内的旋转方向。图 1-5(b) 和 (c) 分别给出了两种不同的自旋-轨道耦合作用在 k_x-k_y 面的能量分布，图中箭头代表自旋方向。对于图 1-5(b) 所示的 Rashba 自旋-轨道耦合作用，所有自旋的方向与相对应的 k 矢量相垂直。相比之下，Dresselhaus 自旋-轨道耦合表现出 k 矢量和自旋之间的角度随着 k 矢量方向而变化，如自旋电子和 k 矢量[100]与[010]。在一些体系中，Rashba 和 Dresselhaus 自旋-轨道耦合作用可同时存在并且相互干扰形成类似于图 1-5(d) 所示的图像，图 1-5(e) 给出其相对应的矢量投影图。此图表明在某些空间点处，这两种效应可以很大程度地减少甚至消失，这是自旋电子没有在 $k_{//}$ 空间分裂所造成的。

1.7 塞曼效应

在量子力学中，原子的磁矩算符可以表示为

$$\hat{m} = -\frac{\mu_B}{\hbar}(\hat{L} + 2\hat{S}) \tag{1-20}$$

在外加磁场 B 的作用下，关于塞曼效应的哈密顿能量方程可以表示为

$$H_Z = \left(\frac{\mu_B}{\hbar}\right)(\hat{L} + 2\hat{S}) \cdot B \tag{1-21}$$

当 B 的方向沿着轴线 O_z 时，该哈密顿能量方程可写成 $H_Z = \frac{\mu_B}{\hbar}\left(\hat{L}_z + 2\hat{S}_z\right)B$。在多个电子或离子体系下，朗德 g 因子可表示为

$$g = -\frac{m \cdot \dfrac{J}{\mu_B}}{\dfrac{|J|^2}{\hbar}} = -m \cdot \frac{J}{J(J+1)\mu_B\hbar} \tag{1-22}$$

该方程包含以 μ_B 和 $\hbar$ 为单位的总角动量 J；由于

$$m \cdot J = -\left(\frac{\mu_B}{\hbar}\right)\left[(L+2S)\cdot(L+S)\right]$$

$$= -\left(\frac{\mu_B}{\hbar}\right)(L^2 + 3L \cdot S + 2S^2) = -\left(\frac{\mu_B}{\hbar}\right)\left[L^2 + 2S^2 + \frac{3}{2}\left(J^2 - L^2 - S^2\right)\right]$$

$$=-\left(\frac{\mu_{\mathrm{B}}}{\hbar}\right)\left[\frac{3}{2}J(J+1)-\frac{1}{2}L(L+1)+\frac{1}{2}S(S+1)\right] \tag{1-23}$$

朗德 g 因子的表达式也可表示为

$$g=\frac{3}{2}+\frac{S(S+1)-L(L+1)}{2J(J+1)} \tag{1-24}$$

1.8　量子力学中的角动量

玻尔模型将角动量量子化理论进行了简化,这样能够方便人们去理解其含义;事实上,在量子力学中,物理观测值是通过数学方法,由不同的差分运算符和矩阵运算符表示的。这里用"戴帽子"的字母来表示该类运算符,例如,动量可以表示为 $\hat{p}=-\mathrm{i}\hbar\nabla$,动能可表示为 $\dfrac{\hat{p}^{2}}{2m}=-\dfrac{\hbar^{2}\nabla^{2}}{2m}$ 。其中,所允许的物理观测值由方程的特征值 λ_{i} 给出,在方程 $\hat{O}\Psi_{i}=\lambda_{i}\Psi_{i}$ 中, $\hat{O}$ 是一个运算符, Ψ_{i} 是本征函数,此处可以用来表示观测量的某种状态。这里的特征值可以通过求解方程 $\left|\hat{O}-\lambda I\right|=0$ 获得,其中 $\left|\cdots\right|$ 代表行列式, I 是单位矩阵,角动量算符可以表示为 $\hat{l}=r\times\hat{p}$,其分量可以表示为

$$\hat{l}=-\mathrm{i}\hbar\left(y\frac{\partial}{\partial z}-z\frac{\partial}{\partial y}\right)e_{x}-\mathrm{i}\hbar\left(z\frac{\partial}{\partial x}-x\frac{\partial}{\partial z}\right)e_{y}-\mathrm{i}\hbar\left(x\frac{\partial}{\partial y}-y\frac{\partial}{\partial x}\right)e_{z} \tag{1-25}$$

如图 1-6 所示,电子的角动量能够通过矢量大小为 $\sqrt{3/4}\hbar$、环绕坐标轴 z 轴的两个箭头来表示。而自旋角动量完全平行于 Oz,该角动量可被写作 $m_{\mathrm{s}}\hbar$,其中 $m_{\mathrm{s}}=\pm\dfrac{1}{2}$,二者磁矩方向相反。如果只考虑自旋角动量,而不考虑轨道角动量,外加磁场同样能够使其产生能量劈裂,该效应也属于 1.7 节所描述的塞曼效应,沿 z 轴方向所对应的哈密顿方程可表示为 $H_{z}=-m\cdot B=\left(\dfrac{e}{m_{\mathrm{e}}}\right)s\cdot B$,本征值大小为 $g\mu_{\mathrm{B}}m_{\mathrm{s}}B\approx\pm\mu_{\mathrm{B}}B$,从图 1-6 中可以看出,对于只有自旋产生的塞曼效应,g 因子等于 2,在磁场作用下能级劈裂的能量差值为 $2\mu_{\mathrm{B}}B$。

在某些条件下,如果需要使用球极坐标系(图 1-7),笛卡儿坐标系需要进一步变换为 $x=r\sin\theta\sin\phi$, $y=r\sin\theta\sin\phi$, $z=r\cos\theta$,角动量算符在三维空间可以表示为

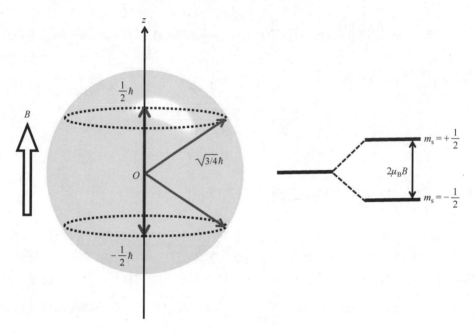

图 1-6　电子自旋矢量模型

自旋电子(总自旋数为 $\dfrac{\sqrt{3}\hbar}{2}$)绕着磁场 B 进行拉莫尔进动,在 z 轴的两个分量为 $\pm\dfrac{\hbar}{2}$,对应自旋向上和向下两个自旋态,是由塞曼效应产生的能级分裂

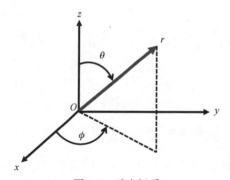

$$\hat{l}_x = i\hbar\left(\sin\phi\frac{\partial}{\partial\theta} + \cot\theta\cos\phi\frac{\partial}{\partial\phi} \right) \qquad (1\text{-}26)$$

$$\hat{l}_y = i\hbar\left(-\cos\phi\frac{\partial}{\partial\theta} + \cot\theta\sin\phi\frac{\partial}{\partial\phi} \right) \qquad (1\text{-}27)$$

$$\hat{l}_z = -i\hbar\left(\frac{\partial}{\partial\phi} \right) \qquad (1\text{-}28)$$

图 1-7　球坐标系

由此得到的总角动量为

$$\hat{l}^2 = \hat{l}_x^2 + \hat{l}_y^2 + \hat{l}_z^2 = -\hbar^2\left(\frac{\mathrm{d}^2}{\mathrm{d}\theta^2} + \cot\theta\frac{\mathrm{d}}{\mathrm{d}\theta} + \frac{1}{(\sin\theta)^2}\frac{\mathrm{d}^2}{\mathrm{d}\phi^2} \right) \qquad (1\text{-}29)$$

　　另外一种表示角动量算符的方法是通过矩阵进行计算,尤其是在考虑电子自旋时,该方法较为有用。假设一个磁性体系中包含 v 个少量的磁基态,每一个基态都可以使用某个磁量子数 m_i 表示,并且它们可以表示为 $v\times v$ 厄米方阵。当轨道角动量量子数为 l 时, v 的取值为 $(2l+1)$ 。

同样地，对于电子来说，其自旋特性使其展现出两个与自旋角动量相关的磁量子数 $m_s = \pm\frac{1}{2}$。电子的自旋角动量 $\hat{s}$ 可用一个 2×2 的自旋矩阵算符表示，在三维空间，$\hat{s}$ 又可划分为 $\hat{s}_x$、$\hat{s}_y$、$\hat{s}_z$。通常情况下，选择 $\hat{s}_z$ 作为对角矩阵，它具有 $\frac{1}{2}\hbar$ 和 $-\frac{1}{2}\hbar$ 两个特征值，正好对应自旋磁量子数 $m_s = \pm\frac{1}{2}$，这两个所允许的电子自旋态被称为"自旋向上"（用箭头↑表示）和"自旋向下"（用箭头↓表示）。而化学家比较习惯使用 α 和 β 表示这两个自旋态。在量子力学中，自旋向上 $|\uparrow\rangle$ 和自旋向下 $|\downarrow\rangle$ 所对应的特征向量分别为 $\begin{bmatrix} 1 \\ 0 \end{bmatrix}$ 和 $\begin{bmatrix} 0 \\ 1 \end{bmatrix}$；因此 $\hat{s}_z$ 的矩阵表达式可写成 $\begin{bmatrix} 1 & 0 \\ 0 & -1 \end{bmatrix}\frac{1}{2}\hbar$。如果沿着球坐标轴 Oy 方向转动 $\theta = \frac{\pi}{2}$，将产生 $\hat{s}_x = \begin{bmatrix} 0 & 1 \\ 1 & 0 \end{bmatrix}\frac{1}{2}\hbar$；如果进一步沿着 Oy 方向转动 $\theta = \frac{\pi}{2}$，将产生 $\hat{s}_y = \begin{bmatrix} 0 & -i \\ i & 0 \end{bmatrix}\frac{1}{2}\hbar$，这些特征向量被称作旋量。自旋的无量纲算符 $\hat{\sigma}$ 为 $\hat{s} = (s_x, s_y, s_z)$ 和 $\frac{2}{\hbar}$ 的乘积，其中各个部分称为泡利自旋矩阵：

$$\hat{\sigma} = \left(\begin{bmatrix} 0 & 1 \\ 1 & 0 \end{bmatrix}, \begin{bmatrix} 0 & -i \\ i & 0 \end{bmatrix}, \begin{bmatrix} 1 & 0 \\ 0 & -1 \end{bmatrix} \right) \tag{1-30}$$

在量子力学中，沿 x、y、z 轴方向的旋量满足交换法则：

$$\left[\hat{s}_x, \hat{s}_y \right] = i\hbar\hat{s}_z, \quad \left[\hat{s}_y, \hat{s}_z \right] = i\hbar\hat{s}_x, \quad \left[\hat{s}_z, \hat{s}_x \right] = i\hbar\hat{s}_y \tag{1-31}$$

该公式中方括号转换符定义了 $\hat{s}_x\hat{s}_y - \hat{s}_y\hat{s}_x$，同时，$\hat{s}_x$、$\hat{s}_y$、$\hat{s}_z$ 三者皆具有特征值 $\pm\frac{1}{2}\hbar$。为了保证其特征值为实数，这些算符必须是厄米矩阵。另一个较为简洁，并能总结交换关系的方法为

$$\hat{s} \times \hat{s} = i\hbar\hat{s} \tag{1-32}$$

量子力学中物理量的算符必须满足交换关系才可以被同时测量，由于 s_x、s_y、s_z 这三个分量之间不满足交换关系，因此三者不能同时被测量。例如，对 z 分量的精确测量也就意味着对 x 和 y 分量的测量是不确定的。但是，可以同时测量自旋总角动量及其沿着 z 方向的分量，自旋总角动量的平方 $\hat{s}^2$ 及其特征值 $s(s+1)\hbar^2$ 与单位矩阵成正比：

$$\hat{s}^2 = \hat{s}_x^2 + \hat{s}_y^2 + \hat{s}_z^2 = \begin{bmatrix} 1 & 0 \\ 0 & 1 \end{bmatrix} 3\hbar^2/4 \qquad (1\text{-}33)$$

$\hat{s}^2$ 与 s_x、s_y、s_z 形成正交。该方程中总角动量 $\langle \hat{s}^2 \rangle = \langle i|\hat{s}^2|i \rangle$ 的特征值及特征矢量分别为 $3\hbar^2/4$ 及 $\begin{bmatrix} 1 \\ 0 \end{bmatrix}$ 和 $\begin{bmatrix} 0 \\ 1 \end{bmatrix}$。$\hat{s}^2$ 和 s_z 形成正交对角矩阵，由此可以同时测出 $\hat{s}^2$ 及其沿 z 轴的分量。

1.9 自旋极化

电子在某一状态下可以通过波方程 $|\psi\rangle = \alpha|\uparrow\rangle + \beta|\downarrow\rangle$ 表示，其中 α 和 β 分别代表两个复数。如果对该方程进行归一化处理，可以得到 $\langle\psi|\psi\rangle = 1$，以及 $\alpha^2 + \beta^2 = 1$。这时如果仅考虑 x-y 面上的自旋，由此可得出 $\alpha = \beta = \frac{1}{\sqrt{2}}$，所对应的波方程为 $\psi = \frac{1}{\sqrt{2}} \begin{bmatrix} 1 \\ 1 \end{bmatrix}$。$|\uparrow\rangle$ 和 $|\downarrow\rangle$ 具有相同的叠加性，s_z 在 $\frac{\hbar}{2}$ 和 $-\frac{\hbar}{2}$ 具有相同的出现概率。对于聚集的多电子，其相对应的自旋极化值可表示为

$$P = \frac{(n_\uparrow - n_\downarrow)}{(n_\uparrow + n_\downarrow)} \qquad (1\text{-}34)$$

式中，$n_\uparrow$ 和 $n_\downarrow$ 分别为两个不同自旋态下的电子密度。总体上来看 $P = \frac{\alpha^2 - \beta^2}{\alpha^2 + \beta^2}$。如果所有电子都处于自旋向上 $|\uparrow\rangle$ 态，这意味着所有电子具有相同极性，并且 $P = 1$。如果自旋向上 $|\uparrow\rangle$ 和自旋向下 $|\downarrow\rangle$ 所对应的电子数相等，这意味着电子极化值 $P = 0$。电子 O_z 的量化轴由区域磁场方向决定，原则上讲，分离自旋向上 $|\uparrow\rangle$ 和自旋向下 $|\downarrow\rangle$ 的电子需要使一个非偏振自旋态经过一个具有非均匀磁场的空间区域，该磁场力沿着 z 轴梯度方向为 $\nabla(m \cdot B) = \pm\mu_B \frac{\mathrm{d}B_z}{\mathrm{d}z} e_z$，具有磁矩大小为 $\pm 1 \mu_B$ 的两个自旋态电子在该磁场力的作用下被分开。

1.10 回旋加速轨道

如果电子以速度 v 在磁场 B 中运动，则电子受到的洛伦兹力的表达式为

$F=-ev\times B$，在该力的作用下做圆周运动，其加速度方向垂直于线速度方向 v。通过牛顿第二定律可以给出该电子的受力情况：$f=\dfrac{m_{e}v_{\perp}^{2}}{r}=ev_{\perp}B$，该运动中的回旋加速频率可表示为

$$f_{c}=\frac{v_{\perp}}{2\pi r} \tag{1-35}$$

$$f_{c}=\frac{eB}{2\pi m_{e}} \tag{1-36}$$

这里的角频率可以表示为 $\omega_{c}=2\pi f_{c}$。在电子圆周运动过程中，平行于磁场的电子速度分量不受洛伦兹力的影响，所以电子的运动轨迹是环绕垂直于磁场方向的螺旋线。例如，在 $B\approx 1\text{T}$ 的场强下，电子在金属中的回旋加速半径 $r_{c}=\dfrac{m_{e}v_{\perp}}{eB}$ 可达到几微米量级。对于电子密度较小的半导体和半金属来讲，电子的费米速度会有所减小，加上有效电子质量 m^{*} 相对于本身电子质量的减小，导致回旋半径在半导体和半金属材料中比在金属材料中要小。

1.11　拉莫尔进动

如果一个电子被限制在一个轨道上运动，与之相关联的磁矩 $m=\gamma l$，其中 γ 为回磁比，所施加的磁场对该电子的磁矩会产生一个力矩的作用：

$$\varGamma=m\times B \tag{1-37}$$

依照牛顿定律中的角动量原理 $\varGamma=\dfrac{\mathrm{d}l}{\mathrm{d}t}$ 可得

$$\frac{\mathrm{d}m}{\mathrm{d}t}=\gamma m\times B \tag{1-38}$$

当 B 沿 z 轴方向时，由笛卡儿坐标中的向量乘积给出

$$\frac{\mathrm{d}m_{x}}{\mathrm{d}t}=\gamma m_{y}\times B \tag{1-39}$$

$$\frac{\mathrm{d}m_{y}}{\mathrm{d}t}=\gamma m_{x}\times B \tag{1-40}$$

$$\frac{\mathrm{d}m_z}{\mathrm{d}t} = 0 \tag{1-41}$$

z 轴的分量 $m_z = m \cdot \cos\theta$ 与时间无关，但 x 轴和 y 轴的分量随着时间有振荡现象。其解随时间的变化为 $m(t) = (m\sin\theta\sin\omega_L t, m\sin\theta\cos\omega_L t, m\cos\theta)$，其中 $\omega_L = \gamma B$。磁矩 m 以拉莫尔频率 $f_L = \frac{\omega_L}{2\pi}$ 沿着外加磁场方向绕动，可以将 f_L 进一步表示为

$$f_L = \frac{\gamma B}{2\pi} \tag{1-42}$$

如果整个系统无法将能量耗尽，此拉莫尔进动将无限制地延续并且保持角动量恒定。这里要注意的是拉莫尔轨道力矩的频率 $\left(\gamma = -\frac{e}{2m_e}\right)$ 仅为回旋加速频率的一半，而等于回旋加速器自旋力矩的频率 $\left(\gamma = -\frac{e}{m_e}\right)$。自旋角动量在 O_z 方向的进动频率为拉莫尔频率。

1.12 自由电子模型

在具有周期性原子排列的规则晶体结构中，电子具有波动性并且被束缚在一个长度为 L 的势阱中，其总能量可以用哈密顿方程表示，为动能和势能之和：

$$H = \left[\left(\frac{p^2}{2m_e}\right) + V(r)\right] \tag{1-43}$$

式中，$V(r)$ 为常数；p 为算符 $-\mathrm{i}\hbar\nabla$。薛定谔方程可以表示为

$$-\left(\frac{\hbar^2}{2m_e}\right)\nabla^2\psi = \varepsilon\psi \tag{1-44}$$

该方程的解为自由电子的波方程：

$$\psi = L^{-\frac{3}{2}}\exp(\mathrm{i}k \cdot r) \tag{1-45}$$

式中，k 为电子的波矢 $\left(k = \frac{2\pi}{\lambda_e}\right)$，通过归一化得到 $L^{-\frac{3}{2}}$ 这样一个系数。从算符 $\hat{p} = -\mathrm{i}\hbar\nabla$ 和 $\frac{\hat{p}^2}{2m_e}$ 得到电子相对应的动量和能量分别为 $p = \hbar k$ 和 $\varepsilon = \frac{\hbar^2 k^2}{2m_e}$。如果考

虑自由电子波方程所处的空间，其周期性边界条件所允许的 k 值也就是 $k_i(i=x,y,z)$ 的分量为 $\pm\dfrac{2\pi n_i}{L}$，其中 n_i 是一系列整数。这里的电子分布数据遵循费米-狄拉克统计，因此每个量子态如 n_x、n_y、n_z 最多能够被两个电子所占据，一个自旋是向上，另一个自旋是向下。在以一个简单立方晶体 (k_x,k_y,k_z) 为坐标的 k 空间下，每个量子态所占据的体积为 $\left(\dfrac{2\pi}{L}\right)^3$，所以自旋电子在 k 空间的态密度为 $\dfrac{L^3}{8\pi^3}$，每个量子态为自旋简并。电子在趋于绝对零度的条件下全部占据在最低的能量态并形成以费米波矢 k_F 为半径的费米球体，如图 1-8 所示，由于

$$\frac{4}{3}\pi k_F^3=\left(\frac{N}{2}\right)\left(\frac{2\pi}{L}\right)^3 \tag{1-46}$$

可得

$$k_F=(3\pi^2 n)^{\frac{1}{3}} \tag{1-47}$$

所对应的费米能量为

$$\varepsilon_F=\left(\frac{\hbar^2}{2m_e}\right)(3\pi^2 n)^{\frac{2}{3}} \tag{1-48}$$

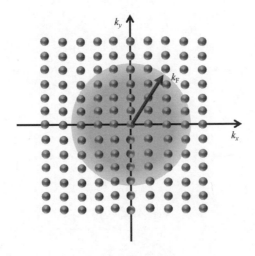

图 1-8 k 矢量空间

图中各点表示电子能够占据的能级，每个能级最多能够被两个电子填充，分别是自旋向上和自旋向下

费米表面能够区分占据和非占据量子态，在自由电子模型中被认为是一个球体。费米速度 v_F 与其动量的关系为 $\hbar k_F = m_e v_F$。费米温度 T_F 的定义为 $T_F = \dfrac{\varepsilon_F}{k_B}$。对于任意一个自旋电子来讲，其态密度 $D_{\uparrow\downarrow}(\varepsilon) = \dfrac{1}{2}\dfrac{dn}{d\varepsilon}$，整理后可得

$$D_{\uparrow\downarrow}(\varepsilon) = \left(\frac{1}{4\pi^2}\right)\left(\frac{2m_e}{\hbar^2}\right)^{\frac{3}{2}}\varepsilon^{\frac{1}{2}} \tag{1-49}$$

参 考 文 献

[1] Coey J M D. Magnetism and Magnetic Materials. Cambridge: Cambridge University Press, 2010.

[2] Manchon A, Koo H C, Nitta J, Frolov S M, Duine R A. New perspectives for Rashba spin-orbit coupling. Nat Mater, 2015, 14(9): 871-882.

[3] Wang K. Cobalt/fullerene spinterfaces. Enschede: University of Twente, 2015.

[4] Dresselhaus G. Spin-orbit coupling effects in zinc blende structures. Phys Rev, 1955, 100(2): 580-586.

第**2**章

有机材料的光物理与光化学

2.1 引言

本章主要介绍有机材料中主要涉及的光物理和光化学过程。光物理过程是有机光电子学研究的主要理论基础，其模型建立在电磁辐射的含时微扰理论上。基于微扰理论可以分析辐射与无辐射物理过程的影响因素及速率常数，进而指导有机光电子材料的设计。有机光化学过程在有机材料中与光物理过程形成竞争关系，避免可能发生的光化学过程是提高光电子器件效率及稳定性的重要手段。本章将对主要的光化学反应分类进行简单回顾，同时还将阐述对于光致电荷分离至关重要的电子转移理论及质子转移理论。

2.2 有机材料的光物理过程

2.2.1 能级图

有机分子在受到光激发的情况下其分子轨道中的电子会跃迁到激发态。由于激发态属于高能状态，电子会通过跃迁过程返回基态(光物理过程)或生成新的产物(光化学过程)。这里先讨论分子的光物理过程。为了方便表示电子的能量状态及其跃迁过程，人们通常用 Jablonski 能级图来表示(图 2-1)。在该能级图中，水平的粗线表示电子的不同能态，其高度表示相对能量的高低。每一条粗线上方的细线表示在该能态下的不同振动能态，其中最下边的一条细线表示该能态下的最低振动能态($v=0$)。而不同自旋多重度的能态间则利用水平方向上的不同列加以区分。一般有机分子的基态为单重态，用 S_0 表示，而第一、二单重激发用 S_1、S_2 表示，通常单重态放在能级图的左边列出。三重激发态用 T_1、T_2 表示，一般放在能级图的右边。在后边不引起歧义的情况下，我们将第一单重激发态 S_1 简称

单重态 S_1，其他特定激发态采用类似表述。在通常的光物理过程中，我们只关注较低的几个激发态与基态之间的过程。

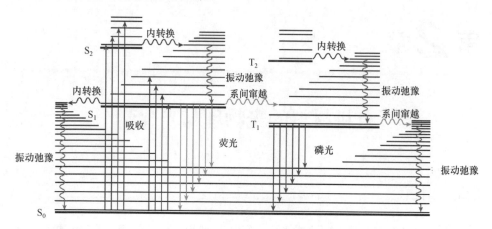

图 2-1　光物理过程的 Jablonski 能级图

　　光物理跃迁过程一般分为辐射跃迁与无辐射跃迁两种。辐射跃迁一般是指该过程中分子吸收或发射了一个光子，通常用带箭头的直线表示。而无辐射跃迁一般不涉及光子的能量转化过程，通常用带箭头的波浪线表示。下面对于 Jablonski 能级图中的主要光物理过程进行简要说明：

　　(1) 光吸收：指电子吸收特定波长的光子后激发到高能态。

　　(2) 振动弛豫：指在同一电子能级下不同振动能级向最低振动能级跃迁的过程。这一过程为无辐射跃迁，通常以热的形式向体系外释放能量。

　　(3) 内转换：指在相同自旋多重度下不同电子能态间的等能态(电子能级加振动能级的总能态)间的无辐射转换。不同激发态间的内转换要比激发态与基态间的内转换快很多。

　　(4) 系间窜越：指在不同自旋多重度的电子能态间发生的等能态无辐射转换。系间窜越既可以从单重态(S)向三重态(T)转换，也可以从三重态(T)向单重态(S)转换。

　　(5) 荧光：指相同自旋多重度下的自发辐射，通常指最低单重激发态向基态跃迁的过程。多数有机材料由于选择定则的限制，通常表现出荧光型的辐射跃迁。

　　(6) 磷光：指不同自旋多重度间的自发辐射，通常指最低三重激发态向基态跃迁的过程。尽管由于选择定则的限制，有机材料不容易发生磷光型辐射跃迁，但是通过合理的分子设计，现在也可以在室温下观察到部分有机材料的磷光辐射。

　　在化合物与光的相互作用中，光物理过程与光化学过程是两类相互竞争的过程。如果在激发态下，分子很快通过辐射或者无辐射过程失去活性而未发生结构的改变，这样就发生了光物理过程。而如果在激发态，电子很快通过构型的转化而发生转移从而形成新的化合物，这时发生的就是光化学过程。因此这些过程的发生速率，即时间尺度对于研究化合物与光的作用非常重要。表 2-1 中简要列出了上述典型光物理过程的时间尺度。

表 2-1　常见光物理过程的时间尺度

光物理过程	时间尺度（$\tau = 1/k_{过程}$）/s	类型
光吸收	10^{-15}	辐射
振动弛豫	$10^{-12} \sim 10^{-10}$	无辐射
内转换	$10^{-11} \sim 10^{-9}$	无辐射
系间窜越（S→T）	$10^{-10} \sim 10^{-6}$	无辐射
系间窜越（T→S）	$10^{-9} \sim 10$	无辐射
荧光	$10^{-10} \sim 10^{-7}$	辐射
磷光	$10^{-6} \sim 10$	辐射

这里光物理过程的时间尺度 τ 一般为一级速率过程（如表 2-1 中公式所示），这与化学反应中经常出现二级或零级等过程不同。需要注意的是，在绝大多数体系中，光物理与光化学过程通常会相伴发生，这时不能只通过光谱的时间尺度等方式进行简单判断，还需要借助其他手段对反应物的激发态过程进行确认。

2.2.2　含时微扰理论[1-3]

有机分子的光激发与发射过程伴随着光子的吸收与发射，其过程可以通过量子力学的方法进行描述。以光激发过程为例，在由外界接收一个光子后，有机分子可以从分子的基态达到激发态。这个过程必须满足的一个必要条件是分子转移的能量和光的频率必须符合 Bohr 方程：

$$h\nu = E_f - E_i \tag{2-1}$$

式中，E_f 和 E_i 分别为激发态 Ψ_f 和基态 Ψ_i 的能量。此外，电磁场和分子之间必须有一个特定的相互作用。对于大多数分子和离子，由于通过振荡磁场产生的跃迁相比于电子-偶极跃迁是非常弱的，所以磁场可以被忽略。因此，接下来分析电磁波的电场矢量 E 和分子的电偶极子之间的相互作用。

描述分子从一个量子状态向另一个量子状态跃迁的概率可以采用含时微扰理

论。分子在未受扰动时的薛定谔方程被定义为

$$i\hbar\frac{\partial\varPsi_i^0(x,t)}{\partial t}=\hat{H}_0\varPsi_i^0(x,t) \tag{2-2}$$

式中，未受扰动的含时波函数可以表示为 $\varPsi_i^0(x,t)=\varPsi_i^0(x)\exp(-iE_nt/\hbar)$；$E_n$ 为不含时薛定谔方程在状态 i 时的本征能量。如果系统受到外界扰动（如光照），光辐射场的正弦电矢量诱使分子中的带电粒子发生简谐振动。这时静态哈密顿算符 $\hat{H}_0$ 就无法再表达系统的能量状态，而是要引入辐射电场产生的微扰算符 $\hat{H}'$。这时波函数变为时间的函数：

$$i\hbar\frac{\mathrm{d}}{\mathrm{d}t}\varPsi(x,t)=\left(\hat{H}_0+\hat{H}'\right)\varPsi(x,t) \tag{2-3}$$

其中，新的含时微扰波函数可以用未受扰动的含时波函数展开：

$$\varPsi(x,t)=\sum_k c_k(t)\varPsi_k^0(x,t)=\sum_k c_k(t)\varPsi_k^0(x)\exp\left(-\frac{iE_kt}{\hbar}\right) \tag{2-4}$$

式中，系数 $c_k(t)$ 为与坐标无关而仅与时间相关的函数。将此波函数代入含时微扰薛定谔方程，可得

$$i\hbar\sum_k\left\{\frac{\mathrm{d}}{\mathrm{d}t}\left[c_k\exp\left(-\frac{iE_kt}{\hbar}\right)\right]\varPsi_k^0+c_k\exp\left(-\frac{iE_kt}{\hbar}\right)\frac{\partial\varPsi_k^0}{\partial t}\right\}$$

$$=\sum_k c_k\left(\hat{H}_0+\hat{H}'\right)\varPsi_k^0\exp\left(-\frac{iE_kt}{\hbar}\right) \tag{2-5}$$

其中，$\varPsi_k^0$ 为与时间无关状态的波函数，$\dfrac{\partial\varPsi_k^0}{\partial t}=0$，因此式(2-5)可以简化为

$$i\hbar\sum_k\frac{\mathrm{d}}{\mathrm{d}t}\left[c_k\exp\left(-\frac{iE_kt}{\hbar}\right)\right]\varPsi_k^0=\sum_k c_k\left(\hat{H}_0+\hat{H}'\right)\exp\left(-\frac{iE_kt}{\hbar}\right)\varPsi_k^0 \tag{2-6}$$

由于稳态波函数 $\varPsi_k$ 具有正交归一化性质,将等式两端同时乘以其共轭波函数 $\varPsi_m^*$，并对全空间积分，得到方程：

$$i\hbar\frac{dc_m}{dt}=\sum_k H'_{mk}c_k\exp(-i\omega_{mk}t) \tag{2-7}$$

式中，H'_{mk} 为引发分子由波函数 $\varPsi_k$ 表征的量子状态向用波函数 $\varPsi_m$ 表征的量子状

态跃迁的微扰算符矩阵元：

$$
\begin{cases}
H'_{mk} = \int \Psi_m^* H'_{mk} \Psi_k \mathrm{d}V \\
\omega_{mk} = \dfrac{1}{\hbar}(E_m - E_k)
\end{cases}
\tag{2-8}
$$

到目前为止没有做任何近似，为了进一步计算系数 c_k，做如下假设：

(1) 假设在微扰发生前，除了初始状态 k 以外，其余状态的 c_n 系数都为零，这时展开式的系数可以写为 $c_k = \delta_{kn}(t=0)$。

(2) 微扰作用的时间非常短，以至于在微扰作用后状态的系数不发生改变，即 $c_k(0) = c_k(t)$。

基于以上假设，在微扰发生后的末态 m 的系数可以表示为

$$
c_m(t) = \frac{1}{\mathrm{i}\hbar}\int_0^t H'_{mk}(t')\exp(\mathrm{i}\omega_{mk}t')\mathrm{d}t'
\tag{2-9}
$$

根据量子力学原理，系统从状态 k 跃迁到状态 m 的概率可以表示为 $|c_m(t)|^2$，因此 $k \to m$ 的概率可以表示为

$$
P_{mk} = \frac{1}{\hbar^2}\left|\int_0^t H'_{mk}(t')\exp(\mathrm{i}\omega_{mk}t')\mathrm{d}t'\right|^2
\tag{2-10}
$$

因为光辐射场对带电粒子的扰动为简谐振动，根据一阶微扰理论：

$$
H'_{mk}(t) = H'_{mk}(0)\left[\exp(\mathrm{i}\omega t) + \exp(-\mathrm{i}\omega t)\right]
\tag{2-11}
$$

代入式 (2-10) 中，求解积分可得

$$
P_{mk} = \frac{1}{\hbar^2}\left|H'_{mk}(0)\frac{\mathrm{e}^{\mathrm{i}(\omega_{mk}-\omega)t}-1}{\mathrm{i}(\omega_{mk}-\omega)}\right|^2 = \frac{1}{\hbar^2}\left[H'_{mk}(0)\right]^2\left\{\frac{\sin\left[(\omega_{mk}-\omega)t/2\right]}{(\omega_{mk}-\omega)/2}\right\}^2
\tag{2-12}
$$

设 $\alpha = (\omega_{mk}-\omega)/2$，则式 (2-12) 最后一项可以写为 $f(\alpha,t) = \dfrac{\sin^2 \alpha t}{\alpha^2}$。当 $t \to \infty$ 时，存在关系 $\lim\limits_{t\to\infty}\dfrac{1}{t}\left(\dfrac{\sin^2 \alpha t}{\alpha^2}\right) = \pi\delta(\alpha) = 2\pi\delta(2\alpha)$，将两个状态间的跃迁速率 k_{mk} 表示为

$$
k_{mk} = \lim_{t\to\infty}\frac{P_{mk}}{t} = \frac{\mathrm{d}P_{mk}}{\mathrm{d}t} = \frac{2\pi}{\hbar}\left|H'_{mk}(0)\right|^2\delta(\omega_{mk}-\omega)
\tag{2-13}
$$

当考虑到光辐射场是频率在 ω_{mk} 附近分布的连续能谱时，利用 $\rho(E)\mathrm{d}E$ 表示能量 $E+\mathrm{d}E$ 范围内的态密度，则对整个能量分布积分得到总的跃迁概率为

$$P = \frac{2\pi t}{\hbar}\left|H'_{mk}(0)\right|^2 \rho(E_{mk})$$ (2-14)

该公式就是通常所说的费米黄金规则。

2.3 分子的辐射跃迁

2.2 节通过含时微扰理论推导出决定体系中不同能量状态发生跃迁的概率可以由费米黄金规则给出。在分子与光辐射场作用发生辐射跃迁时，可以根据半经验电磁辐射理论，给出分子体系的微扰哈密顿算符 H' [2]为

$$H' = -\sum_i \frac{e_i}{m_i c} A_i \cdot p_i$$ (2-15)

式中，p_i 为分子 i 的动量；A_i 为分子 i 在辐射场中的矢势。将式(2-15)代入系数公式(2-7)可得

$$\frac{\mathrm{d}c_m}{\mathrm{d}t} = -\frac{1}{\hbar c}(A \cdot R_{mk})\omega_{mk}\exp(\mathrm{i}\omega_{mk}t)$$ (2-16)

这里 R_{mk} 代表电子从 k → m 的跃迁偶极矩的矩阵元：

$$R_{mk} = \left\langle \Psi_m \left| e\sum_i r_i \right| \Psi_k \right\rangle$$ (2-17)

当频率为 ω_{mk} 的光辐射场与分子作用时，辐射场的矢势可以表示为

$$A = \frac{A^0}{2}\left[\exp(\mathrm{i}\omega t) + \exp(-\mathrm{i}\omega t)\right]$$ (2-18)

利用费米黄金规则作近似，得到 k → m 的跃迁概率为

$$P_{mk} = \frac{\pi\omega_{mk}^2}{2c^2\hbar^2}|A^0 \cdot R_{mk}|^2 \delta(\omega_{mk} - \omega)$$ (2-19)

若辐射场频率在 ω 附近范围内分布，并用单位频率的辐射场密度 $\rho(\omega_{mk})$ 表示时，跃迁概率可以表示为

$$P_{mk} = \frac{2\pi}{3\hbar^2} |R_{mk}|^2 \rho(\omega_{mk}) = B_{k \to m} \rho(\omega_{mk}) \tag{2-20}$$

当取 k 为低能态，m 为高能态时，式(2-20)就表示分子中电子吸收频率为 ω_{mk} 的光子发生跃迁的概率。而当电子处于高能态 m 时，在频率为 ω_{km} 的光子作用下，电子同样可以发生 m → k 的辐射跃迁，即受激辐射，其概率为

$$P_{km} = \frac{2\pi}{3\hbar^2} |R_{km}|^2 \rho(\omega_{km}) = B_{m \to k} \rho(\omega_{km}) \tag{2-21}$$

其中 $B_{k \to m}$ 和 $B_{m \to k}$ 就是用来表示受激吸收与辐射的爱因斯坦辐射跃迁系数。然而，分子轨道中的电子在吸收光子从低能态 k 跃迁到高能态 m 后，在没有外界辐射作用的情况下仍然可以发生弛豫而自发地从 m 跃迁到 k。这一过程被称为自发辐射。为计算自发辐射的跃迁概率，爱因斯坦根据物体和周围辐射场建立平衡的热力学关系指出，当处于能量 E_k 和 E_m 的分子数分别为 N_k 和 N_m 时，在热平衡状态下有如下关系：

$$N_m \left[A_{m \to k} + B_{m \to k} \rho(\omega_{mk}) \right] = N_k B_{k \to m} \rho(\omega_{mk}) \tag{2-22}$$

其中，辐射场的能量密度 $\rho(\omega_{mk})$ 可由普朗克黑体辐射公式得到：

$$\rho(v_{mk}) = \frac{8\pi h v_{mk}^3}{c^3} \frac{1}{\exp\left(\frac{h v_{mk}}{kT}\right) - 1} \tag{2-23}$$

将黑体辐射公式代入式(2-22)，同时考虑到在辐射场作用下分子的受激吸收与辐射系数相等，即 $B_{k \to m} = B_{m \to k}$，可得自发辐射的跃迁概率[4]：

$$A_{m \to k} = \frac{8\pi h v_{mk}^3}{c^3} B_{m \to k} = \frac{32\pi^3 \omega_{mk}^3}{3\hbar c^3} |R_{mk}|^2 \tag{2-24}$$

式(2-24)表明自发辐射与受激辐射都与跃迁偶极矩的平方成正比。

2.4 选择定则

预测分子中不同量子状态间的跃迁概率通常通过选择定则[1,4,5]来判断。在光与分子的相互作用中，电磁波对于分子的扰动可以改变分子振子的偶极矩，从而引起电子在两个状态之间发生跃迁。将该模型应用于微扰理论，此时微扰算符 H' 可用外界电场能量 E 和分子的偶极矩算符 $\hat{\mu} = \sum_i q_i r_i$ 的乘积表示。其中，q_i 为振子

的电荷；r_i 为电荷到参考原点距离的矢量。由于分子振子本身可以分为两部分，一部分与原子核坐标有关，另一部分是电子坐标的函数。在考虑电子自旋的情况下，电子发生跃迁的跃迁矩可以表示为[2]

$$\langle \Psi_f | H' | \Psi_i \rangle = \int \phi_{e'}^* \hat{\mu}_e \phi_e \mathrm{d}\tau_e \cdot \int \phi_s^* \phi_s \mathrm{d}\tau_s \cdot \int \chi_{v'}^* \chi_v \mathrm{d}\tau_v \qquad (2\text{-}25)$$

式中，ϕ_e、ϕ_s 和 χ_v 分别为电子 e、自旋 s 和原子核振动 v 的波函数。式(2-25)将跃迁矩分为三部分，其中第一部分为电子跃迁矩，第二部分为自旋重叠积分，第三部分为核振动重叠积分。这三部分中的任意一项为 0 时，总的跃迁矩为 0，这时称始态到末态的跃迁是禁戒的；而当跃迁矩不为 0 时，称跃迁是允许的。但当实际情况与上述近似不完全符合时，是可以观测到禁戒状态的跃迁的，但是其跃迁概率要远小于允许状态的跃迁。下面具体讨论这三部分对应的具体选择定则。

2.4.1　轨道选择定则

跃迁矩的第一部分电子跃迁矩与分子轨道的对称性相关。对于复杂结构的分子而言，很难知道其微扰算符及分子波函数的详细信息，通常可以从分子对称性的角度，借助群论方法来确定分子在不同状态间跃迁的可能性。有关群论的相关知识在这里不做详细介绍，有兴趣的读者可以参考相关文献，在这里只列出结论。根据分子自身的对称性，可以将其归属于特定的分子点群。根据群论的定义，分子的波函数可以写为分子对应点群中的不可约表示的基函数的直积[1]。因此，第一部分 $\int \phi_{e'}^* \hat{\mu}_e \phi_e \mathrm{d}\tau_e$ 可以表示为 $\Gamma(\phi_{e'}^*) \otimes \Gamma(\hat{\mu}_e) \otimes \Gamma(\phi_e)$ 的直积形式。只有在此直积中含有该点群的全对称不可约表示时，分子状态间才可以发生跃迁。

2.4.2　自旋选择定则

跃迁矩的第二项是与自旋相关的重叠积分 $\int \phi_s^* \phi_s \mathrm{d}\tau_s$。当电子发生跃迁时，其自旋多重度不发生改变。也就是说只有单重态 $\rightarrow$ 单重态和三重态 $\rightarrow$ 三重态是自旋允许状态，其重叠积分不为零，而单重态 $\rightarrow$ 三重态和三重态 $\rightarrow$ 单重态的跃迁则是自旋禁戒的。在一般的有机分子中，其基态大多为自旋单重态，因此单重态 $\rightarrow$ 单重态的跃迁是有机体系中最常见的状态。

2.4.3　电子-振动耦合选择定则

在讨论第一部分的选择定则时，只考虑了纯电子跃迁的部分。然而在分子中的电子发生跃迁时，往往需要与原子核的振动发生耦合，这时核振动的波函数要与电子的波函数一同参与选择定则，即 $\int \phi_e^* \chi_{v'}^* \hat{\mu}_e \phi_e \chi_v \mathrm{d}\tau_e \mathrm{d}\tau_v$ 不为零。由于存在原子核振动与分子轨道的耦合，原来一些在轨道选择定则下被禁戒的跃迁变为被允许的跃迁。

2.4.4　Franck-Condon 原理

由上面讨论的电子-振动耦合可以看出，判断跃迁的选择定则需要同时考虑分子在两个状态下的电子能级及核振动的因素。根据 Born-Oppenheimer 近似，原子核的运动远慢于电子的运动，因此电子波函数与核振动波函数可以分离。当在跃迁过程中电子的自旋保持不变时，分子波函数可以表示为[3]

$$\Psi = \phi_e(r, R) \psi_v(R) \tag{2-26}$$

则分子的跃迁矩可以表示为

$$\langle \Psi_f | H' | \Psi_i \rangle = \int \phi_{e'}^* \psi_{v'}^* \hat{\mu} \phi_e \psi_v \mathrm{d}r \mathrm{d}R \tag{2-27}$$

其中跃迁偶极矩 $\hat{\mu}$ 利用 Born-Oppenheimer 近似可以表示为

$$\hat{\mu} = \mu_e + \mu_v \tag{2-28}$$

因此跃迁矩可以表示为

$$\langle \Psi_f | H' | \Psi_i \rangle = \int \phi_{e'}^* \psi_{v'}^* (\mu_e + \mu_v) \phi_e \psi_v \mathrm{d}r \mathrm{d}R$$

$$= \int \left(\int \phi_{e'}^* \mu_e \phi_e \mathrm{d}r \right) \psi_{v'}^* \psi_v \mathrm{d}R + \int \phi_{e'}^* \phi_e \mathrm{d}r \int \psi_{v'}^* \mu_v \psi_v \mathrm{d}R \tag{2-29}$$

由于不同能级间的电子波函数互相正交，因此第二项中的电子重叠积分为零，所以第二项整体为零。而第一项括号内的部分为与核振动无关的电子跃迁矩，定义为

$$M_e(R) = \int \phi_{e'}^* \mu_e \phi_e \mathrm{d}r \tag{2-30}$$

则总的跃迁矩公式可以表示为

$$\langle \Psi_f | H' | \Psi_i \rangle = \int M_e(R) \psi_{v'}^* \psi_v \mathrm{d}R \tag{2-31}$$

根据 Born-Oppenheimer 近似 M_e 受原子核之间距离 R 的变化影响很小，则式(2-31)中的 $M_e(R)$ 可以移出积分公式：

$$\langle \Psi_f | H' | \Psi_i \rangle = M_e(R) \int \psi_{v'}^* \psi_v \mathrm{d}R \tag{2-32}$$

以光吸收跃迁为例[5]，可以看出分子发生跃迁时，若分子几何 R 不发生变化，则分子基态最低振动态 v'_0 到激发态最低振动态 v''_0 的重叠积分最大，而向其他振动态跃迁由于波函数正交的关系概率趋近于零。这时分子吸收光谱会出现较窄的谱线。然而通常对于复杂分子而言，在激发态分子几何 R 变化很大时，分子激发态的整个势能曲线会发生偏移。在这种情况下，分子基态最低振动态与激发态各振动态的重叠积分都不为零，则分子吸收光谱会发生展宽现象。这时跃迁概率最大的状态应该是激发态振动态中与 v'_0 在分子几何中最接近的状态 v''_n。该原理也同样适用于发射光谱，所以通常遵循 Franck-Condon 原理的跃迁也被称为垂直跃迁(图 2-2)。

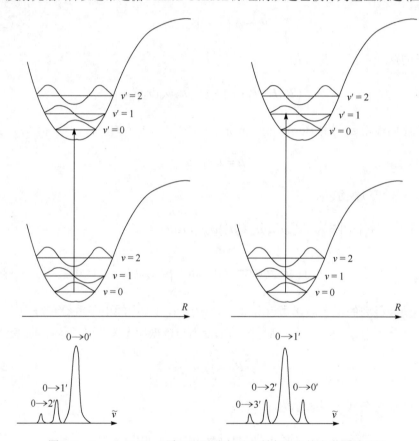

图 2-2　Franck-Condon 原理下因垂直跃迁所表现出的光谱图差异[5]

2.5　分子的无辐射跃迁[5,6]

分子在不同状态间的跃迁也可在不与电磁辐射场作用的情况下进行。这种不与外界辐射场发生能量交换的分子无辐射跃迁，通常是通过分子的核运动将分子的电子激发态能量转换成分子的振动能，继而通过振动能弛豫而达到能量较低的稳定能级。因此，无辐射跃迁通常在两个不同的电子-振动(vibronic)激发态间发生。最常见的无辐射跃迁已经由 2.2.1 节中的 Jablonski 能级图表示出来，主要是分子从某一电子-振动态快速弛豫到电子多重态相同的另一个电子-振动态的"内转换"(IC)，以及与分子中自旋-轨道耦合有关的"系间窜越"(ISC)，这时分子弛豫到电子多重态不同的另一个电子-振动态。无辐射跃迁的跃迁概率可以通过含时微扰理论的费米黄金规则描述：

$$k_{\mathrm{if}} = \frac{2\pi}{\hbar} \left| V_{\mathrm{if}} \right|^2 \rho_{\mathrm{f}} \tag{2-33}$$

其中无辐射跃迁的速率常数 k_{if} 与两个因素有关：一个是与始态能量匹配的末态激发振动能级密度 ρ_{f}，另一个是始态与末态的耦合项 $V_{\mathrm{if}} = \langle \Psi_{\mathrm{i}} | \hat{h} | \Psi_{\mathrm{f}} \rangle$ 的平方。式中的微扰算符 $\hat{h}$ 如果是核振动与电子运动的耦合，则促进的是 IC 过程；如果是电子自旋与轨道角动量之间的耦合——自旋-轨道耦合(SOC)，则促进 ISC 过程的发生。

通过跃迁速率来定量描述无辐射跃迁的概率通常比较困难。对于有机大分子体系，可以利用能隙定律(energy gap law)经验性地判断分子无辐射跃迁的概率，即分子中 IC 和 ISC 的速率常数随分子两个电子能态的能量差 ΔE 的增大而呈指数下降。该定律的物理背景主要来源于两个相反的效应：首先，分子的振动态密度随能隙的增大而大大增加；其次，随着能隙的增加分子始态振动波函数 χ_{i} 与末态振动波函数 χ_{f} 间的 Franck-Condon 重叠积分 $\langle \chi_{\mathrm{f}} | \chi_{\mathrm{i}} \rangle$ 以更强的趋势呈指数衰减。在这里 Franck-Condon 重叠积分起主导作用，因此能隙较小的红光发光分子往往其发生无辐射跃迁的概率较大，使其发光效率降低。

2.5.1　内转换

内转换发生在自旋多重度相同的两个态之间，如电子从分子的单重态 S_1 弛豫到电子的基态 S_0，$S_1 v' \rightsquigarrow S_0 v'' + \Delta H$。在有机分子中，当分子受到一个较高的能量激发而从基态直接跃迁到比单重态 S_1 更高的分子激发态(如 S_2)时，如果 $S_1 \rightarrow S_0$ 是允许跃迁的，通常只能观察到较低能量状态的 $S_1 v' \rightarrow S_0 v''$ 的辐射跃迁，而非 $S_2 \rightarrow S_0$ 的辐射跃迁。这里 S_2 状态的电子会以很快的速率以内转换的形式弛豫到 S_1。这一现象通常被称为 Kasha 规则，即多原子分子的发光(荧光或磷光)通常发生在给定自旋多重度的最低激发态。这一规则也可以用来解释通常的光化学反应。Kasha 规则是能隙定律的延伸，因为高能激发态与单重态 S_1 的能量差往往比单重态 S_1 到基态的能量差小很多。当电子被激发到较高能量的激发态后，其内转换过程的速率要比辐射跃迁的速率快很多。只有在最低激发态时，其辐射跃迁的速率才可以和内转换过程的速率相竞争。

2.5.2 系间窜越

在同一分子轨道上，三重激发态的能量要比相同能级下的单重态能量低。在分子中的原子核发生振动的情况下，单重态的某些振动能级可能会与三重态中的振动能级相交叠，这时存在很大的概率在两种多重态间发生转移。通常由于自旋选择定则的存在，不同多重态之间的转换需要发生自旋翻转，因此这一过程不易发生。然而分子中的自旋角动量与轨道角动量发生相互作用，即存在 SOC 现象，此时电子的自旋可以发生翻转，并完成单重态与三重态间的转移。人们称此过程为系间窜越，$S_1 v' \rightsquigarrow T_1 v'' + \Delta H$。另外，电子自旋也可与原子核磁场间发生超精细相互作用(HFI)，此时也可以诱发自旋翻转。

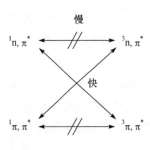

图 2-3 El-Sayed 规则

由于有机分子中缺少重原子，因此其 SOC 效应较弱，ISC 的速率要比 IC 的低约五个数量级，可以认为 ISC 作用几乎不发生在有机分子的无辐射跃迁中。然而当 ISC 过程涉及轨道类型的改变时，如 α, β 不饱和酮中的 $^1 n, \pi^* \rightarrow {}^3 \pi, \pi^*$ 跃迁，此时 ISC 的速率仅比 IC 过程的慢两个数量级。这一定性描述被称为 El-Sayed 规则(图 2-3)。由于 El-Sayed 规则的存在，近些年通过有机合成强大的分子设计能力，很多纯有机室温磷光材料被合成出来，这也大大拓展了人们对有机磷光体系的认知。有关这类材料的具体内容将在 2.9 节给出较为详细的介绍。

2.6 量子效率[7]

通常用量子效率来描述光物理和光化学过程进行的效率。量子效率 $\Phi_x(\lambda)$ 等于发生光化学或光物理事件的分子数 n_A 除以被分子体系吸收的波长为 λ 的光子数 n_p，即

$$\Phi_x(\lambda) = \frac{n_A}{n_p} \tag{2-34}$$

有时光激发过程中所吸收的光子不只发生一种物理或化学过程，这时可能需要单独将该过程从总激发态分子中分离出来，可以定义过程 x 的效率 η_x 为

$$\eta_{\mathrm{x}} = \frac{n_{\mathrm{x}}}{n_{\mathrm{A}^*}} \tag{2-35}$$

式中，n_{x} 为发生过程 x 的分子数；n_{A^*} 为吸收光子后所有处于激发态的分子数。同时根据反应动力学理论，还可以将效率 η_{x} 定义成光化学或光物理过程速率常数的表达式。设所有参与到分子激发态体系中的光化学与光物理过程的速率常数总和为 $\sum_i k_i$，则实际参与到过程 x 的分子比例为

$$\eta_{\mathrm{x}} = \frac{k_{\mathrm{x}}}{\sum\limits_i k_i} \tag{2-36}$$

如果一个光化学或光物理过程 x 为单步过程，则其量子效率可以表示为

$$\Phi_{\mathrm{x}} = \eta_{\mathrm{abs}}\eta_{\mathrm{x}} \tag{2-37}$$

对于激发态只选择性激发单重态 S_1 时，其 $\eta_{\mathrm{abs}} = 1$；对于一些双光子吸收过程，$\eta_{\mathrm{abs}} = 0.5$。而对于存在反应中间体 Z 的多步反应过程，其量子效率为

$$\Phi_{\mathrm{x}} = \eta_{\mathrm{abs}}\eta_Z\eta_{\mathrm{x}} \tag{2-38}$$

将上面的定义应用于具体过程，如遵循单纯指数定律的荧光过程速率常数 k_{F}，如果考虑存在内转换速率常数 k_{IC} 及系间窜越速率常数 k_{ISC} 等激发态失活过程，则荧光量子效率可以表示为

$$\Phi_{\mathrm{F}} = \eta_{\mathrm{abs}}\eta_{\mathrm{F}} = 1 \times \frac{k_{\mathrm{F}}}{k_{\mathrm{F}} + k_{\mathrm{IC}} + k_{\mathrm{ISC}}} = k_{\mathrm{F}}\tau_{\mathrm{S}} = \frac{\tau_{\mathrm{S}}}{\tau_0^{\mathrm{S}}} \tag{2-39}$$

式中，τ_{S} 为荧光的实际寿命；τ_0^{S} 为体系实验观测寿命。对于通过系间窜越而发生的磷光过程，需要考虑从单重态向三重态系间窜越的速率常数 k_{ST} 以及三重态上的磷光发射两步过程的速率常数 k_{P}。在三重态上还要考虑反向系间窜越过程的速率常数 k_{TS}，则磷光量子效率可以表示为

$$\Phi_{\mathrm{P}} = \eta_{\mathrm{abs}}\eta_{\mathrm{ST}}\eta_{\mathrm{P}} = 1 \times \frac{k_{\mathrm{ST}}}{k_{\mathrm{F}} + k_{\mathrm{IC}} + k_{\mathrm{ST}}} \times \frac{k_{\mathrm{P}}}{k_{\mathrm{P}} + k_{\mathrm{TS}}} = \eta_{\mathrm{ST}}k_{\mathrm{P}}\tau_{\mathrm{P}} = \eta_{\mathrm{ST}}\frac{\tau_{\mathrm{T}}}{\tau_0^{\mathrm{T}}} \tag{2-40}$$

式中，τ_{T} 为磷光的实际寿命；τ_0^{T} 为体系实验观测寿命；η_{ST} 为单重态向三重态转换的效率。

2.7 能量转移[5,7-8]

上面讨论的分子辐射跃迁和无辐射跃迁都是单个分子本身发生的能量过程。当分子处于复杂体系中时，受激分子也可以与其他分子发生作用。当分子与其他分子作用后，其激发态能量转移到其他分子而未产生新物质时，这一过程被称为能量转移过程，即

$$D^* + A \longrightarrow D + A^* \tag{2-41}$$

能量转移存在两种基本方式。其中，一种是激发态分子 D 通过"辐射-吸收"两步过程将能量传递给分子 A：$D^* \longrightarrow D + h\nu$，$A + h\nu \longrightarrow A^*$，这种形式一般称作辐射能量转移。能量转移需要遵循能量守恒，所以激发态分子 D^* 的光辐射波长需要和受体分子 A 的吸收谱带有所重叠。辐射能量转移一般也被称为"平凡"能量转移，因为光子的辐射与吸收是通常光物理中最基本的过程，所以一般不作为研究的重点。而另一种更常见的情况是无辐射能量转移，即激发态分子 D^* 以无辐射跃迁的方式将激发能转移给邻近的受体分子 A。这种情况下可以通过"级联"的方式传递：$D^* + A + A + \cdots \longrightarrow D + A^* + A + \cdots \longrightarrow D + A + A^* + \cdots \longrightarrow D + A + A + \cdots$。这种无辐射方式传递能量的过程可以看作激发态分子 D^* 的辐射弛豫和受体分子 A 的吸收激发过程的组合。无辐射能量转移的机理与分子所处的环境有关，在光电子学中人们通常关心分子在凝聚态体系中的传递机理。目前较为普遍的两种机理是 Förster 机理和 Dexter 机理。

与无辐射跃迁相似，无辐射能量转移过程同样可以基于费米黄金规则来描述。其中表述始态与末态的耦合作用项 $V_{if} = \left\langle \Psi_i \left| \hat{h} \right| \Psi_f \right\rangle$，始态波函数可以表示为 $\Psi_i = \Psi_{D^*}\Psi_A$，发生能量转移后的末态波函数 $\Psi_f = \Psi_D\Psi_{A^*}$。当微扰算符 $\hat{h}$ 为库仑相互作用时，可以对其进行多级展开。如果传递能量的分子之间相隔距离较远，则起主要作用的为分子间跃迁矩的偶极-偶极(dipole-dipole)相互作用。通过跃迁矩的偶极-偶极相互作用发生的能量转移就是 Förster 机理，也称 Förster 共振能量转移(FRET)。偶极-偶极相互作用与分子间距离的三次方成反比，根据费米黄金规则，FRET 的传递速率 k_{FRET} 正比于 V_{if}^2，即与距离的六次方成反比：

$$k_{FRET} = \frac{R_0^6}{R^6 \tau_D^0} \tag{2-42}$$

式中，τ_D^0 为 D 分子在无 A 分子存在时的激发态寿命；R_0 为临界传递距离，即能量转移发生的最长距离。当两分子距离 R 等于临界传递距离 R_0 时，$k_{FRET} = \dfrac{1}{\tau_D^0}$，即能量转移与自发辐射发生的概率相等。Förster 利用费米黄金规则推导出临界传递距离与实验光谱数据的重要关系：

$$R_0^6 = \frac{9\ln(10)}{128\pi^5 N_D} \frac{\kappa^2 \Phi_D^0}{n^4} J \tag{2-43}$$

式中，Φ_D^0 为 D 分子在无 A 分子存在时的荧光量子效率；n 为两种分子光谱重叠区域介质的平均折射率；J 为光谱的重叠积分；κ 为取向因子。在计算光谱的重叠积分时，首先归一化分子 A 的发射光谱，其强度为 $\overline{I}_\lambda^{D^*}$。分子 D 的激发跃迁矩用其单位面积的摩尔吸收系数 ε_A 表述。这时重叠积分 J 可以表示为

$$J = \int_\lambda \overline{I}_\lambda^{D^*} \varepsilon_A(\lambda) \lambda^4 \mathrm{d}\lambda \tag{2-44}$$

其中：

$$\int_\lambda \overline{I}_\lambda^{D^*} \equiv 1 \tag{2-45}$$

而取向因子 κ 的定义为

$$\kappa = \frac{\mu_D \mu_A - 3(\mu_D r)(\mu_A r)}{\mu_D \mu_A} \tag{2-46}$$

式中，μ_D、μ_A 分别为分子 D、A 的跃迁矩矢量；r 为分子间距离 R 方向上的单位矢量。κ^2 根据两个分子取向的不同，其值介于 0～4 之间，其大小由两分子跃迁矩 μ_D 及 μ_A 间的角度决定。图 2-4 给出了跃迁矩间夹角的定义，当 μ_D 产生的电场与 μ_A 垂直时，$\kappa^2 = 0$，此时 $\theta_{DA} = \theta_D = 90°$ 或 $\theta_{DA} = \theta_A = 90°$。另一种等于 0 的情况是式 (2-46) 中分子上的前后两项正好抵消。而当两跃迁矩平行时，即 $\theta_{DA} = \theta_D = \theta_A = 0°$，$\kappa^2 = 4$。

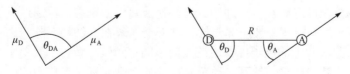

图 2-4　取向因子 κ 的角度定义[5]

需要说明的是，库仑相互作用不涉及电子自旋状态的改变。在通常的有机分子体系中，分子的基态为单重态，所以 Förster 能量转移是发生在单重态与单重态间的能量转移，即

$$^1D^* + A \longrightarrow D + {}^1A^* \tag{2-47}$$

对于三重态到三重态的能量转移：

$$^3D^* + A \longrightarrow D + {}^3A^* \tag{2-48}$$

尽管整个过程中的自旋是守恒的，但是由于有机分子的基态在多数情况下是单重态，因此在库仑相互作用下能量转移过程是禁阻的。为了解释一些实验中观察到的三重态间的能量转移，Dexter 利用量子力学的处理方法提出了一种新的能量转移机理。这里受激分子 D^* 和受体分子 A 的波函数在空间中存在相互交叠并保持电子自旋不变的条件下，分子 D、A 间的基态与激发态轨道发生同步双向电子的交换相互作用(electron exchange interaction)，从而在不发生电子自旋翻转的情况下进行能量转移。由于 Dexter 机理需要两分子的轨道波函数发生重叠，因此其发生作用的距离一般约等于两分子范德瓦耳斯半径之和，通常在 0.6~3 nm，称之为"短程"相互作用。而 Förster 机理的作用距离一般为 3~10 nm，称之为"长程"相互作用(图 2-5)。

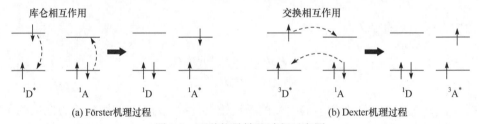

(a) Förster机理过程　　　　　　　　(b) Dexter机理过程

图 2-5　两种能量转移过程示意图

2.8　延迟荧光

在之前的讨论中，荧光发射一般是光激发有机分子到其单重激发态，如果跃迁到较高单重激发态通常会通过 IC 过程弛豫到 S_1 激发态，再通过发射荧光回到基态的过程。这一过程一般会非常快，其寿命一般在几纳秒。除此之外，在有些情况下，三重态 T_1 上的电子可以通过反向系间窜越过程转移到其单重态 S_1 上，这时也可以发生荧光现象。然而这种荧光现象的寿命要远长于普通的荧光发射，这一现象被称为延迟荧光。延迟荧光又可以进一步分为两种类型，分别称为"E 型"

和"P 型"延迟荧光[5]。

"E 型"延迟荧光又可以称为热激活延迟荧光(thermally activated delayed fluorescence, TADF)。这类延迟荧光的特点是荧光分子的单重态 S_1 与三重态 T_1 间的能量差很小。这时三重态的电子很容易通过热激活从 T_1 反向系间窜跃到 S_1 并发射荧光。"E 型"延迟荧光的强度对温度非常敏感,通常在温度降低的情况下光强会很快衰减。

TADF 材料在有机发光二极管(OLED)领域受到了广泛关注[9]。由于绝大多数有机分子的基态处于自旋单重态,在自旋选择定则下三重激发态上的电子向基态跃迁是自旋禁阻的,所以绝大多数有机分子只能观察到荧光发射,只有在加入重原子等引入自旋-轨道耦合机制后才会出现磷光发射。然而在电致发光的过程中,由于注入的电子和空穴的自旋取向是随机的,这时根据自旋统计:

$$e\uparrow e\downarrow + h\uparrow h\downarrow \longrightarrow \frac{1}{4}e\uparrow h\downarrow + \frac{1}{4}e\downarrow h\uparrow + \frac{1}{4}e\uparrow h\uparrow + \frac{1}{4}e\downarrow h\downarrow$$

$$\longrightarrow \frac{1}{4}(|e\uparrow h\downarrow\rangle - |e\downarrow h\uparrow\rangle) + \frac{1}{4}(|e\uparrow h\downarrow\rangle + |e\downarrow h\uparrow\rangle) + \frac{1}{4}|e\uparrow h\uparrow\rangle + \frac{1}{4}|e\downarrow h\downarrow\rangle$$

$$\longrightarrow \frac{1}{4}S_{m=0} + \frac{1}{4}T_{m=0} + \frac{1}{4}T_{m=1} + \frac{1}{4}T_{m=-1} \qquad (2\text{-}49)$$

得到的单重态与三重态激子的比例为 1 : 3。只有单重态的激子可以通过复合发射荧光,而三重态的激子由于自旋选择定则的存在而无法得到利用。在 TADF 材料中,由于三重态激子中的电子可以很容易地通过反向系间窜越转变为单重态激子,因此可以充分利用三重态激子而大大提高 OLED 的发光效率(图 2-6)。

"P 型"延迟荧光源自三重态-三重态湮灭(triplet-triplet annihilation,TTA)。当两个处于三重激发态的分子 $^3M^*$ 相互碰撞时,其中一个分子作为敏化剂将能量传递给另一个分子后,后一分子得到足够的能量后通过反向系间窜越变为单重激发态后再以荧光的形式发射。为使这一过程发生,三重激发态的能量的两倍要大于单重激发态的能量,即 $2E_T(M) > E_S(M)$。

$$^3M^* + {}^3M^* \longrightarrow {}^1(M\cdots M) \longrightarrow {}^1M^* + M \qquad (2\text{-}50)$$

在 TTA 过程中,两个处于三重激发态的分子发生碰撞,其自旋量子数 $S_A = S_B = 1$。因此复合物体系的总自旋量子数为 $S = 2$、$S = 1$ 或 $S = 0$,而相对应的多重度分别为 $2S+1 = 5$、$2S+1 = 3$ 或 $2S+1 = 1$。如果唯一产物的多重态为单重态,则其可以生成的概率为整个反应物的 $\frac{1}{9}$(图 2-7)。因此 TTA 过程可以生成的单重激发态分子为整个体系的 $\frac{1}{9}$。

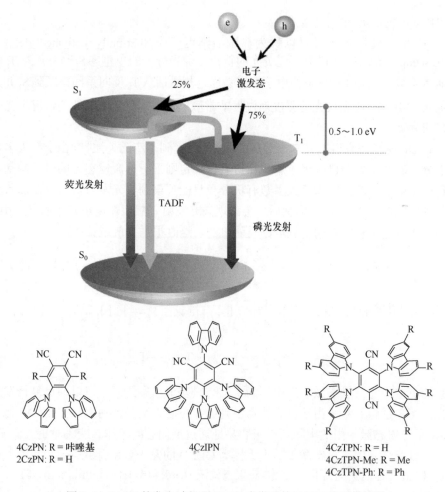

图 2-6　TADF 的发光过程及 OLED 中常见的 TADF 分子结构[9]

$$^{3}M^{*} + {}^{3}M^{*} \longrightarrow \begin{cases} \dfrac{5}{9}\,{}^{5}(M \cdots M)^{*} & \text{五重态途径} \\[2mm] \dfrac{3}{9}\,{}^{3}(M \cdots M)^{*} & \text{三重态途径} \\[2mm] \dfrac{1}{9}\,{}^{1}(M \cdots M)^{*} \longrightarrow {}^{1}P & \text{单重态途径} \end{cases}$$

图 2-7　TTA 过程

2.9　有机磷光材料

在讨论系间窜越时已经指出，由于有机分子的自旋-轨道耦合作用非常弱，且对于温度和氧气极为敏感，因此一般只有在极低温度的无氧环境下才能探测到有机材料的磷光现象。但是在最近几年，由于有机合成技术的快速发展以及人们对于有机材料激发态过程理解的深入，多种提高系间窜越效率的策略被提出，从而大大拓展了有机磷光材料的种类。本节仅简要介绍有机磷光材料发光的光物理过程及影响因素。

在 2.1.1 节中通过 Jablonski 能级图形象地描绘了主要的有机光物理过程。从图中可知，有机分子在受到光激发后，电子会被激发到材料的单重态 S_1。这时 ISC 过程可以使电子转移到三重态 T_1。由于 $T_1 \rightarrow S_0$ 的过程受自旋选择定则的约束，所以其弛豫过程明显慢于 $S_1 \rightarrow S_0$ 的过程，这时就会发生长寿命的磷光现象。这里三重态 T_1 的寿命 $\tau_p(T)$ 可以表示为[10]

$$\tau_p(T) = 1 / \left[k_p + k_{nr}(T) + k_q(T) \right] \tag{2-51}$$

式中，T 为分子所处的环境温度；k_p、k_{nr} 和 k_q 分别为磷光辐射的速率常数、无辐射跃迁的速率常数和猝灭的速率常数。则磷光量子效率可以表示为

$$\Phi_p(T) = \Phi_{isc}(T) k_p / \left[k_p + k_{nr}(T) + k_q(T) \right] \tag{2-52}$$

式中，Φ_{isc} 为 $S_1 \rightarrow T_1$ 的 ISC 过程的效率。由式 (2-52) 可知，决定磷光量子效率的因素主要有 ISC 过程的效率以及速率常数 k_p 与其他无辐射过程 (k_{nr}、k_q) 的相对比例。根据能级图，可以进一步将 Φ_{isc} 表示为

$$\Phi_{isc} = k_{isc} / \left(k_f + k_{ic} + k_{isc} \right) \tag{2-53}$$

式中，k_{isc}、k_{ic} 和 k_f 分别为分子进行系间窜越、内转换和荧光辐射的速率常数。从上面公式可知，为了得到高效率的磷光辐射，需要提高分子体系中的 k_{isc} 及 k_p。光物理过程中的速率常数通常可以通过费米黄金规则来分析：

$$k = \frac{2\pi}{\hbar} |H'|^2 \delta(E_i - E_f) \tag{2-54}$$

其中，微扰哈密顿算符 H' 要远小于始末态的能级差 $(E_i - E_f)$。在相同自旋多重度下，根据始末态的不同，可以得到内转换的速率常数 k_{ic} 以及荧光辐射的速率常数 k_f。而当微扰项涉及自旋-轨道耦合哈密顿算符 H_{SOC} 时，ISC 过程就会发生。ISC 过程的速率常数 k_{isc} 可以表示为[11]

$$k_{isc} \equiv \frac{2\pi}{\hbar} \left| \left\langle S \left| \hat{H}_{SOC} \right| T \right\rangle \right|^2 \times \text{FWCD} \tag{2-55}$$

$$\text{FWCD} = \frac{1}{\sqrt{4\pi\lambda k_{\text{B}}T}} \sum_{n=0}^{\infty} \exp(-S)\frac{S^n}{n!} \exp\left[-\frac{(\Delta E_{\text{ST}} + n\hbar\omega + \lambda)^2}{4\lambda k_{\text{B}}T}\right] \tag{2-56}$$

式中，$\left\langle \text{S}\left|\hat{H}_{\text{SOC}}\right|\text{T}\right\rangle$ 为 SOC 作用下 S 态与 T 态间的跃迁矩阵元，直接决定了磷光发射的效率。在无重元素参与的有机分子中，这一项的贡献主要来源于 El-Sayed 规则。FWCD 为 Franck-Condon 加权态密度（Franck-Condon-weighted density of states），是决定系间窜越速率的另一主要因素。其中，ΔE_{ST} 为两个电子态间（单重态→三重态）处于平衡位置时的能级差；$\hbar\omega$ 为参与 ISC 过程的振动模的能量；n 为振动量子数；S 为 Huang-Phys 因子；λ 为 Marcus 理论的重组能。有关 Marcus 理论的内容，将会在电子转移章节中进行介绍。在光谱能量计算过程中，重组能可以写成简正振动模的表达式，即 $\lambda_k = \frac{1}{2}\omega_k^2\Delta Q_k^2$，其中，$\omega_k$ 为简正模的频率；ΔQ_k 为分子振动中偏离平衡位置时的位移。k_{B} 和 T 分别为玻尔兹曼常量和温度。在考虑短时及高温极限近似的情况下，FWCD 项可简化为

$$\text{FWCD} = \sqrt{\frac{\pi}{\lambda k_{\text{B}}T}}\exp\left[-\frac{(\Delta E_{\text{ST}} - \lambda)^2}{4\lambda k_{\text{B}}T}\right] \tag{2-57}$$

式中，ΔE_{ST} 和 λ 两个参数对于控制系间窜越的速率起到决定作用。由于绝大多数有机分子的几何构型较为刚性，在相关电子态间的原子核位移较小，其 $\Delta E_{\text{ST}} \gg \lambda$，因此这两个参数间的耦合较弱，可以通过增加 λ 或降低 ΔE_{ST} 提高 ISC 速率。如果分子的结构在不同电子态间变化较大，则两者存在强耦合，调节作用将会失效。

磷光辐射的速率常数 k_{p} 可以用 Einstein 系数表示如下：

$$k_{\text{p}} = \frac{64\pi^4}{3h^4c^2}\Delta E_{\text{T}_1\to\text{S}_0}^3 \left|\mu_{\text{T}_1\to\text{S}_0}\right|^2 \tag{2-58}$$

$$\mu_{\text{T}_1\to\text{S}_0} = \sum_k \frac{\left\langle \text{T}_1\left|\hat{H}_{\text{SOC}}\right|\text{S}_k\right\rangle}{{}^3E_1 - {}^1E_k} \times \mu_{\text{S}_k\to\text{S}_0} + \sum_m \frac{\left\langle \text{T}_m\left|\hat{H}_{\text{SOC}}\right|\text{S}_0\right\rangle}{{}^3E_m - {}^1E_0} \times \mu_{\text{T}_m\to\text{T}_1} \tag{2-59}$$

式中，c 为光速；$\Delta E_{\text{T}_1\to\text{S}_0}$ 和 $\mu_{\text{T}_1\to\text{S}_0}$ 分别为三重态 T_1 与基态 S_0 间的能量差和跃迁偶极矩。求和式则分别代表所有的单重态 S_k 和所有的三重态 T_m。这里可以看出磷光辐射的速率常数与 $\Delta E_{\text{T}_1\to\text{S}_0}$ 的 3 次方及 $\mu_{\text{T}_1\to\text{S}_0}$ 的平方成正比，而 $\mu_{\text{T}_1\to\text{S}_0}$ 与相同自旋多重度下不同能级间的跃迁偶极矩，以及不同多重度间的 SOC 跃迁矩阵元成正比，与相关能级间的能量差成反比。需要指出的是，荧光辐射的速率常数 k_{f} 也可以写成相似的 Einstein 系数表达式，其与系间窜越速率常数存在竞争关系。

为了提高有机分子的磷光量子效率及寿命，在分子合成设计的过程中需要考虑以下几个方面：①提高分子的自旋-轨道耦合系数，如引入重原子(如溴、碘等)，或者引入含有 n 电子的官能团(如氨基、羰基等)；②调节 ΔE_{ST}，例如，通过引入给受体结构形成 CT 态来调节单重态与三重态间的能量差；③降低无辐射跃迁速率常数 k_{nr}，例如，通过掺杂引入刚性结构或者离子键等方法使得发光分子周围的环境更加刚性，抑制分子本身发生构型变化从而提高无辐射跃迁的概率。另外通过超精细耦合(hyperfine coupling)或者单重态分裂(singlet fission)等方法也可以提高三重态的产率，相关的分子设计策略可以参考相关综述[12-14]。

2.10　有机材料的光化学过程

光化学过程通常指在分子激发态下原反应物分子转变为与其化学组成不同的另一种产物分子的过程。光化学过程是与反应物分子本身的光物理过程相互竞争的。光物理过程中激发态分子始终会回到原产物本身的基态而不生成新的物质。只有当光化学过程在时间尺度上快于原反应物本身的光物理过程时，新的产物才会生成。

2.10.1　势能面及光化学反应路径

对于分子体系，通常采用势能面(potential energy surface, PES)表示分子某一状态的能量分布，其坐标可以用分子中各个原子的坐标来表示。而化学反应可以通过电子在势能面上的移动形象地表示电子迁移并发生化学反应的过程。对于光化学反应，通常需要同时研究两个势能面，即基态与激发态(通常只研究单重态)间电子传递的过程。图 2-8 中显示了一个典型势能面表示的光化学反应发生的过程[15]。

可以根据电子从激发态势能面回到基态势能面的不同途径，将光化学反应分为四类。为了简化反应途径，将势能面抽象为一维曲线(即势能曲线)来表述反应进行的过程(图 2-9)。

1. 热基态反应

在热基态反应中，分子从激发态的一个局域能量最小点通过 IC 过程回到基态势能面并形成一个振动激活的"热"分子，在过剩能量的帮助下进一步越过反应势垒生成分子 B。这类反应通常不容易发生，因为反应中分子 A 与产物 B 间只有很小的振动势垒，所以产物 B 很容易在过剩热量的影响下回到分子 A 的状态。另外由于反应实际发生在基态势能面，而光能是通过无辐射跃迁的热形式供给到反应体系的，所以这一类反应很难找到实际的证据来证明是真正的光反应路径。

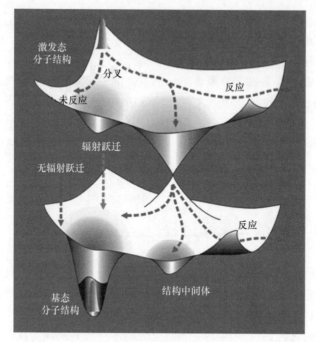

图 2-8　势能面[15]

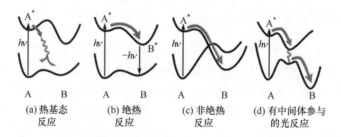

图 2-9　光化学反应发生的四条反应途径[5]

2. 绝热反应

整个反应过程发生在分子的激发态势能面上，激发态分子 A* 先形成激发态产物 B*，再返回到基态的反应称为绝热(adiabatic)反应。绝热反应在激发三重态中很常见，这是因为三重态分子回到基态的光物理过程通常比较缓慢，使得化学反应的速率足以同光物理过程相竞争。这类反应的直接证据是通过将反应物 A 激发后观察到产物 B* 的发光。但这仅限于反应物 A 被选择性激发，而产物 B 不吸收激发光的情况下。如果产物 B 也被光源激发，则会对这类反应产生误导。

3. 非绝热反应

分子的两个势能面存在交叉点或近似交叉点，这时通过几何构型的改变使激发态分子 A*直接生成基态光产物 B 的反应称为非绝热(diabatic)反应。在这类反应中，除了吸收产生的激发态分子 A*外，一般不会检测到其他反应中间体。因为交叉点往往是基态势能面的最高点或接近最高点处，因此会立刻生成稳定产物。

　　4. 有中间体参与的光反应

　　这类反应通过形成常见的反应中间体来进行，如自由基、卡宾、双自由基或两性离子等。这些中间体通常具有能量较低的激发态，且这些态位于激发态分子 A*势能面局部最小值附近。

2.10.2　光化学反应的种类

　　在化学反应中，决定反应行为的往往是最为活泼的电子。分子的激发态在能量和电子的波函数上与分子的基态有很大的不同，因此其化学性质也有很大的不同。在光场的辐射下，电子被激发后形成分子激发态，其对分子反应活性的影响主要表现为以下四种反应形式。

　　1. 光解离[16]

$$A^* \xrightarrow{\ hv\ } B + C \tag{2-60}$$

　　当分子处于激发态时，其原子核间的化学键通常会变弱，从而发生解离。在光解离反应过程中，光子能量被用于分子 A 化学键的断裂。这一过程中通常形成两个携带自由基的碎片，它们中的一个或者两个同时处于激发态。处于激发态碎片的能量再通过转变成振动、旋转或平动等核自由度的无辐射跃迁方式回到基态。光解离过程存在两种可能的过程，一种是激发态分子 A 通过转变成介稳态回到基态后再通过一个较慢的过程最终解离，称之为预解离。另一种是 A 在激发态直接发生解离，解离后的碎片分子通过无辐射跃迁的方式返回基态。

　　醛酮的光解离是一类非常典型的光解离反应，是将结构最简单的丙酮分子解离作为模型反应，其机理已经被深入研究。一般认为，丙酮分子在小于 346 nm 的光激发下电子可以跃迁到 S_1 态，此时可以发生光解离反应：

$$H_3C-\overset{\overset{\displaystyle O}{\|}}{C}-CH_3 \xrightarrow{\ hv\ } \left[H_3C-\overset{\overset{\displaystyle O}{\|}}{C}-CH_3\right]^* \longrightarrow H_3C-\overset{\overset{\displaystyle O}{\|}}{C}\cdot + \dot{C}H_3 \tag{2-61}$$

在反应进行时的温度大于室温，自由基在不需要光照的情况下进一步解离，并完成复合生成一氧化碳和乙烷：

$$H_3C-\overset{\overset{\displaystyle O}{\|}}{C}\cdot \longrightarrow \dot{C}H_3 + CO$$
$$2\dot{C}H_3 \longrightarrow H_3C-CH_3 \tag{2-62}$$

这类反应被称为 Norrish 一类反应，其反应通式为

$$-\overset{\overset{\displaystyle O}{\|}}{C}\!\!\mid\!\!\overset{|}{\underset{|}{C}}-\xrightarrow[n\rightarrow\pi^*]{h\nu}-\overset{\overset{\displaystyle O}{\|}}{C}\cdot\ +\ \cdot\overset{|}{\underset{|}{C}}- \tag{2-63}$$

另一类对于酮类比较重要的光反应是在酮类中存在 γ 氢的情况：

$$-\overset{\overset{\displaystyle O}{\|}}{C}-C_\alpha-C_\beta-C_\gamma-H$$

这时 C_α — C_β 键可以发生断裂，生成一个更短链的酮类及一个烯烃。以 2-戊酮
为例：

$$H_3C-\overset{\overset{\displaystyle O}{\|}}{C}-\overset{H_2}{C}\!\!\mid\!\!\overset{H_2}{C}-CH_3 \xrightarrow[n\rightarrow\pi^*]{h\nu} H_3C-\overset{\overset{\displaystyle O}{\|}}{C}-CH_3 + H_2C{=}CH_2 \tag{2-64}$$

这类反应一般称为 Norrish 二类反应。

2. 光异构化反应

由于 Franck-Condon 原理的存在，分子基态中无法发生的振动或转动模式在
激发态时可能成为允许状态，激发态分子 A^* 通过这些振动或转动模式发生异构化
反应生成分子 B，之后通过无辐射跃迁的形式回到基态。在这一过程中，光子能
量被用来作为分子发生异构化反应所需的活化能。通常部分能量被转换为化学能
存储于新生成的异构分子 B 中。

$$A^* \xrightarrow{h\nu} B \tag{2-65}$$

有机分子中最常见的一类光异构化反应就是双键的顺反异构化，以典型的二
苯基乙烯为例[17]。从图 2-10 中的势能曲线可以看出，在基态时纯的二苯基乙烯反
式结构通过翻转变为顺式结构需要克服一个非常高的能量势垒。然而当分子被激
发到 S_1 态后，两个苯环扭转 90° 时处于能量最低点。反式结构只需要翻越一个很
小的势垒就可以达到能谷；而顺式结构则不需要翻越势垒就可以达到能谷。当分
子再度回到基态时，则有一定比例的顺式结构生成。需要指出的是，在电子回到
基态的过程中，顺式结构中的一部分还可以转化为二氢菲（DHP），也就是另一种
常见的异构化反应——光环化反应。

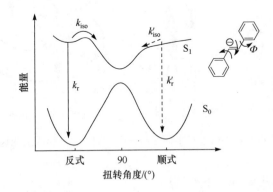

式中，Φ 为发生异构化的比例。

图 2-10 二苯基乙烯光异构化过程中势能的变化过程[17]

3. 光加成反应[18]

激发态分子的电子亲和能增加，处于激发态的电子很容易与进攻基团的成单电子形成化学键而生成加成产物。光加成反应中比较重要的一类反应是光环化加成反应。光环化加成反应是两个或多个含有不饱和键的化合物(或同一化合物的不同部分)结合生成环状化合物，并伴随有系统总键级数减少的化学反应。常见的光环化加成反应一般是[2＋2]、[4＋4]和[1＋2]类型，其中数字代表分子中参与成环的原子数。

$$A^* + B \xrightarrow{h\nu} AB \qquad (2\text{-}67)$$

立体选择性对于环化加成反应非常重要。环化加成反应是一类前线分子轨道发生重叠后成键的加成反应，因此分子轨道对称性对于最终加成反应的立体结构有很重要的影响。与有机烯烃的顺反加成类似，环化加成反应根据轨道结合的种类分为同面加成与异面加成两种形式。同面加成相当于分子立体化学构型的保持，而异面加成相当于立体化学构型的反转。对于两个分子发生的环化加成反应，其前线轨道允许的加成构型分别为同面-同面、同面-异面及异面-异面。一般同面-同面及异面-异面反应有 $4q$ 个电子参加，而同面-异面则一般有 $4q+2$ 个电子参加。然而由于有机分子的单重激发态寿命都非常短，因此发生异面反应的概率很小

（图 2-11）。一般只有 $4q$ 个电子参加的同面-同面成键才是光环化加成反应容易进行的方向，当然不排除分子本身位阻等结构影响，使得异面成键成为可能。

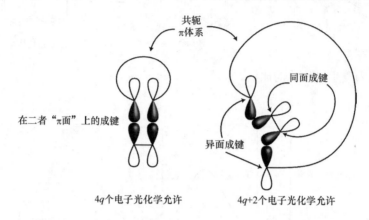

图 2-11　环加成过程中同面与异面成键时分子轨道的变化[18]

4. 光氧化还原反应（电子转移）[7]

相对于基态分子，处于激发态的分子通常是更好的电子给体或受体（提供成单电子或空轨道），此时激发态分子 A 与另一类分子 B 间发生电荷转移过程，即通常所说的氧化还原反应。当电子在两种中性分子间发生转移时，体系中经常会形成正负离子对。为了分离这两种离子，需要额外的能量克服正负离子的库仑相互作用，进而促进反应的进行。在这种情况下，极性溶剂的溶剂化作用可以促进正负离子的分离，进而促进电子转移反应的进行。

$$A^* + B \xrightarrow{\;h\nu\;} A^+ + B^- \tag{2-68}$$

或

$$A^* + B \xrightarrow{\;h\nu\;} A^- + B^+ \tag{2-69}$$

一类比较引人关注的氧化反应是单重态氧发生的光氧化反应。氧分子的基态与多数有机反应物不同，是三重态。然而在光激发下，氧分子可以形成单重态氧，这时氧分子的活性要比三重态基态高出很多，从而引发一些特殊的氧化反应。例如，单重态氧可以直接插入一些不易氧化的有机物形成过氧化物：

$$\tag{2-70}$$

在研究的光还原反应中，很多反应都伴随着氢离子的消去。例如，在下面反应中氢离子被消去，相当于反应体系得到一个电子，从而可以认为是还原反应：

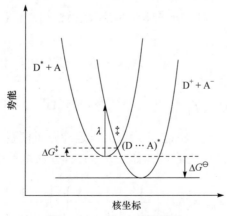

$$(2\text{-}71)$$

2.11　电子转移过程

电子转移反应是非常重要的一类光化学反应，它在自然界的"光合作用""呼吸作用"等重要生物过程中都是非常关键的步骤。同时，电子转移反应还是有机光电子学中电荷传递的基础，因此本节将详细论述电子转移过程的理论基础——Marcus 电子转移理论。

电子转移反应的经典理论描述由 Marcus 于二十世纪五六十年代建立。Marcus 理论假设在反应物体系中电子转移过程的发生只涉及反应物间一个较弱的相互作用。理论体系建构在化学反应速率理论、势能面及体系重组能的基础上。在电子转移过程中，分子体系的核构型并不随之改变，电子转移只能在 $(D^* + A)$ 和 $(D^+ + A^-)$ 状态势能相同的非平衡过渡态核构型 $(D \cdots A)^*$ 时才可发生。在势能面上进行的电子转移过程可以简单地通过两条势能曲线的交叉来描述(图 2-12)[12]。

图 2-12　Marcus 理论模型

$$D^* + A \longrightarrow (D \cdots A)^* \longrightarrow D^+ + A^- \tag{2-72}$$

从图中可以看出，整个电子转移过程的热力学变化与体系的重组能 λ、反应的总自由能 $\Delta G^\ominus$ 及活化能 $\Delta G^\ddagger$ 有关。其中，活化能 $\Delta G^\ddagger$ 是指达到电子转移反应过渡态 $\ddagger$ 所需要的自由能。重组能 λ 一般是指整个电子转移体系，给体 D、受体 A 及所处环境(溶剂)发生重组所需要的总能量。总自由能 $\Delta G^\ominus$ 是指电子转移最终完成后体系总的自由能变化。从势能曲线可以得到：

$$\Delta G^\ddagger = \frac{(\Delta G^\ominus \pm \lambda)^2}{4\lambda} \tag{2-73}$$

根据碰撞反应理论，电子转移过程的速率常数 k_{eT} 可以表示为

$$k_{eT} = A \exp\left(-\frac{\Delta G^\ddagger}{k_B T}\right) = A \exp\left[-\frac{(\Delta G^\ominus \pm \lambda)^2}{k_B T}\right] \tag{2-74}$$

需要注意的是，与通常的化学反应不同，电子转移过程中并没有化学键的生成和(或)断裂，而所发生的仅是分子体系的电子在不同电子轨道间的转换。这里体系的重组能 λ 包括来自分子体系核坐标改变的分子内振动 λ_{in}，以及所处环境中溶剂化能量变化 λ_{out} 两部分，即

$$\lambda = \lambda_{in} + \lambda_{out} \tag{2-75}$$

式中，λ_{in} 与分子处于 $(D^* + A)$ 和 $(D^+ + A^-)$ 状态时的键长及振动频率有关。在简谐振动的近似条件下，根据 Hook 定律估算：

$$\lambda_{in} = \sum_i \alpha_i \left[q^0_{(D^*A)_i} - q^0_{(D^+A^-)_i} \right]^2 \tag{2-76}$$

式中，$q^0_{(D^*A)_i}$ 和 $q^0_{(D^+A^-)_i}$ 分别为分子体系的 i 振动模在 $(D^* + A)$ 和 $(D^+ + A^-)$ 状态时的核坐标；$\alpha_i = \dfrac{f_{(D^*A)_i} f_{(D^+A^-)_i}}{f_{(D^*A)_i} + f_{(D^+A^-)_i}}$，为这一振动模在相应状态时的折合力常数 (reduced force constant)，$f_{(D^*A)_i}$ 和 $f_{(D^+A^-)_i}$ 分别为 $(D^* + A)$ 和 $(D^+ + A^-)$ 状态下分子做简谐振动时的力常数。而 λ_{out} 可通过介电连续介质模型近似处理。将 D^* 和 A 看作半径为 r_D 和 r_A，间距为 R 的球体在介电连续介质溶剂中进行电子转移，则

$$\lambda_{out} = (\Delta e)^2 \left(\frac{1}{2r_D} + \frac{1}{2r_A} - \frac{1}{R} \right)\left(\frac{1}{\varepsilon_s} - \frac{1}{\varepsilon_{op}} \right) \tag{2-77}$$

式中，Δe 为电子转移引起的电荷变化值；ε_s 和 ε_{op} 分别为介质的静态介电常数和与其极化特性有关的光频介电常数。

根据 Marcus 理论，得到了动力学参数 k_{eT} 与热力学驱动力 $\Delta G^{\ominus}$ 之间的关系。通过分析模型公式 $\Delta G^{\ddagger} = \dfrac{(\Delta G^{\ominus} + \lambda)^2}{4\lambda}$，可知体系的总自由能 $\Delta G^{\ominus}$ 与电子转移反应的活化能 $\Delta G^{\ddagger}$ 间在数学上是二次抛物线的关系。根据二次函数的特点，可以发现反应速率存在三个特征区域(图 2-13)[6]：

(1) 普通区域：这一区域的热力学驱动力一般较小，这时电子转移反应的速率随着热力学驱动力的增加而增加。

(2) 无激活区域：这一区域 $\Delta G^{\ominus} = 0$，这时改变热力学驱动力对于反应速率的影响很小。

(3) 反转区域：这一区域反应速率随热力学驱动力的增加而降低。

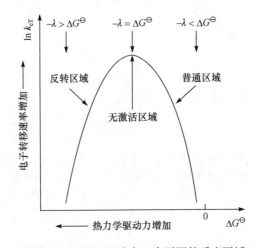

图 2-13　Marcus 理论中三个不同的反应区域

大量实验都证实了反转区域的存在，这进一步证明了经典 Marcus 理论在描述电子转移过程中的有效性。最经典的例子是 Closs 和 Miller 等将联二苯阴离子(D^-)通过类固醇结构(Sp)与其他芳香性分子(A)相连，观察这两种芳香分子间的电子转移反应[19]：

$$D^- —Sp \quad A \Longrightarrow D—Sp—A^- \tag{2-78}$$

通过测量不同取代基 A 间电子转移速率，成功观测到反转区域的存在(图 2-14)。尽管 Marcus 经典理论成功解释了很多电子转移反应，但是它无法解释电子转移速率常数随温度变化时在低温下出现反应速率与温度无关的现象，为此，需要引入量子力学方法来拓展 Marcus 经典理论。

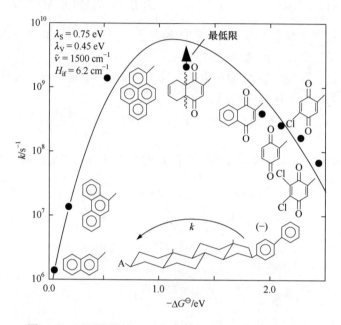

图 2-14　不同取代基 A 下分子内电子转移速率变化图[19]

在图中电子从联二苯阴离子转移到取代基 A 上，取代基结构在图中给出 λ_S 代表溶剂化重组能；λ_V 代表振动重组能；$\tilde{\nu}$ 代表观测的振动频率；H_{if} 代表耦合矩阵元。黑色点为图中分子的实验数值实际值，曲线为这些数据的拟合曲线

经典的 Marcus 理论主要建立在周围溶剂为介电连续介质，反应物间可以自由移动碰撞，分子间的轨道可以发生有效重叠的假设下。然而对于固体和低温情况，分子的移动几乎可以认为被"冻结"。这时经典的假设不适用，只能通过粒子的隧穿效应进行进一步的分析。粒子的隧穿效应在分子体系中可以分为原子核的隧穿效应及电子的隧穿效应。其中，原子核的隧穿效应只能在低温或固体中才会发生，而电子的隧穿效应则与温度无关。在量子力学模型中，可以将反应物(D^* 和 A)以及溶剂分子整体看成一个大的超分子体系。而各种分子运动行为则可以看成是一系列的"声子"振动行为。例如，分子内核间的化学键形成和断裂可以看作高频声子(光学波)，而溶剂分子的振动及转动可以看作是低频声子(声学波)。因此，描述分子间电子转移过程可以看作是反应物和产物间的电声子耦合。这时就可以采用费米黄金规则来描述电子转移的速率常数[20]：

$$k_{\text{eT}} = \frac{2\pi}{\hbar}|H_{\text{if}}|^2 \text{FC} \tag{2-79}$$

式中，H_{if} 为 D^* 和 A 间发生电子交换作用的电子耦合矩阵元。它与两分子间距离 d 呈指数关系衰减：$H_{\text{if}} = 10^5 \exp(-\beta d)$。FC 为 Franck-Condon 因子，可以表示为

$$\text{FC} = \sum_v \sum_w \rho_v \left| \left\langle \chi^0_{(\text{DA}),v} \middle| \chi^0_{(\text{D}^+\text{A}^-),w} \right\rangle \right|^2 \delta \left[E^0_{(\text{DA}),v} - E^0_{(\text{D}^+\text{A}^-),w} \right] \tag{2-80}$$

$$\rho_v = \frac{\exp\left(\dfrac{-E_{(\text{DA}),v}}{k_{\text{B}}T}\right)}{\sum_v \exp\left(\dfrac{-E_{(\text{DA}),v}}{k_{\text{B}}T}\right)} \tag{2-81}$$

式中，ρ_v 为振动能级 v 在热平衡温度时的布居密度；δ 函数项是两能级间的能量差；$\chi^0_{(\text{DA}),v}$ 和 $\chi^0_{(\text{D}^+\text{A}^-),w}$ 分别为始末态的核波函数，而 v 和 w 则是始末态的具体振动能级。这样就可以通过矩阵元 H_{if} 及 FC 来确定电子转移的速率常数。

为了能进一步计算 k_{eT}，假设核振动可以近似为一个有效振动频率 ν_{eff}；同时这一振动频率对应的波函数可以近似为简谐振动，这时

$$k_{\text{eT}} = \frac{2\pi}{\hbar \nu_{\text{eff}}}|H_{\text{if}}|^2 \frac{S^P \exp(-S)}{P!} \tag{2-82}$$

式中，$P = -\Delta G_{\text{eT}} / \hbar \nu_{\text{eff}}$，为以自由能归一化的特征频率；$S = \lambda / \hbar \nu_{\text{eff}}$，为以重组能 λ 归一化的特征频率。S 与电子振动耦合强度有关，可以通过测量键长的变化得到。式 (2-83) 可以用来描述体系热能小于核振动所需能量的电子转移反应（$k_{\text{B}}T < \hbar \nu_{\text{eff}}$），这时隧穿效应为主要反应途径。可以看出该速率方程与温度无关。而当升高到一定温度时，体系中 $k_{\text{B}}T > \hbar \nu_{\text{eff}}$，这时体系用半经典 Marcus 方程描述：

$$k_{\text{eT}} = \frac{2\pi}{\hbar}|H_{\text{if}}|^2 \frac{\exp\left[-(\Delta G_{\text{eT}} - \lambda)^2 / 4\lambda k_{\text{B}}T\right]}{(4\pi\lambda k_{\text{B}}T)^{1/2}} \tag{2-83}$$

该表达式可以得到与经典理论相同的结论。

以上总结了电子转移反应的经典及修正后的量子力学描述。电子转移反应对于描述有机光电子学中的电荷传输理论具有非常重要的意义，同时在光合作用等光化学反应的理论体系中也占据着非常重要的地位，有兴趣的读者可以参考相关综述[21, 22]。

2.12 质子转移过程

在有些时候，分子在激发态时的酸性会显著不同于其在基态的酸性。常见的有机分子中的氧原子或苯环中的邻、对位，其电子云密度相对其他位置更高，因此对应的 O—H 键更稳固，酸性更弱，如苯酚分子。然而通过光激发将苯酚分子激发到第一激发态以后，氧原子上的电子云密度会显著降低，其分子会显示出更强的酸性，表示物质酸性的 pK_a 值（$pK_a = -\lg K_a = \lg \dfrac{[HA]}{[A^-][H^+]}$）会显著降低[23]。

Förster 研究了光诱导质子转移反应的过程，利用反应动力学理论建立了现在称为 Förster 循环的反应过程，并通过热力学方法对这一循环过程进行解释（图 2-15）。定义 ΔH 与 ΔH^* 分别代表基态和激发态质子解离的焓变，根据热力学定义[24]：

$$\Delta H = \Delta G + T\Delta S \tag{2-84}$$

$$\Delta H^* = \Delta G^* + T\Delta S^* \tag{2-85}$$

假定两个状态下的熵变近似相等，即 $\Delta S \approx \Delta S^*$，则有

$$\Delta H - \Delta H^* = \Delta G - \Delta G^*$$
$$= -N_A k_B T \left(\ln K - \ln K^* \right) \tag{2-86}$$

式中，N_A 和 k_B 分别为阿伏伽德罗常数和玻尔兹曼常量，因为 $pK_a = \lg K$，因此通过整理可得

$$\Delta pK_a^* = pK - pK^* = \frac{\Delta H - \Delta H^*}{2.3 N_A k_B T} \tag{2-87}$$

从 Förster 循环图中可以看出：

$$\Delta E_{HA} + \Delta H^* = \Delta E_{A^-} + \Delta H \tag{2-88}$$

即

$$\Delta E_{HA} - \Delta E_{A^-} = \Delta H - \Delta H^* \tag{2-89}$$

因为辐射跃迁的能量与光频率成正比，即 $\Delta E = N_A hc\tilde{v}$，因此激发态与基态间 pK_a

的变化为

$$\Delta pK_a^* = pK - pK^* = hc\frac{\tilde{\nu}_f - \tilde{\nu}_a}{2.3k_B T} \tag{2-90}$$

式中，$\tilde{\nu}_a$ 和 $\tilde{\nu}_f$ 分别为体系吸收和发射光谱的峰值波数。

　　以 2-萘酚为例[25]，分子在基态（S_0）和激发态（S_1）的 pK_a 值分别为 9.5 和 2.8。2-萘酚的 Förster 循环如图 2-16 所示。

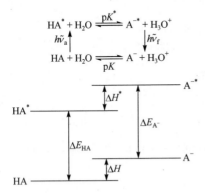

图 2-15　质子转移的 Förster 循环

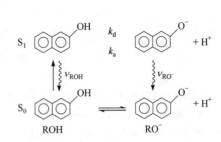

图 2-16　2-萘酚的 Förster 循环示意图[25]

　　可以看出，在基态下 2-萘酚羟基上的质子很难分解转移。而在通过光辐射达到激发态后，质子很容易在溶剂环境下解离，发生所谓的激发态质子转移：

$$R^*OH \underset{k_a}{\overset{k_d}{\rightleftharpoons}} R^*O^- + H^+ \tag{2-91}$$

$$\downarrow k_0 \qquad\qquad \downarrow k_0'$$

　　在光照下，2-萘酚羟基上的质子解离时间（$1/k_d$）通常在 1~1000 ps 的尺度。质子迅速解离成 R^*O^-/H^+ 离子对。在不存在其他物质参与消耗质子的情况下，这一离子对也会发生逆反应重新结合。如果在反应溶液体系中引入其他离子与质子结合，则质子转移的反应会很快发生。

　　如果光解离后体系维持在解离平衡状态，则两种状态（分子及离子对）的 2-萘酚会通过辐射跃迁或无辐射跃迁的形式回到基态，如果是辐射跃迁则会发出荧光。这时由于离子对的激发态能量要低于分子状态，因此可以在时间分辨光谱上观察到谱峰的红移（图 2-17）[26]。

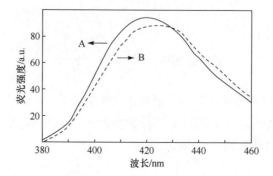

图 2-17　2-萘酚四氢呋喃溶液的时间分辨光谱[25]

A 为 0～3.5 ns 时间范围，B 为延迟 100 ns 后

参 考 文 献

［1］Balzani V, Ceroni P, Juris A. Photochemistry and Photophysics: Concepts, Research, Applications. Weinheim: Wiley-VCH Verlag, 2014.

［2］郭础. 时间分辨光谱基础. 北京: 高等教育出版社, 2012.

［3］Steinfeld J I. Molecules and Radiation: An Introduction to Modern Molecular Spectroscopy. 2nd ed. New York: Dover Publications Inc., 2005.

［4］Persico M, Granucci G. Photochemistry: A Modern Theoretical Perspective. Cham: Springer, 2018.

［5］Klán P, Jakob Wirz J. Photochemistry of Organic Compounds: From Concepts to Practice. New Jersey: Wiley-Blackwell, 2009.

［6］Wardle B. Principles and Applications of Photochemistry. Chichester: Wiley, 2009.

［7］Klessinger M, Josef Michl J. Excited States and Photochemistry of Organic Molecules. Weinheim: Wiley-VCH Verlag, 1995.

［8］Rohatgi-Mukherjee K K. Fundamentals of Photochemistry. New Delhi: New Age International Limited, 1978.

［9］Uoyama H, Goushi K, Shizu K, Nomura H, Adachi C. Highly efficient organic light-emitting diodes from delayed fluorescence. Nature, 2012, 492: 234-238.

［10］Ma H L, Lv A Q, Fu L S, Wang S, An Z F, Shi H F, Huang W. Room-temperature phosphorescence in metal-free organic materials. Annalen der Physik, 2019, 531: 1800482.

［11］Hirata S. Recent advances in materials with room-temperature phosphorescence: Photophysics for triplet exciton stabilization. Adv Opt Mater, 2017, 5: 1700116.

［12］Kenry, Chen C J, Liu B. Enhancing the performance of pure organic room-temperature phosphorescent luminophores. Nat Commun, 2019, 10: 2111.

［13］Li Q Q, Tang Y H, Hu W P, Li Z. Fluorescence of nonaromatic organic systems and room temperature phosphorescence of organic luminogens: The intrinsic principle and recent progress. Small, 2018, 14: 1801560.

[14] Ma X, Wang J, Tian H. Assembling-induced emission: An efficient approach for amorphous metal-free organic emitting materials with room-temperature phosphorescence. Acc Chem Res, 2019, 52: 738-748.

[15] Ruan C Y, Lobastov V A, Vigliotti F, Chen S, Zewail A H. Ultrafast electron crystallography of interfacial water. Science, 2004, 304: 80-84.

[16] Robert J D, Caserio M C. Basic Principles of Organic Chemistry. 2nd ed. Hoboken: Addison-Wesley Pub. Co., 1977.

[17] Waldeck D H. Photoisomerization dynamics of stilbenes. Chem Rev, 1991, 91: 415-436.

[18] Turro N J. 现代分子光化学. 姚绍明, 等译. 北京: 科学出版社, 1987.

[19] Closs G L, Calcaterra L T, Green N J, Penfield K W, Miller J R. Distance, stereoelectronic effects, and the Marcus inverted region in intramolecular electron transfer in organic radical anions. J Phys Chem, 1986, 90: 3673-3683.

[20] Kavarnos G J. Fundamentals of Photoinduced Electron Transfer. Weinheim: Wiley-VCH Verlag, 1993.

[21] Coropceanu V, Cornil J, da Silva Filho D A, Olivier Y, Silbey R, Bredas J L. Charge transport in organic semiconductors. Chem Rev, 2007, 107: 926-952.

[22] Wasielewski M R. Photoinduced electron transfer in supramolecular systems for artificial photosynthesis. Chem Rev, 1992, 92: 435-461.

[23] Tolbert L M, Solntsev K M. Excited-state proton transfer: From constrained systems to "super" photoacids to superfast proton transfer. Accounts Chem Res, 2002, 35: 19-27.

[24] Grabowski Z R, Rubaszewska W. Generalised Förster cycle. Thermodynamic and extrathermodynamic relationships between proton transfer, electron transfer and electronic excitation. J Chem Soc, Faraday Trans 1, 1977, 73: 11-28.

[25] Agmon N. Elementary steps in excited-state proton transfer. J Phys Chem A, 2005, 109: 13-35.

[26] Soumillion J P, Vandereecken P, van der Auweraer M F, de Schryver F C, Schanck A. Photophysical analysis of ion pairing of β-naphtholate in medium polarity solvents: Mixtures of contact and solvent-separated ion pairs. J Am Chem Soc, 1989, 111: 2217-2225.

第 **3** 章

有机半导体磁场效应

3.1 引言

有机半导体中的磁场效应(magnetic field effect，MFE)可以定义为由外加磁场诱导的某种性质的变化，如光致发光、电致发光、光电流、电流和介电常数等。这些磁场效应统称为内部磁场效应，因为它们源于自旋依赖的复合、拆分和极化行为。相对地，外部磁场效应则由外界引入的自旋引起，如有机/铁磁界面的界面工程导致的自旋注入。本章主要侧重于内部磁场效应的研究进展介绍。磁场效应信号的大小 MFE 可以定义为

$$\text{MFE} = \frac{S_B - S_0}{S_0} \tag{3-1}$$

式中，S_B 和 S_0 分别为有磁场和没有磁场情况下的信号值。二十世纪六七十年代，磁场效应被认为是由塞曼分裂导致的，因为塞曼分裂改变了自旋单重态和三重态之间的系间窜越[1-3]。磁场效应是有机半导体内自旋依赖的激发态的首个实验证据。二十世纪七八十年代，通过交换相互作用及超精细相互作用或者自旋-轨道耦合等机制，人们可以改变自由基系统内的自旋相干和自旋随机过程，这使得磁场效应的实验研究更进一步[4-7]。从本质上说，自由基对的自旋态为更深入地理解自旋守恒和自旋混合提供了基础，这使得通过自旋参数控制激发态成为可能。在二十一世纪的最初十年，随着有机电子学的发展，有机电致发光二极管中的磁电阻效应以及有机太阳电池中的光电流磁场效应研究推进了磁场效应研究的进展[8-12]。在此期间，磁场效应被用于阐释包括有机发光二极管和有机体异质结太阳电池等有机电子器件中自旋依赖的电荷俘获、电荷解离和发光行为[13-17]。实验和理论研究均表明，外加磁场可以通过相干和非相干自旋进动影响自旋守恒和自旋混合过程，导致有机材料内产生正的或者负的磁场效应。更为重要的是，磁场效应对于如何

进一步通过控制自旋依赖的激发态和电荷传导行为，提高发光和光伏性能提供了关键性的思路。需要指出的是，有机材料的磁场效应本质上是由自旋实现的，这里轨道角动量是可以忽略的，只有自旋态发生了改变。最近的研究结果显示，在热活化延迟荧光(thermally activated delayed fluorescence，TADF)、非富勒烯有机光伏和有机-无机杂化钙钛矿中，可以通过操控轨道角动量实现磁场效应[18, 19]。这为开发轨道极化，进而控制发光、光伏和介电行为创造了新的机遇。最近，在半导体/磁性混合材料中，人们发现一个新的实验现象，称为光激发增强磁化[20-23]。有机材料中自旋依赖的激发态和磁性纳米颗粒中磁偶极子的耦合，产生了这种现象。这说明，从分子层面上将磁性颗粒和有机材料结合，从而人工调控光电和磁性性质是可能的。显然，在有机材料、纳米颗粒和有机-无机杂化钙钛矿领域中，磁场效应已经成为很重要的工具，为控制发光性质、光伏效率、介电极化和磁化行为等研究提供了深入的理解和预见性的思考。

3.2　自旋交换作用和内部磁作用

自旋交换作用(SEI)会在不同的自旋态中产生势垒，而内部磁作用，如自旋-轨道耦合和超精细相互作用等，则提供了自旋翻转的机制。一般地，自旋交换作用和内部磁作用会影响不同电子-空穴对形式的激发态，如激子、电荷转移态、极化子对、激基复合物等(图 3-1)。因此，应该首先讨论一下半导体内的各种激发态。半导体内的光吸收可以产生激子，以电子-空穴对形式存在。一般来说，激子可以分为两种类型：Wannier 激子和 Frenkel 激子，它们分别在无机和有机半导体内很常见[24-26]。在晶体结构中，Wannier 激子延伸范围比较广，激子结合能较小，在 10 meV 左右，其玻尔半径为 10 nm。相对地，在有机半导体内的 Frenkel 激子一般局限在分子内部，激子结合能较大，能达到约 1 eV，玻尔半径约为 1 nm。在给体-受体系统中，这些紧密结合的激子态在被激发后会解离，形成空间上彼此分离的电荷对，即电荷转移态。电荷转移态可以分为两种类型：当电子和空穴处于相邻分子的给体-受体界面处时，称为分子间电荷转移态；而处于同一分子内的给体和受体基团时，则称为分子内电荷转移态。极化子对和激基复合物与电荷转移态类似，可以看作松散结合的电子-空穴对。有机材料一般比无机材料柔软，因为聚合链或相邻分子之间依靠范德瓦耳斯力形成弱相互作用。因此，载流子的跳跃传输会在有机半导体内引起结构扭曲，形成极化子这种准粒子。当聚合链上或临近分子上的两个带有相反电荷的极化子由于库仑相互作用结合时，极化子对就形成了。极化子对会在弛豫后形成能量更低的、更紧密的结合态，即激基复合物。

在激基复合物中，电子和空穴是处于邻近的给体和受体分子上的。

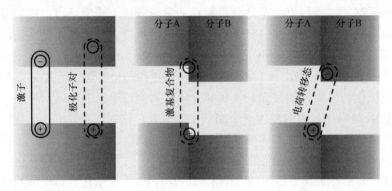

图 3-1 有机半导体中激子、极化子对、激基复合物、电荷转移态的能级结构示意图

此外，还可以根据激发态的自旋构型进行分类。电子和空穴都可以携带自旋信息，自旋向上或者自旋向下，这样电子-空穴对可以形成反平行和平行两种自旋取向，分别对应单重态和三重态。大多数有机半导体的基态是单重态，并且总的自旋量子数是零 ($S = 0$)。自旋量子数的选择定则禁止了 $S = 1$ 的三重态向单重态基态的跃迁。同样地，三重态激子通常也不能由光激发直接产生，因为自旋-轨道耦合很微弱。相对地，注入的电子和空穴则会以 1∶3 的比例形成单重态和三重态，这是自旋统计中随机俘获过程的结果，这里忽略了自旋之间的相互作用[27, 28]：

$$e\uparrow e\downarrow + h\uparrow h\downarrow \longrightarrow \frac{1}{4}e\uparrow h\downarrow + \frac{1}{4}e\downarrow h\uparrow + \frac{1}{4}e\uparrow h\uparrow + \frac{1}{4}e\downarrow h\downarrow$$

$$\longrightarrow \frac{1}{4}\left(\left|e\uparrow h\downarrow\right\rangle - \left|e\downarrow h\uparrow\right\rangle\right) + \frac{1}{4}\left(\left|e\downarrow h\uparrow\right\rangle + \left|e\uparrow h\downarrow\right\rangle\right) + \frac{1}{4}\left|e\uparrow h\uparrow\right\rangle + \frac{1}{4}\left|e\downarrow h\downarrow\right\rangle \quad (3\text{-}2)$$

$$\longrightarrow \frac{1}{4}S_{m=0} + \frac{1}{4}T_{m=0} + \frac{1}{4}T_{m=1} + \frac{1}{4}T_{m=-1}$$

单重态可以复合形成基态，也可以通过系间窜越来翻转自旋，进而转化成寿命较长的三重态(图 3-2)。由于自旋选择定则的存在，自旋翻转本来是被禁止的，然而单重态和三重态之间存在自旋混合，使得内部磁作用(自旋-轨道耦合或者超精细相互作用)可以打破选择定则，实现系间窜越[29, 30]。相对地，自旋交换作用则会抑制系间窜越，它与内部磁作用之间是相互竞争的。

实验发现激发态的磁场效应有很多种表现形式，如光致发光、电致发光、电流、电容，它们都具有磁场效应和很多可以调控的性质。在有机半导体的磁场效应中，自旋交换作用和内部磁作用扮演了很重要的角色。一般来说，自旋交换作用是导致自旋守恒的原因，抑制单重态和三重态的系间窜越；内部磁作用是导致自旋混合的原因，允许系间窜越的发生。二者相互竞争，形成了动态平衡状态下的单重态和三重态的布居分布。当外加磁场强度与自旋交换作用或者内部磁作用可以比拟时就会打破这个平衡，进而改变单重态和三重态的比例，产生磁场效应。因此，理解自旋守恒和自旋混合对于讨论有机半导体的磁场效应是非常必要的。

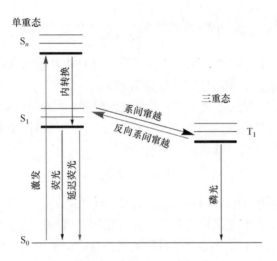

图 3-2　不同自旋态之间相互转化的能级示意图

3.3　自旋守恒

自旋守恒是指自旋态倾向于保持它们原有的构型。任何的自旋动力学过程都应该同时满足能量守恒和自旋动量守恒。而单重态和三重态的能量和自旋动量是不同的，阻止了二者之间的相互转化，这可以看作是自旋守恒的驱动力。只有存在足够的能量来源和自旋翻转机制，使得始态和末态的能量和自旋动量守恒时，单重态和三重态之间的转化才会发生。

3.3.1　能量的贡献

始态和末态的能量差(ΔE_{ST})是由激发态之间的自旋交换作用决定的，所以有必要讨论一下由自旋交换作用引起的自旋守恒。在激发态中，电子和空穴之间存在长程的库仑吸引和短程的自旋交换作用，二者的间距决定了两种作用的强度。库仑吸引决定了结合能的大小，自旋交换作用决定了单重态和三重态的能量差，

参见式(3-3)和式(3-4)。电子和空穴之间的库仑作用能可以描述为

$$V(\tau_1 - \tau_2) = -\frac{e^2}{\varepsilon|\tau_1 - \tau_2|} \tag{3-3}$$

式中，τ_1 和 τ_2 分别为电子和空穴的位置；e 为电子电量；ε 为介电常数。交换能是由下面的积分描述的：

$$\Delta E_{ST} = \int d\tau_1 \int d\tau_2 \psi_e^*(\tau_2 - r_2) \frac{e^2}{\tau_1 - \tau_2} \psi_e(\tau_2 - r_1) \psi_h(\tau_1 - r_2) \tag{3-4}$$

式中，ψ_e 和 ψ_h 分别为电子最低未占分子轨道(LUMO)和空穴最高占据分子轨道(HOMO)的波函数，其中心位置分别为 r_1 和 r_2。

在磁场效应中，交换能是一个非常重要的概念。因为当自旋交换作用很弱时，强度小于 1 T 的外部磁场就可以改变自旋构型。通常任何两个邻近的局域电子之间都存在自旋交换，可以描述为

$$H_e = J_{lm} S_l \cdot S_m \tag{3-5}$$

式中，S_l、S_m 分别为轨道 l 和轨道 m 上电子自旋的量子数；J_{lm} 为交换耦合项。自旋交换要求两个电子的波函数有重叠，并且在间距增加时迅速下降，如图 3-3 所示[31]。所以，松散结合的空穴-电子对和紧密结合的激子由于间距不同显示出不同的自旋交换能，并且在电子和空穴间距增加时，交换能变得可以忽略。在空穴-电子对中，如果二者间距很大，自旋交换作用将会大大减弱，这时ΔE_{ST}一般为 10~100 meV[32]，可以忽略。单重态和三重态之间的能量守恒是可以通过热能满足的。在激子态中，如果空穴和电子处于同一分子内，交换能就会很大，此时自旋态是高度非简并的(图 3-4)。由于能级差较大，单重态和三重态相互转化在能量层面上是不太可能发生的。空穴-电子间距是可以通过库仑作用调节的，因为空穴-电

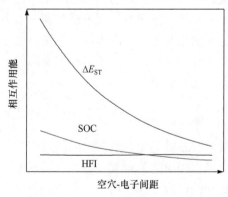

图 3-3 自旋交换作用和内部磁作用与空穴-电子间距的依赖曲线[31]

子对之间存在电偶极子-电偶极子耦合作用。这可以在单个空穴-电子对中削弱库仑吸引，增加空穴-电子间距，使得自旋交换作用减弱。

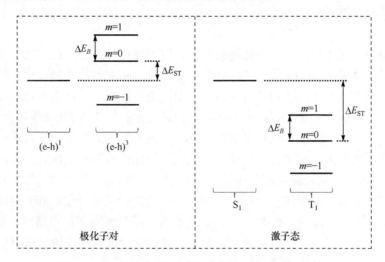

图 3-4　外加磁场中极化子对和激子的能级示意图[10]

ΔE_{ST} 表示单重态-三重态能级差异；ΔE_B 表示外加磁场引起的三重态能级分裂；$(e-h)^1$ 和 $(e-h)^3$ 分别表示单重态和三重态极化子对；S_1 和 T_1 分别表示激子中能量最低的单重态和最低的三重态

　　有机自旋电子学器件中的材料大多是高度无序的膜，载流子在其中移动时都是局域的。这意味着，当有机材料中存在高浓度载流子时，自旋交换作用十分重要。交换耦合强度可以通过式(3-6)估算[33]：

$$J = 0.82 \frac{e^2}{\varepsilon \xi_0} \left(\frac{R}{\xi_0} \right)^{\frac{5}{2}} \mathrm{e}^{\frac{-2R}{\xi_0}} \tag{3-6}$$

式中，ξ_0 为电子局域长度；R 为平均电子间距，与载流子密度相关，$R = n^{-\frac{1}{3}}$。此外，局域载流子加强了交换耦合，导致快速有效的非电荷传输的自旋运动。

3.3.2　自旋角动量的贡献

　　单重态和三重态分别具有反平行和平行的自旋构型，自旋选择定则禁止单重态和三重态之间的跃迁。如果没有充足的自旋翻转机制来满足自旋动量守恒的要求，自旋态倾向于保持在它们原本的状态，而不是发生自旋态之间的转换。需要注意的是，要最终打破自旋守恒就需要热能来弥补始态和末态之间的能量差，而自旋翻转的强度决定了热能的贡献程度有多大。

3.4 自旋混合

自旋混合是指不同自旋态之间的转换，这个过程需要通过自旋翻转来实现。在大多数固体中，自旋翻转是内部磁作用引起的，如自旋-轨道耦合和超精细相互作用。在这个过程中，初始的自旋极化逐渐向随机取向衰减，这就是自旋弛豫。通常，对于不含重元素的有机半导体，其自旋弛豫时间比较长(微秒量级)，可以超出无机半导体(纳秒量级)几个量级，这是因为其自旋翻转机制很微弱。较长的自旋弛豫时间有助于实现有机自旋阀中的自旋极化传输和相干自旋操控。另外，较弱的自旋-轨道耦合使得用传统方法证明宏观的自旋极化和传输变得极具挑战性，如磁光克尔效应和法拉第旋转。因此，磁场效应成为研究有机半导体自旋动力学的有力工具。有机材料中的自旋-轨道耦合和超精细相互作用虽然很弱，但并不能完全忽略。虽然对于自旋弛豫机制有很多的实验证据和理论分析，但是其主导的机制仍然是个热门的议题。

3.4.1 自旋-轨道耦合

自旋-轨道耦合(SOC)从根本上起源于电子运动的相对论效应。它描述了电子自旋及其在原子核周围的轨道运动之间的相互作用。自旋-轨道耦合可以分为分子内耦合和分子间耦合两种，如图 3-5 所示。在势能 $V(r)$ 中，电子运动的相对论哈密顿量中包含电子自旋角动量 s 和轨道角动量 l 耦合的一项：

$$H_{SO} = \frac{e\hbar}{2m^2c^2}\left(\frac{1}{r}\frac{\partial V}{\partial r}\right)l \cdot s \tag{3-7}$$

式中，e 为电子电量；$\hbar$ 为约化普朗克常量；m 为电子质量；c 为光速。在原子物理中，H_{SO} 可以由原子 i 中电子自旋角动量 s_i 和轨道角动量 l_i 来表示：

$$H_{SO} = \sum \lambda_i l_i \cdot s_i \tag{3-8}$$

式中，λ_i 为原子的自旋-轨道耦合强度，对于电量为 Ze 的原子核有 $\lambda \propto Z^4$，所以重原子的自旋-轨道耦合更强。

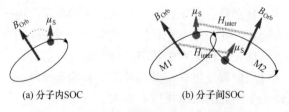

(a) 分子内SOC   (b) 分子间SOC

图 3-5 分子内的和分子间的自旋-轨道耦合

有机材料包含大量轻元素，如碳和氢，因此自旋-轨道耦合较弱。很多自旋电子学器件中的有机材料则是包含重元素的，如 MEH-PPV 中的氧，Alq₃ 中的氧、氮和铝，T₆ 中的硫，CuPc 中的铜，它们都有较强的自旋-轨道耦合，参见表 3-1。

表 3-1　有机材料中常见元素的自旋-轨道耦合强度[34]

元素	轨道	SOC 强度/cm^{-1}
C	2p	11
N	2p	76
O	2p	151
Al	3p	112
S	3p	382
Cu	3d	829

在 π 共轭聚合物中，电子结构是由碳原子的 sp^2 轨道杂化衍生的，sp^2 轨道形成 σ 键，p$_z$ 轨道形成 π 键。电学传输和光学性质实质是由 p 轨道上的电子控制的，因为 s 轨道上的电子能量与价电子能量差了几电子伏特。因此，在许多有机物的模型中仅考虑了 p 轨道上的电子，如著名的 Su-Schrieffer-Heeger(SSH)模型[35]。然而，这些 p 轨道上的电子模型在研究自旋-轨道耦合时就显得不充分了，因为从定义上讲，自旋-轨道耦合是允许轨道和自旋之间进行角动量交换的。忽略了 σ 轨道，即 p$_x$ 和 p$_y$ 轨道，轨道角动量和自旋-轨道耦合就完全猝灭了[36, 37]。因此，在研究有机物的自旋-轨道耦合时必须考虑 p$_x$ 和 p$_y$ 轨道。

为了更清楚，考虑一个假想的 2p 态的原子，该原子处于一个势场中，其 p$_z$ 轨道的能量低于 p$_x$ 和 p$_y$ 轨道，模拟一下 σ 轨道能量高于 π 轨道的情形。自旋沿 z 轴量子化。根据微扰理论，能量最低的本征态是

$$|+\rangle = \left|p_z\uparrow\right\rangle + \frac{\lambda}{2\Delta}\left|(p_x + ip_y)\downarrow\right\rangle$$

$$|-\rangle = \left|p_z\downarrow\right\rangle - \frac{\lambda}{2\Delta}\left|(p_x - ip_y)\uparrow\right\rangle \tag{3-9}$$

式中，λ 为自旋-轨道耦合强度；Δ 为 σ 轨道与 π 轨道的能量差[34]。由于自旋-轨道耦合造成的能量修正是

$$\delta E = -\frac{\lambda^2}{\Delta} \tag{3-10}$$

由于要求时间反演对称，所以这两个态是简并的。当考虑自旋-轨道耦合后，本征态中同时包含上旋和下旋，自旋并不是一个好量子数。定义一个无量纲的量描述自旋-轨道耦合，在一个本征态中包含上旋和下旋的混合：

$$\gamma^2 = -\frac{\lambda^2}{2\Delta^2} \tag{3-11}$$

这个量同时反映了原子的自旋-轨道耦合强度 λ 和 σ-π 能量劈裂 Δ。σ 和 π 轨道能级差越大，有效的自旋-轨道耦合强度就越小。

在有机固体实验中，单个的低聚物或者分子(或者轨道)的取向是随机的。然而，自旋的取向是明确地由外加磁场或者电极的磁化情况决定的。所以在有机分子中，自旋的方向并不是沿着 π 轨道的。把自旋量子化方向固定为 z 轴，轨道可以和该轴呈任意夹角。当夹角为(θ, ϕ)时，π 共轭分子内的 sp² 杂化决定了其平面结构，它的方向可以用垂直于分子平面的向量表示：

$$n_i = (\sin\theta_i \cos\phi_i, \sin\theta_i \sin\phi_i, \cos\theta_i)^{\mathrm{T}} \tag{3-12}$$

式中，(θ_i, ϕ_i)为相应的极角和方位角。在稠密的膜中，这些分子的取向是不同的。当自旋-轨道耦合存在时，分子 i 中 π 电子的本征态不是纯粹的自旋态，必定包含自旋混合或者轨道混合：

$$
\begin{aligned}
\left|i_{+(-)}\right\rangle = {} & \left|\mathrm{p}_{i\tilde{z}}\uparrow(\downarrow)\right\rangle + \frac{\lambda}{2\Delta}\Big[-(+)\mathrm{i}\sin\theta_i\left|(\mathrm{p}_{i\tilde{y}}\uparrow(\downarrow)\right\rangle \\
& +(-)\mathrm{e}^{+(-)\mathrm{i}\phi_i}\left|\mathrm{p}_{i\tilde{x}}\downarrow(\uparrow)\right\rangle + \mathrm{i}\cos\theta_i\mathrm{e}^{+(-)\mathrm{i}\phi_i}\left|\mathrm{p}_{i\tilde{y}}\downarrow(\uparrow)\right\rangle\Big]
\end{aligned} \tag{3-13}
$$

式中，上标+(−)表示主导的自旋方向是与自旋量化轴 z 轴平行(反平行)的；$\mathrm{p}_{i\tilde{q}}(q = x,y,z)$ 表示局部坐标的 q 轴，这样 $\tilde{z}$ 总是代表 π 轨道，$\tilde{x}(\tilde{y})$ 总是代表 σ 轨道。在式(3-14)中定义本征态的自旋-轨道耦合强度为

$$\gamma^2 = \gamma_{\uparrow\uparrow}^2 + \gamma_{\uparrow\downarrow}^2 = \frac{\lambda^2}{2\Delta^2} \tag{3-14}$$

这个量是轨道混合强度 $\gamma_{\uparrow\uparrow}^2$ 和自旋混合强度 $\gamma_{\uparrow\downarrow}^2$ 的组合，是自旋混合强度的最大值。式(3-14)中定义的量并不依赖于自旋方向，是一个好量子数。可以从中看出，自旋-轨道耦合可以通过两种方式调节：一种是通过改变原子来改变 λ；另一种是通过调整轨道排列来改变 Δ。第一种方法有一个很不错的方式，例如在有机磷光

发光器件中通过掺入重元素来增强自旋-轨道耦合，从而提高发光效率。第二种方式在有机发光材料和碳纳米材料的几何效应和配合基效应中可以看到。分子的几何构型可以通过 σ-π 混合调整轨道排列，进而影响自旋-轨道耦合[38]。Alq_3 的自旋-轨道耦合非常强，主要是因为三个配合基正交排列，与联苯的情况类似。这种几何效应也导致了 C_{60} 具有很强的自旋-轨道耦合，因为球壳上的 60 个碳原子的 π 轨道彼此无法平行排列。自旋-轨道耦合强烈依赖于几何构型，这意味着即使是相同的有机固体材料，如果形貌和生长条件不同，自旋-轨道耦合也会大不相同[39, 40]。此外，人们发现在有机磷光发光二极管中，有机配体结构可以改变 Δ，从而提高器件效率[41]。Yu 提出了一种从数值上描述 π 共轭有机物中自旋-轨道耦合强度 γ^2 的方法。自旋电子学研究的几种常见有机材料的 $|\gamma|$ 值参见表 3-2。

表 3-2　常见有机物中电子极化子和空穴极化子的自旋混合参数 $|\gamma|$[34]

材料	电子极化子	空穴极化子
苯	5.1×10^{-2}	3.3×10^{-4}
Alq_3	4.6×10^{-2}	1.2×10^{-2}
MEH-PPV	7.3×10^{-4}	2.7×10^{-3}
T_6	9.5×10^{-3}	2.2×10^{-3}
红荧烯	4.6×10^{-4}	4.5×10^{-4}
PANI	5.2×10^{-4}	7.5×10^{-4}
PPP	4.9×10^{-4}	3.6×10^{-4}
C_{60}	1.5×10^{-3}	1.6×10^{-3}
CuPc	3.7×10^{-2}	3.7×10^{-2}
PTCDI-C4F7	2.7×10^{-3}	5.7×10^{-3}
PPy	1.2×10^{-3}	3.9×10^{-4}

在有机自旋电子学器件中，有机材料通常以稠密的膜的形式存在，是高度无序的。电子态局域在单个分子或者共轭片段上，导电行为是通过电子在临近分子或片段之间的跳跃过程实现的。为了说明自旋-轨道耦合对于电子跳跃过程的影响，先来考虑电子在两个取向分别为 (θ_1, ϕ_1) 和 (θ_2, ϕ_2) 的分子间的跳跃过程。在考虑了自旋-轨道耦合之后，在位点 1 和位点 2 极化子的本征态分别是 $|\pm'\rangle$ 和 $|+''\rangle$。

由于"上旋"极化子本征态$|\pm'\rangle$中包含较小的下旋成分,所以从上旋极化子本征态$|+''\rangle$跳跃到下旋本征态$|-''\rangle$是非零的值,即便极化子跳跃的哈密顿量V是不依赖于自旋的。

对于考虑如下的跳跃过程,从分子i上取向为n_i的π电子跳跃成为分子j上取向为n_j的π电子,其跳跃振幅$\langle j_\pm|V|i_\pm\rangle \equiv V_{ji}$可以表示成一个$2\times2$的自旋空间:

$$\hat{V}_{ji} = \sum_{q=x,y,z} n_i^q n_j^q n_{ji}^q \hat{1} - \mathrm{i}\frac{\lambda}{2\Delta}\hat{\sigma}_q e_{quv} n_i^u n_j^u (v_{ji}^u + v_{ji}^v) \tag{3-15}$$

式中,$\hat{1}$为单位矩阵;$\hat{\sigma}_q$为泡利矩阵;e_{quv}为反对称的三维单位张量;v_{ji}^q是沿q轴方向的分子i和j的两个p轨道的跳跃积分。假设$v_{ji}^x = v_{ji}^y = v_{ji}^z = v_{ji}^0$,式(3-15)就变成了$V_{ji} = V_{ji}^0[n_i \cdot n_j \hat{1} - \mathrm{i}\alpha\sigma \cdot (n_i \times n_j)]$,其中$\alpha = \lambda/2\Delta$。在紧密排列的有机固体中,相邻分子的取向应该是渐变的,即n_i和n_j的夹角很小,否则会造成很大的位阻[42]。取q_{ij}的一阶近似,$\hat{V}_{ji}$为

$$\hat{V}_{ji} \approx V_{ji}^0[1 - \mathrm{i}\alpha\sigma \cdot (n_i \times n_j)] \approx V_{ji}^0 \mathrm{e}^{-\mathrm{i}\alpha\sigma \cdot (n_i \times n_j)} \tag{3-16}$$

式(3-16)说明,由于自旋-轨道耦合以及分子间π轨道的不同取向,电子在每次跳跃之后获得了一个附加相位。有机物中,自旋-轨道耦合导致的自旋弛豫可以用式(3-15)描述[34,43]。这是一个从$i_\pm$到$j_\mp$的概率非零的自旋翻转跳跃过程:

$$\left|V_{ji}^{-+}\right|^2 = \left|V_{ji}^{+-}\right|^2 = \left|V_{ji}^0\right|^2 \frac{2}{3}\alpha^2 = \left|V_{ji}^0\right|^2 \frac{4}{3}\gamma^2 \tag{3-17}$$

自旋-轨道耦合造成的自旋弛豫时间T_1和自旋扩散长度L_s可以写成很简单的形式:

$$T_1^{-1} = \frac{16\gamma^2 D}{R^2} \tag{3-18}$$

$$L_s = \frac{1}{4\gamma}R \tag{3-19}$$

式中,R为平均跳跃距离;D为扩散常数。

通过自旋-轨道耦合的一阶近似推导出的相位移动,并不会改变同一个键上两个位点之间的跳跃概率,$V_{ij}V_{ji} = V_{ij}^0 V_{ji}^0$,但是也证明在一个三元组内会存在自旋霍尔效应。在三元组内跳跃一圈后,跳跃的乘积中会包含一个净相位移动:

$$\hat{V}_{ik}\hat{V}_{kj}\hat{V}_{ji} = V_{ik}^0 V_{kj}^0 V_{ji}^0 (1 - \mathrm{i}\alpha\sigma \cdot N_{ijk}) \tag{3-20}$$

从几何结构上看，$N_{ijk} \equiv n_i \times n_j + n_j \times n_k + n_k \times n_i$，是顶点在一个单位球上的三角形的面积的二倍，当三元组中的分子取向彼此不同时，如在无序有机固体中的情况，它的值是非零的。另外，当所有 π 轨道取向一致时，N_{ijk} 会消失，自旋霍尔效应也随之消失。所以在自旋-轨道耦合一阶近似下，正是 π 轨道的取向不同导致了自旋霍尔效应。因此，在有机材料的成膜过程中调节分子取向的一致性可以调节自旋霍尔效应。基于式(3-20)，可以得出一个描述有机材料中自旋霍尔效应的详细理论，以及估算自旋霍尔角的方法[44]。

3.4.2　超精细相互作用

超精细相互作用(HFI)描述的是载流子自旋和原子核自旋之间的相互作用[30]。在有机半导体中，当自旋-轨道耦合可以忽略时，超精细相互作用可以作为自旋翻转的附加机制。一些简单的 π 共轭分子，如苯，只包含碳原子和氢原子，在很多自旋电子学研究的有机材料中也包含其他核自旋非零的元素。电子受到的总的超精细相互作用来源于所有核自旋的贡献。在有机自旋电子学中，人们主要考虑的是移动电子和空穴的自旋，也就是分子或者寡聚物的离域 π 电子。由于这些 π 电子的波函数延伸并覆盖了体系内的很多原子核，电子受到的超精细相互作用来源于所有这些原子核。其中包含两项，第一项是费米接触相互作用：

$$H_{\mathrm{I}} = \sum_{\alpha} A_{\alpha} I_{\alpha} \cdot S = \sum_{\alpha} \frac{8\pi}{3} \hbar^2 \gamma \gamma_{\mathrm{N}}^{\alpha} |\psi(r_{\alpha})|^2 I_{\alpha} \cdot S \tag{3-21}$$

式中，I_{α} 为位于 r_{α} 的第 α 个核自旋角动量，$\gamma_{\mathrm{N}}^{\alpha}$ 为它的磁旋比；S 为电子自旋角动量；γ 为电子的磁旋比；A_{α} 正比于第 α 个原子核处的电子波函数 $\psi(r_{\alpha})$ 的模平方。此外，还要考虑电子和原子核磁偶极之间的偶极相互作用：

$$H_{\mathrm{D}} = \hbar^2 \gamma \sum_{\alpha} \gamma_{\mathrm{N}}^{\alpha} I_{\alpha} \cdot \left\langle \frac{|r - r_{\alpha}|^2 - (r - r_{\alpha})(r - r_{\alpha})}{|r - r_{\alpha}|} \right\rangle \cdot S \equiv \sum_{\alpha} I_{\alpha} \cdot T^{\alpha} \cdot S \tag{3-22}$$

这里的平均值是极化子态 $|\psi(r)|^2$ 在全空间分布的平均值。当原子核自旋的动力学行为远远慢于电子自旋时，前者可以看作是冻结的，即等效为静磁场。有效的超精细相互作用强度是

$$B_{\mathrm{H}} = B_{\mathrm{I}} + B_{\mathrm{D}} \equiv (\hbar\gamma)^{-1} \sum_{\alpha} (A_{\alpha} I_{\alpha} + I_{\alpha} \cdot T^{\alpha}) \tag{3-23}$$

式中，B_I 和 B_D 为各向同性的超精细相互作用偶极场。不同分子或者寡聚物中，B_H 的方向是随机的，其模平方是

$$B_H^2 = (\hbar\gamma)^{-2} \sum_\alpha \left[A_\alpha^2 + \frac{1}{3} T^\alpha : T^\alpha \right] I_\alpha (I_\alpha + 1) \tag{3-24}$$

在 π 共轭分子和寡聚物中，载流子是电子和空穴极化子，即被扭曲的晶格环绕的电子和空穴，也就是带有负电或正电的分子或者寡聚物的 HOMO 能级。这里计算的超精细相互作用强度就是这些 HOMO 能级的。需要强调的是，超精细相互作用强度和自旋-轨道耦合强度都强烈依赖于电子态的波函数。对于和 HOMO 能级能量差较大的深陷阱来说，它们的超精细相互作用和自旋-轨道耦合与那些处于极化子态的陷阱是完全不相关的。

很多简单的 π 共轭材料中只有碳原子和氢原子，对于这些材料来说，氢原子是超精细相互作用的唯一来源。表 3-3 总结了这类材料总的超精细相互作用强度 B_H，同样列举了一些包含其他元素的有机材料，如含氧的 DOO-PPV 和含硫的 T6。然而，由于自然界大量存在的氧和硫没有核自旋，所以这些有机材料中的超精细相互作用只来源于氢原子。

表 3-3 在核自旋来源是氢和 ^{13}C 的有机固体材料中电子和空穴极化子的有效 HFI 场 B_H[45]

材料	B_H/mT	
	电子	空穴
甲基自由基	3.82	—
苯	1.27	1.55
DOO-PPV	1.36	1.41
T6	0.39	0.50
红荧烯	0.38	0.39
联苯	0.98	1.06
PCBM	0.051	0.13
并五苯	0.90	1.00

很多有机自旋电子学领域的材料也包含其他核自旋。例如，在该领域得到广泛研究的材料 Alq3 中，氮和铝的核自旋对总的超精细相互作用都有贡献。然而不

同原子的核自旋对于电子波函数分布很敏感,所以对总场的贡献程度也大相径庭。表 3-4 总结了这类材料的超精细相互作用强度,还列举了氢原子贡献占总强度的百分比。这类材料的超精细相互作用强度通常为 1~3 mT,其中唯一的例外是CuPc,因为其电子占据铜原子的 3d 轨道,与铜原子核的自旋产生很强的超精细相互作用。氢原子对于超精细相互作用的贡献变化则非常大,不仅是对于不同材料的情况,甚至是对于同一材料的不同极化子也是如此。在新合成的高迁移率有机材料 PTCDI-C4F7 中这个效应尤其明显,其电子的超精细相互作用主要是氢原子贡献的,而空穴的则完全来自氟原子。

表 3-4　在含有其他核自旋的有机材料中有效 HFI 场 B_H 和
氢原子在其中贡献的百分比 p_H[45]

材料	B_H/mT		P_H/%	
	电子	空穴	电子	空穴
Alq₃	1.24	1.22	52.22	30.75
Inq₃	1.07	0.74	55.56	99.54
Gaq₃	1.57	2.22	21.43	9.63
PPy	2.52	1.28	81.24	90.61
PANI	1.06	2.07	99.56	47.86
CuPc	25.73	25.73	0.00	0.00
PTCDI-C4F7	0.36	2.54	93.95	0.00
fac-Irppy₃	0.83	0.41	42.84	77.67
mer-Irppy₃	0.87	0.60	40.78	98.42
fac-FIrPic	1.35	0.95	16.77	29.61
mer-FIrPic	1.30	1.00	15.46	26.53

注: *fac* 和 *mer* 分别代表面式和经式异构体

　　通过同位素取代可以改变超精细相互作用强度。这个过程改变了核自旋和磁旋比,但是并未改变电子的波函数,这样就可以在保持相同极化子自旋的同时系统地改变超精细相互作用强度。在有机自旋电子学中,通常采用氘代作用来研究同位素取代对于超精细相互作用的影响[46-48]。人们集中研究过两种材料:DOO-PPV 和 Alq₃。根据计算,在 DOO-PPV 中,氘代使电子极化子的超精细相互作用强度从 1.36 mT 变成 0.44 mT,空穴极化子的从 1.41 mT 变成 0.46 mT。与 DOO-PPV 类似,很多材料的超精细相互作用只来源于氢原子,氘代作用可以使超精细相互作用强度从 B_H^H 变为 B_H^D,其比值为[45]

$$\frac{B_H^H}{B_H^D} = \frac{\gamma_N^H}{\gamma_I^D}\left[\frac{I_H(I_H+1)}{I_D(I_D+1)}\right]^{\frac{1}{2}} = 3.1 \tag{3-25}$$

对于 Alq₃ 中的电子极化子来说,氮、铝、氢对于超精细相互作用强度的贡献分别占 27%、21% 和 52%,氘代之后总场强从 1.48 mT 降低至 0.88 mT。而对于空穴极化子来说,三种元素的贡献比依次为氮 0.2%、铝 69%、氢 41%,氘代总场强从 1.22 mT 降低为 1.03 mT,变化比电子极化子的情况要小。在表 3-5 中,列举了一些有机材料在氘代前后的超精细相互作用场强度的数值。PTCDI-C4F7 的空穴极化子的场强在氘代后完全没有变化。因此,在有机半导体材料中,同位素效应因成分不同,其实际效果也完全不同。

表 3-5　具有其他核自旋的有机材料经过氘代后的有效 HFI 场 B_H^D 以及氘代前后的场强比例 B_H^H / B_H^D [45]

材料	B_H^D/mT		$\dfrac{B_H^H}{B_H^D}$	
	电子	空穴	电子	空穴
Alq₃	0.88	1.03	1.41	1.18
Inq₃	0.74	0.19	1.45	3.89
Gaq₃	1.40	2.11	1.12	1.05
PPy	1.23	0.50	2.05	2.56
PANI	0.27	1.53	3.93	1.35
CuPc	25.73	25.73	1.00	1.00
PTCDI-C4F7	0.13	2.54	2.77	1.00
fac-Irppy₃	0.64	0.21	1.30	1.95
mer-Irppy₃	0.68	0.17	1.28	3.53
fac-FIrPic	1.24	0.81	1.09	1.17
mer-FIrPic	1.20	0.87	1.08	1.15

通过外场对系间窜越进行微扰，改变单重态和三重态的比例，是可以产生磁场效应的。磁场和超精细相互作用的竞争决定了低磁场强度情况(小于 10 mT)下的磁场效应。氢化和氘化 DOO-PPV 和 Alq₃ 等有机半导体材料的实验，证明了超精细相互作用在磁场效应中扮演的重要角色[47-49]。基于 OLED 的氘代作用研究发现，低磁场强度(小于 10 mT)下的电致发光的磁场效应具有更窄的线形。这说明氘核的超精细相互作用强度很弱，外加磁场很容易干扰系间窜越。由此可见超精细相互作用在有机半导体自旋动力学和磁场效应应用中的重要性。

3.4.3　自旋混合的取向

自旋混合过程要求始态和末态之间同时满足能量守恒和动量守恒。当交换能和热运动能相近时，单重态和三重态间的能量守恒可以通过热振动满足。内部磁作用或者外加磁场导致的自旋翻转则可以满足自旋动量守恒。需要指出的是，自旋混合可以分为两个方向：单重态→三重态自旋混合和三重态→单重态自旋混合，分别对应系间窜越过程和反向系间窜越(rISC)过程。其速率可以表述为如下的玻尔兹曼分布[50,51]：

$$k = A\exp\left(\frac{-\Delta E_{ST}}{k_B T}\right) \tag{3-26}$$

式中，k_B 为玻尔兹曼常量；T 为温度。假定自旋翻转可以发生，正向或反向的系间窜越速率是由交换能和温度决定的。磷光和延迟荧光 OLED 很适合用来解释自旋混合的方向性。在 OLED 器件中，由于注入电荷随机的自旋俘获，一般其激子中单重态占 25%，三重态占 75%。而有机半导体一般自旋-轨道耦合较弱，自旋选择定则仅允许单重态发光。因此，三重态无辐射损耗严重限制了传统荧光材料的外量子效率。利用三重态激子的一种方法是，利用强自旋-轨道耦合打破自旋选择定则，使三重态可以发射磷光[52,53]。通过引入铱、铂等重金属原子增强自旋-轨道耦合，磷光材料的自旋混合可以大幅度提升，三重激发态向基态的跃迁不再被禁止。由于电子倾向于跃迁到低能态上，所以单重激发态可以通过单重态→三重态自旋混合过程，有效地转化为三重激发态，再通过复合产生磷光。

延迟荧光利用三重态的方式是三重态-三重态湮灭(TTA)或者热活化延迟荧光(TADF)。无辐射三重态可以通过三重态→单重态自旋混合过程，转化为可以发光的辐射单重态。总的发光是由两部分组成的：快速荧光和延迟荧光，它们分别来自己有单重态的复合和从三重态转化而来的单重态的复合。在 TTA 过程中，两个三重态激子通过电学的偶极-偶极相互作用湮灭成一个单重态激子[54,55]，其强度正比于三重态密度的平方[24]，这种类型的发光称为 P 型延迟荧光。在有机材料中，TTA 一般涉及两个特殊过程[24,54]：

$$T_{\uparrow\uparrow} + T_{\downarrow\downarrow} \longrightarrow S_{\uparrow\downarrow} \tag{3-27}$$

$$T_{\uparrow\uparrow} + T_{\uparrow\uparrow} \longrightarrow S_{\uparrow\downarrow} \tag{3-28}$$

前者是通过自旋重组实现的，并不需要自旋翻转机制的参与，而后者却是需要的。

　　TADF 类型的发光称为 E 型延迟荧光，可以通过三重态→单重态自旋混合过程，直接俘获三重态产生可辐射单重态[56-58]。TADF 要求电荷传输态参与，并且单重态和三重态的能级差可以忽略不计，热能弥补了满足能量守恒要求的能量差[59, 60]。TADF 发光器件不需要引入重金属元素，其内量子效率就可以达到 100%。

3.5　激发态的磁场效应

　　激发态的光致发光、电致发光、电荷传输、光电流和电极化等行为，会在磁场的影响下发生变化，这就是磁场效应。实现磁场效应一般基于两种机制：①操控电子自旋，形成自旋依赖的激发态；②改变单重态和三重态的布居分布。操控电子自旋的必要条件是磁场可以提供足以克服热能的能量，所以这种机制通常在低温下的磁结构或高磁场条件下实现。相对地，改变单重态和三重态布居分布则不需要磁结构，在室温低磁场下就能实现。要改变不同的自旋依赖的激发态的布居分布，必要条件是其自旋混合可以通过磁场操控。根据自旋选择定则，光激发最初产生的都是自旋反平行的激发态。在内部磁作用下，部分单重态可以通过自旋翻转转化为三重态，形成从单重态向三重态的自旋混合，两种激发态并存。与该过程竞争的是由自旋交换作用引起的自旋守恒过程，单重态和三重态在二者的共同作用下，形成了动态平衡下的布居分布。外部磁场的引入会打破这个平衡，改变布居分布。这时，由于单重态和三重态激子的复合、解离概率以及电极化性质不同，依赖于外加磁场的光致发光、电致发光、光电流和介电行为就会出现。

3.5.1　光致发光磁场效应

　　光致发光磁场效应是指在外加磁场作用下，光致发光的强度会发生变化。光致发光一般来源于光激发的分子内的或者分子间的激发态。当外加磁场改变单重态和三重态的数量比时，由于二者的复合概率不同，光致发光强度会发生改变。在有机半导体中，光致发光磁场效应是研究自旋依赖的激子形成、电荷分离和复合等行为十分有效的实验手段。此外，进一步探索磁光现象的机制，还有利于挖掘有机发光材料在光探测和磁场探测方面的潜在应用。

　　在光激发下，有机半导体材料可以吸收光子生成激发态，激发态的辐射跃迁产生光致发光，光激发下可以生成分子内激发态和分子间激发态(图 3-6)。

$$A \longrightarrow A^*$$

$$A + B \longrightarrow A^* + B \longrightarrow (A^*B)$$

$$A + B \longrightarrow A^* + B \longrightarrow (A^+)^* + B^- \longrightarrow (A^+B^-)^*$$

$$A + B \longrightarrow A^* + B \longrightarrow (A^{\delta+}B^{\delta-})^* \longrightarrow [(A^+)^* + B^-]$$

图 3-6　分子内激发态 A^*、分子间激基复合物(A^*B)、分子间电荷转移复合物(A^+B^-)*和给体-受体对[$(A^+)^* + B^-$]的形成过程示意图

A 和 B 是两个不同的分子；*表示激发态；A^+和 B^-分别表示带正电荷和带负电荷的分子

光激发产生的分子内激发态即为电子和空穴位于同一分子上的 Frenkel 激子；光激发产生的分子间激发态包括激基缔合物、激基复合物、电荷转移复合物和给体-受体对。一个受激分子 A 与一个未受激分子 B 耦合会形成一个激发的复合物(A^*B)。如果 A 和 B 是同一种分子，这种分子间的激发态称为激基缔合物；如果 A 和 B 是不同种类的分子，这种分子间的激发态称为激基复合物。激基复合物中的电荷发生转移就会生成电荷转移复合物。形成电荷转移复合物包括两个步骤：首先，受激分子 A 与未受激分子 B 间发生电荷转移，形成$(A^+)^*$和 B^-；其次，$(A^+)^*$与 B^-耦合形成受激复合物$(A^+B^-)^*$。给体-受体对通常在弱极性介质中产生。形成分子间激发态需要满足两个条件，即分子内的激发和分子间的偶极-偶极作用。对于有机半导体材料，外加磁场可以改变分子内激发态或分子间激发态中的单重态-三重态布居比，产生光致发光的磁场效应。

电荷转移复合物、激基缔合物和激基复合物都是分子间的激发态，空穴和电子之间的距离较远，自旋交换作用较弱；Frenkel 激子则是处于分子内的激发态，空穴和电子之间的距离较近，具有较强的自旋交换作用。在分子间激发态情况下，光致发光的磁场效应主要由系间窜越行为主导，因为分子间激发态的自旋交换作用很弱，系间窜越行为会依赖于外加磁场。在分子内激发态情况下，光致发光的磁场效应则主要是场依赖激发态的贡献。实验表明，自旋依赖的分子内激发态的形成，要求有低温高磁场或者磁结构的参与；而要想调节分子间单重态和三重态布居比，在室温低磁场下通过外场调节系间窜越行为就可以做到(图 3-7)。

1. 基于分子内激发态的光致发光磁场效应

根据自旋选择定律，光激发下有机半导体材料仅能产生单重态分子内激发态，即单重态激子[61]。两种自旋相关的过程，即系间窜越和三重态-三重态湮灭可以改变激子中单重态-三重态布居比(图 3-8)。

如果外加磁场可以干扰系间窜越或三重态-三重态湮灭，光致发光磁场效应就可以被观测到。对一般的有机半导体材料来说，激子中单重态-三重态能级差 ΔE_{ST} 通常为 $0.5 \sim 1.5$ eV[61, 62]，远远大于外加磁场所引起的塞曼分裂 ΔE_{EZ}。所以对于激子，产生磁场效应的条件不能得到满足，外加磁场不能干扰激子中单重态-三重态之间的系间窜越。

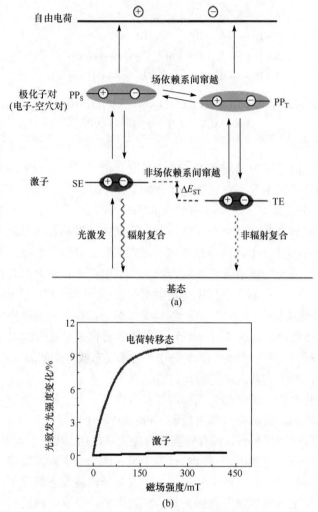

图 3-7　(a) 极化子对和激子分别与场依赖和非场依赖的系间窜越能量示意图；(b) 室温低磁场
下的电荷转移态和激子的光致发光磁场效应

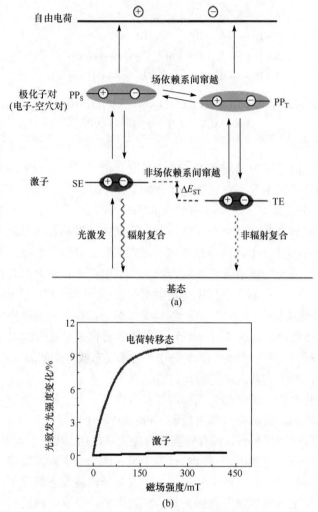

图 3-8　系间窜越和三重态-三重态湮灭
S_0 表示基态；S 和 T 分别表示单重态和三重态激发态

对于光照条件下生成的激子，三重态-三重态湮灭是一种可能产生磁场效应的途径。两个三重态激子可以通过电偶极-偶极作用而发生相互作用，进而湮灭生成一个单重态激子[55, 63, 64]。三重态-三重态湮灭可以用双分子机理进行描述，其反应速率与三重态浓度的平方成正比[65]。由三重态-三重态湮灭形成的单重态激子的辐射发光称为延迟荧光[66-68]。三重态-三重态湮灭必须同时满足自旋动量守恒和能量守恒。通常在有机半导体材料中，三重态-三重态湮灭包含两个过程：$T_{m=0}$ + $T_{m=0}$ ——→ S 和 $T_{m=\pm1}$ + $T_{m=\pm1}$ ——→ S_0，前者不经过自旋翻转而通过自旋交换作用就可以发生；后者需要超精细相互作用或自旋-轨道耦合诱导的自旋翻转才能发生。通过降低自旋翻转，外加低磁场可以降低三重态-三重态湮灭，从而在延迟荧光中产生负的磁场效应[69, 70]。时间分辨的光致发光研究表明，由三重态-三重态湮灭所产生的延迟荧光的寿命随着外加磁场增加而延长[2]。蒽晶体延迟荧光的强度随外加磁场的增大而明显降低[69-71]。这些实验结果表明，在有机材料中，外加磁场能够降低三重态-三重态湮灭，产生负的光致发光磁场效应。

由于分子间偶极-偶极相互作用，光激发所产生的单重态和三重态激子能够部分解离成自由电子和空穴。这些由激子解离生成的电子和空穴又可以通过库仑吸引作用而重新俘获，生成新的单重态和三重态激子。外加磁场可以影响这种激子的解离和重新俘获过程，进而改变新生成的激子中的单重态-三重态布居比，产生光致发光磁场效应。激子释放能量通常存在三种主要途径：辐射发光、无辐射多声子发射和解离。单重态激子的辐射跃迁产生直接的荧光发射；三重态激子的辐射跃迁则产生直接的磷光发射。在有机半导体材料中，激子的解离可以通过 Poole-Frenkel 过程(场协同的热离子化)[72]或 Onsager 过程(内部的库仑作用)[73]发生。Poole-Frenkel 模型和 Onsager 模型的共同点是电场降低了电子-空穴对库仑解离所需要的能量；不同点是 Onsager 模型考虑了热激子的热扩散。由于电子-空穴间的库仑吸引作用，激子解离所生成的自由电子和空穴能够重新俘获生成分子间的电子-空穴对，并进一步生成新的分子内 Frenkel 激子。激子解离所生成的电子和空穴的复合可以近似看作光激发生成的自由基对的复合。因此，激子解离所生成的电子和空穴的复合经历关联和非关联过程。根据自由基对的光物理理论，由于电子和空穴从解离激子所继承的自旋关联，关联复合过程生成单重态激子；由于自旋极化的随机分布，非关联复合过程生成数量比为 1∶3 的单重态和三重态激子[74-77]。当激子解离所生成的自由电子和空穴重新复合生成分子间激发态，并进而生成分子内激发态(Frenkel 激子)时，就会产生电荷复合光致发光。通过干扰系间窜越改变单重态-三重态布居比，外加磁场可以增强电荷复合光致发光，从而在电荷复合光致发光中产生正的磁场效应。

通常情况下，来自分子内激发态（激子）的光致发光（$I_{光致发光}$）包括直接激子发光（$I_{激子}$）和电荷复合发光（$I_{复合}$）两部分[78]，即 $I_{光致发光} = I_{激子} + I_{复合}$。结合光致发光来自直接光致发光和电荷复合光致发光的贡献，预期可以得到四种光致发光磁场效应：正的磁场效应、负的磁场效应、先正后负的磁场效应和先负后正的磁场效应。但是，实验中测量具有弱的、中等的和强的自旋-轨道耦合作用的有机半导体小分子或聚合物材料的稳态光致发光，发现这些材料的稳态光致发光基本不随外加磁场（0～1 T）变化[10, 13, 28]。这一实验结果表明：①对于有机半导体材料中的分子内激发态（激子），外加磁场不能改变激子中的系间窜越；②由三重态-三重态湮灭所产生的延迟荧光的强度远小于直接光致发光的强度；③激子解离所生成的自由电子和空穴的重新复合没有产生很明显的电荷复合光致发光。

2. 基于分子间激发态的光致发光磁场效应

对于有机材料，分子间激发态（包括激基缔合物、激基复合物、电荷转移复合物和给体-受体对）能够在固态或液态条件下形成。分子间激发态的形成由内部的电极化场和分子间的电偶极-偶极作用决定。在固态中，分子间激发态的形成涉及不同分子间的能量转移和激发态迁移；在液态中，分子间激发态主要由分子的运动产生。由于电子-空穴间距离较大，分子间激发态满足产生磁场效应的条件。自旋物理的研究表明，分子间激发态可以看作通过关联复合和非关联复合形成的自由基对。所以，分子间激发态也包含单重态和三重态构型。分子间激发态中存在两种重要的作用：来自电偶极-偶极作用的长程库仑吸引作用和来自超精细相互作用或自旋-轨道耦合的短程内部磁作用。长程的库仑吸引作用将激发态中的电子和空穴结合在一起。通过干扰分子间的库仑吸引作用，内部的电极化场能够在很大程度上影响激基缔合物、激基复合物、电荷转移复合物和给体-受体对的形成。短程的内部磁作用能够使电子的自旋发生翻转，分裂三重态能级，并且引起单重态与三重态之间的系间窜越。因为自旋-轨道耦合要求电子在很大程度上进入到分子轨道电流所产生的磁场中，所以在没有重原子的情况下，超精细相互作用决定了内部磁作用和单重态-三重态之间的系间窜越。分子间激发态可以通过辐射跃迁、无辐射多声子发射和电荷分离释放能量。由于具有不同的自旋构型和离子性，单重态和三重态在发光过程和分子在激发态时相互作用的过程中具有不同的贡献。因此，当外加磁场改变了分子间激发态中的单重态-三重态布居比时，基于激基缔合物[79-81]、激基复合物[82-88]、电荷转移复合物和给体-受体对[15]的磁场效应就可以被观测到。

对于分子间激发态，磁场调节单重态-三重态布居比可以通过三种途径实现：自旋相关的激发态形成过程、磁场响应的系间窜越和朗德 g 因子偏离。首先，如果外加磁场能够影响三重态形成过程中电子与空穴间的自旋极化，自旋相关的激发态形成过程就会在光致发光上产生负的磁场效应。但是，理论和研究都已经表明，在非磁性的有机半导体材料中，低磁场不能改变电子和空穴的自旋极化。其次，如果外加磁场引起的三重态塞曼分裂大于内部磁作用引起的塞曼分裂，则外加磁场可以改变分子间激发态中单重态-三重态系间窜越。最后，朗德 g 因子也是激发态产生光致发光磁场效应的可行机制。在磁场中，由于带有正电和负电的极化子具有不同的拉莫尔频率，它们相比于自由电子的 g 因子偏离程度 Δg 也是不同的，于是系间窜越就发生了[89]。因为有机半导体的 Δg 一般为 $10^{-3}\sim10^{-2}$，所以 Δg 机制只有在磁场很大时才适用，如大于 1 T 时[90, 91]。因此，在研究分子间激发态的光致发光磁场效应时，通过外加磁场来调节系间窜越是一个很有效的手段。

　　对于分子间激发态，足够大的外加磁场引起的三重态塞曼分裂能够给系间窜越带来两种结果(图 3-9)。对于电子-空穴间距离较短的分子间激发态，由自旋交换作用引起的单重态-三重态能级分裂大于外加磁场引起的三重态塞曼分裂。因此，外加磁场可以减小单重态和三重态[$m=-1$，图 3-9(a)]之间的能级差。当把系间窜越看成声子协同的从 $T_{m=-1}$ 向 S 的跃迁，减小单重态-三重态能级差将有助于系间窜越，即增加单重态比例。因此，磁场调节的系间窜越能够增强分子间激发态的光致发光，产生正的磁场效应。当分子间激发态中电子-空穴间距离较大时，继续增加外加磁场所引起的三重态塞曼分裂会在 S 和 $T_{m=-1}$ 能级之间产生一个交叉点。这种情况下，系间窜越将表现出非单调的变化，即随磁场强度的增加，系间窜越先增强后降低。这意味着，磁场调节的系间窜越将会同时给出正的和负的磁场效应。总之，光致发光的磁场效应取决于内部磁作用(超精细相互作用和自旋-轨道耦合)以及由自旋交换作用引起的单重态-三重态能级分裂。

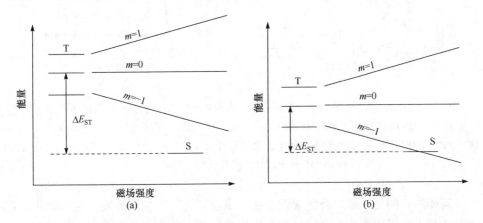

图 3-9　外加磁场引起的塞曼分裂对分子间激发态(极化子对)中系间窜越的影响示意图
(a)具有较短电子-空穴间距离及较大单重态-三重态能级分裂 ΔE_{ST} 的极化子对；(b)具有较长电子-空穴间距离及较小单重态-三重态能级分裂 ΔE_{ST} 的极化子对

因为改变分子间激发态中的电子-空穴间距离能够影响单重态-三重态能级差 ΔE_{ST} 和分子间的磁作用，所以通过材料的混合来调节电子-空穴间距离可以很方便地调节基于分子间激发态的磁场效应。基于自旋交换作用，增加电子-空穴间距离可以减小单重态-三重态能级差。另外，对于分子间激发态，增加电子-空穴间距离还可以显著降低自旋-轨道耦合而几乎不影响超精细相互作用（图 3-3）。因此，通过增加电子-空穴间距离，外加磁场能够在更大程度上干扰系间窜越，这就为光照条件下调节分子间激发态的磁场效应提供了一种有效的机理。2,5-双(5-叔丁基-苯并噁唑-2-基)噻吩(BBOT)和 N, N'-双(3-甲基苯基)-N, N-二苯基-1, 1'-联苯-4, 4'-二胺(TPD)之间能够形成很强的激基复合物[92-94]。图 3-10(a)展示了来自 TPD 或 BBOT 激基复合物的峰值位于 525 nm 的宽光致发光光谱[31]。从图 3-10(b) 中可以明显地看到，来自 TPD：BBOT 激基复合物的光致发光表现出正的磁场效应，而来自 TPD 或 BBOT 分子内激发态(激子)的光致发光没有表现出磁场效应。并且，通过调节 TPD：BBOT 在 PMMA 中的浓度以减小分子间激发态的浓度可以逐渐增加光致发光磁场效应。可见，通过材料的选择和混合调节电子-空穴间距离是一种调节基于分子间激发态光致发光磁场效应的有效手段。

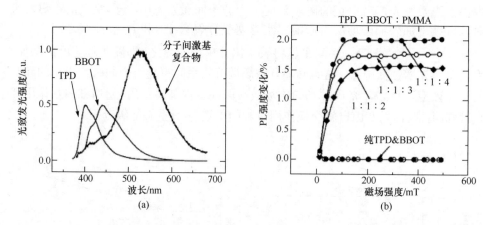

图 3-10　(a) 360 nm 激发波长下纯 TPD 和 BBOT 固态薄膜的光致发光光谱(分子内激发态发光)，以及 TPD：BBOT 掺杂到 PMMA 基体中的激基复合物发光(分子间激发态发光)；(b)不同摩尔比下 TPD：BBOT 掺杂到 PMMA 基体中的激基复合物发光强度随外加磁场的变化，以及 TPD 和 BBOT 激子发光强度随外加磁场的变化

需要注意的是，通过外场来调节系间窜越，进而产生光致发光磁场效应，这个方法是由分子间激发态之间的相互作用控制的，其中包括自旋交换作用和内部磁作用。自旋交换作用是由空穴-电子间距离决定的，内部磁作用是超精细相互作用或自旋-轨道耦合引起的。另外，分子间激发态相互作用也可以分为长程的库仑

相互作用、中程的自旋-轨道相互作用和短程的自旋相互作用。这些分子间激发态相互作用可以影响自旋交换作用或内部磁作用，从而影响磁场效应强度。具体来讲，分子间激发态可以看作是电偶极子，而长程库仑作用就是电偶极子之间的耦合。这会导致两个结果：①由于偶极场的重新分布，单个的分子间激发态会削弱电子和空穴之间的库仑吸引；②由于库仑屏蔽效应，电子和空穴间距会增加。当一个分子间激发态的电子进入到另一个相邻的分子间激发态的轨道场时，中程的自旋-轨道相互作用会出现在这两个分子间激发态之间。这等效于两个分子之间的自旋-轨道耦合，提高了每个分子间激发态的自旋-轨道耦合强度。短程自旋相互作用发生在自旋构型不同的两个相邻分子间的激发态之间，由于自旋偶极场的重新分布，自旋相互作用会削弱每一个分子间激发态的电子自旋对自旋-轨道耦合和自旋交换作用的贡献。

通过实验，He 等基于 DMA（二甲基乙酰胺）：Pyrene（芘）给体-受体体系的 DMF 溶液，研究了光致发光磁场效应中分子间相互作用对于自旋交换作用的影响[95]。图 3-11（a）说明，提高光激发强度可以引起光致发光磁场效应的线形窄化。磁场效应的线形反映了磁场中单重态和三重态的比例变化，即内部磁作用或自旋交换作用的变化。最初，人们认为 DMA：Pyrene 溶液由于不存在重元素，其自旋-轨道耦合可以忽略不计，故将在超精细相互作用的磁场范围（<10 mT）以上出现的磁场效应归因于自旋交换作用。因此，自旋交换作用导致的自旋守恒和外场的竞争决定了磁场效应的线形。线形窄化表明，提高光激发强度可以从根本上提

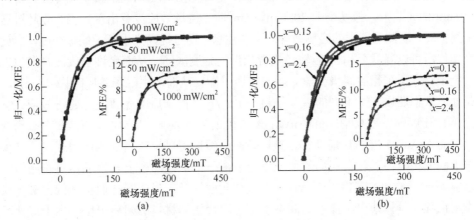

图 3-11　(a)DMA：Pyrene 体系在不同光激发强度下的 MFE-PL 归一化曲线；(b)DMA（12.6 mmol）与 Pyrene（x mmol）的 DMF 溶液的 MFE-PL 归一化曲线[95]

高电荷转移态的密度，增强长程库仑作用，通过库仑屏蔽削弱自旋交换作用。当通过增大 Pyrene 的摩尔浓度从而提高电荷转移态密度时，磁场效应线形变化证实了分子间相互作用可以影响自旋交换作用[图 3-11(b)]。随着 Pyrene 摩尔浓度的增加，可以观察到磁场效应线形变窄，其原因是自旋交换作用减弱导致单重态-三重态布居比的变化加快。应该指出的是，考虑到电偶极子和自旋偶极子之间的相互作用，在 HFI 场上方观察到的磁场效应表明 SOC 可能是在有机材料的电荷转移态下形成的。

3. 双光子激发下的自旋依赖的跃迁偶极子所导致的光致发光磁场效应

基于激子态和电荷转移态的电子-空穴对，人们对于光致发光磁场效应进行了大量的研究。然而孤立能级间的电子跃迁是否能产生磁场效应仍不清楚。Xu 等基于镧系元素掺杂的上转换材料，研究了双光子吸收下光致发光的磁场效应[96]。在上转换过程中，可以认为受激发的电子形成了电跃迁偶极，并伴有镧系元素的离子核出现。双光子激发下，由于自旋选择定则形成了自旋反平行的跃迁偶极。库仑作用下的自旋交换作用倾向于保持反平行取向，对应的是自旋守恒过程；而镧系重元素引入的自旋-轨道耦合倾向于改变反平行取向，对应的是自旋混合过程。电荷间距较短的跃迁偶极的自旋交换作用很强，远强于自旋-轨道耦合，阻止自旋混合的发生，这种情况与 Frenkel 激子类似，光致发光的磁场效应非常微弱[97, 98]。提高激发强度可以从根本上提高跃迁偶极的密度，导致跃迁偶极之间的库仑屏蔽，从而降低自旋交换作用。图 3-12(a) 所示的是 Y_2O_2S：Er, Yb 上转换晶体颗粒，在 980 nm 的光照下，强度小于 2080 mW/cm^2 时，磁场效应没有出现。当光强超过这个阈值时，观测到了正的磁场效应。需要注意，通过提高光生跃迁偶极密度，自旋交换作用可以降低至和自旋-轨道耦合相近的强度区间，从而允许自旋混合发生，自旋平行和反平行的偶极会建立新的布居平衡，从而产生磁场效应[图 3-12(c)]。此外，人们还研究了不同的主体材料在 Er, Yb 共掺杂后的光致发光磁场效应。从图 3-12(b) 可以看到，在 4680 mW/cm^2 强度的光激发下，Y_2O_2S：Er, Yb 有磁场效应，而 $NaYF_4$：Er, Yb 则没有。磁场效应的线形可以反映内部磁作用或自旋交换作用的变化。由于包含相同的稀土重元素离子，上述两个上转换晶体具有相似的自旋-轨道耦合，$NaYF_4$：Er, Yb 没有观察到磁场效应说明跃迁偶极子的自旋交换作用很强。具体地说，掺入的镧系离子会取代主体材料的阳离子位，由于尺寸不匹配，主体材料会对这些掺杂离子施加一个晶体场[99-101]。在 $NaYF_4$ 晶格中，镧系离子感受到的场增强了自旋交换作用，这与在 Y_2O_2S 中的情况是不同的。这个结果说明，自旋交换作用对磁场效应的产生具有显著的影响。

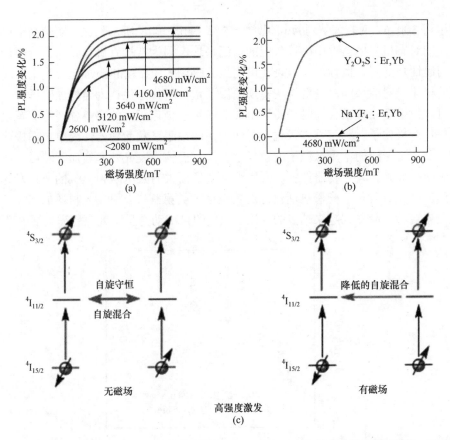

图 3-12　(a) 在不同强度的 980 nm 红外激光激发下，Y_2O_2S：Er, Yb 的光致发光磁场效应；(b) 在高
光强的 980 nm 红外激光激发下，Y_2O_2S：Er, Yb 和 $NaYF_4$：Er, Yb 的光致发光磁场效应；
(c) 双光子吸收过程如何产生磁场效应的示意图[96]

3.5.2　电致发光磁场效应

　　电致发光磁场效应是指在电致发光器件中，磁场可以改变稳态下的电致发光行为。对于非磁性的有机半导体材料，外加磁场能够产生电致发光磁场效应[13, 102-114]，这表明非磁性的有机半导体材料在集成电学、光学和磁学性质的有机自旋器件中具有潜在的应用前景。另外，电致发光磁场效应的研究也有助于人们研究和理解有机光电子器件中的激发态过程。1975 年，时间分辨的测试表明 900 mT 的外加磁场能够降低蒽晶体的延迟电致荧光，产生负的电致发光磁场效应。这一实验结果表明，正如光激发下的情况一样，高磁场能够降低电激发下的三重态-三重态湮灭[102]。随着有机发光二极管的发展，在 2003 年，Kalinowski 等在基于 Alq₃ 的常规发光二极管中发现，器件的电致发光强度在外加磁场作用下得到增强[8]。当磁场达到 300 mT 时，发光强度可以增大 5%，如图 3-13 所示。这一实验结果引起了人们对有机光电器件中磁场效应的广泛兴趣，因为常规有机发光二极管中没有任何磁性功能层，器件却可以表现出明显的磁场效应。Kalinowski 等利用磁场依赖的极化子对的系间窜越对该实验现象做了定性解释，他认为当外加磁场大于或者可比拟于超精细耦合场时，磁场引起的三重态极化子对的塞曼分裂能够有效抑制单重态极化子对到三重态极化子对间的系间窜越，从而使器件内单重态极化子对以及随之形成的单重态激子的数目增多，从而使得发光效率增加。随后，在基于聚芴的 π 共轭聚合物器件中，人们观测到了很大的磁电阻和 10% 的电致发光磁场效应[11]。近几年，随着热活化延迟荧光这一类第三代有机发光材料的出现，电致发光磁场效应受到越来越多的关注，相关的自旋动力学研究也急需发展[115-120]。

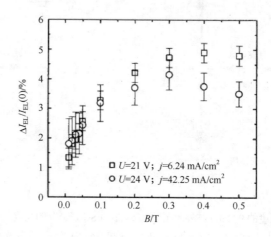

图 3-13　ITO/75%TPD：25%PC（60 nm）/Alq$_3$（60 nm）/Ca/Ag 发光二极管电致发光的磁场效应

有机发光二极管一般包含四个基本工作过程：①电极端的载流子注入；②电场作用下的载流子传输；③电子-空穴对结合形成激发态；④辐射性激子复合和发光。在工作状态下，电子和空穴分别被注入到最高占据分子轨道和最低未占分子轨道，当电性不同的载流子间距小于库仑俘获半径时，它们会结合成松散的电子-空穴对，如极化子对、电荷转移态和激基复合物。这些电子-空穴对的电荷间距较大，可以分别处于不同的分子上，或者同一个分子的不同片段上。接下来，由于库仑吸引，电子-空穴对会进一步变成紧密结合的 Frenkel 激子态，激子的辐射复合会产生电致发光。注入电荷的随机俘获会依据自旋统计规律，产生 25% 的自旋反平行的单重态和 75% 的自旋平行的三重态。如图 3-14 所示，因为交换能很小，电子-空穴对之间会发生单重态和三重态之间的系间窜越[121]。外加电场会改变电子-空穴对之间的系间窜越，却不会影响激子态之间的系间窜越，分别称上述两种情况为场依赖系间窜越和非场依赖系间窜越。场依赖系间窜越会引起单重态-三重态比例的变化，引发电致发光磁场效应。

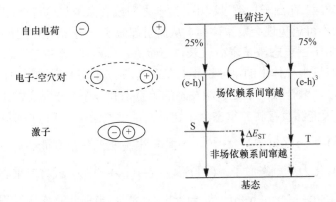

图 3-14　OLED 器件中自由电荷、电子-空穴对和激子的能级示意图

电致发光磁场效应可以在恒压和恒流条件下进行测量[119]。恒压模式下测得的磁场效应通常比恒流模式下要大（图 3-15）。电致发光强度 EL 可以表示为

$$EL \propto \eta I \tag{3-29}$$

式中，η 为电致发光的量子效率；I 为注入电流。二者中的任何一个发生变化，都会导致总的电致发光强度的变化。在恒压模式下，外加磁场既会影响量子效率，也会影响注入电流。注入电流的增强会引起激发态密度的变化，进而引起磁场效应。在恒流模式下，磁场效应只来源于单重态/三重态布居变化造成的量子效率扰动，激发态的密度几乎是不变的。

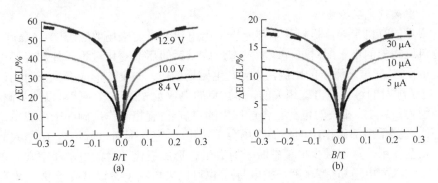

图 3-15　恒压模式 (a) 和恒流模式 (b) 下的电致发光磁场效应[119]

1. 激子态的电致发光磁场效应

外加磁场可以引起电致发光器件中单重态和三重态的布居变化，从而引起电致发光磁场效应。在激子扩散过程中，激子之间或者激子与电荷(自由电荷或者陷阱电荷)之间不可避免地会发生碰撞，从而引起激子-激子相互作用或者激子-电荷相互作用。由于三重态激子寿命较长，三重态-三重态湮灭和三重态-电荷相互作用(TCA)是有机半导体中的主导过程。在三重态-三重态湮灭过程中，两个三重态激子互相碰撞，融合成一个处于激发态的单重态和一个处于基态的单重态，三重态-三重态湮灭能够直接将三重态激子转化为单重态激子：$(\uparrow\uparrow)+(\uparrow\uparrow)\longrightarrow(\uparrow\downarrow)$ 或 $(\uparrow\uparrow)+(\downarrow\downarrow)\longrightarrow(\uparrow\downarrow)$ [55, 63, 64, 122]。三重态-电荷相互作用则能够通过自旋翻转将三重态激子转化为单重态激子：$(\uparrow\uparrow)+\downarrow\longrightarrow(\uparrow\downarrow)+\uparrow$ [2]，或将三重态激子解离为自由电荷：$T+q\longrightarrow e+h+q$ [102, 123, 124]。在激子-电荷相互作用过程中，单重态激子有两个来源，要么是从三重态激子转换而来，要么是已经解离的电子和空穴通过电荷俘获后复合而来。实验表明，极化子对中的系间窜越、激子中的三重态-三重态湮灭和激子-电荷反应是电致发光磁场效应中的三个重要因素。在电子和空穴平衡注入的情况下，电子-空穴能够最大限度地配对，这时正的电致发光磁场效应可以被观测到[13]；在电子和空穴非平衡注入的情况下，激子和电荷发生反应，这时负的电致发光磁场效应可以被观测到[10, 125]。根据自旋统计，电子和空穴的随机俘获会生成25%占比的单重态和75%占比的三重态激发态。由于电荷间的库仑吸引作用，极化子对会演化成单重态和三重态激子。根据自旋选择定律，只有单重态的激子会辐射发光，产生荧光。但是，若较强的自旋-轨道耦合使电子自旋发生了翻转，三重态激子也会辐射发光，产生磷光。因此，电致发光磁场效应又可以分为电致荧光磁场效应和电致磷光磁场效应。

2. 电致荧光磁场效应

常见的有机半导体材料基本都能表现出电致荧光的磁场效应[图3-16(a)][31]。通过自旋相关的电子配对过程或激发态形成以后的后续变化过程，外加磁场可以改变单重态-三重态激子的比例，从而产生磁场效应。如果在形成极化子对的过程中，电子配对的过程是自旋相关的，那么负的电致荧光磁场效应就可以被观测到。这是因为：①自旋相关的电荷复合过程中的自旋-自旋相互作用倾向于形成单重激发态；②强于内部磁作用的外加磁场会干扰电子-空穴配对过程中电子-空穴间的自旋相互作用，从而减少单重态激子的数量。形成极化子对的电子和空穴可以来自电极注入的电子和空穴(第一类电荷)，也可以来自激发态解离或激发态-电荷反应后生成的电子和空穴(第二类电荷)。因此，极化子对也可以相应地分为第一类极化子对(由第一类电荷复合生成)和第二类极化子对(由第二类电荷复合生成)。使用非平衡注入的电极会产生负的电致荧光磁场效应，即低磁场下电子和空穴的非平衡注入会引起负的电致荧光磁场效应[125]。如图 3-16(b)所示，通过改变 Alq₃ 发光二极管器件中 PMMA 绝缘层的厚度，电子和空穴的注入能够从平衡调节成非平衡状态，相应的电致荧光磁场效应也从正的调节成负的。非平衡电荷注入降低了极化子对和激子形成过程中的电子-空穴配对，但是由于剩余电荷的增多，增强了三重态-电荷反应[126]。三重态-电荷反应使激子解离并生成第二类电荷，第二类电荷通过库仑吸引作用将再次关联或非关联复合，生成单重态和三重态的第二类极化子对。第二类电荷的关联复合过程会生成与解离激子自旋极化相同的极化子对；第二类电荷的非关联复合与第一类电荷的复合一样，由于自旋极化的随机复合，将生成单重态-三重态数量比为 1∶3 的极化子对。与第一类电荷的复合相比，第二类电荷的复合是在很短的距离内发生的。在一级近似的情况下，第一类电荷复合和第二类电荷复合可以分别看作长程和短程的电荷俘获过程。因此，有机半导体材料的电致发光包含了来自第一类电荷复合和第二类电荷复合的贡献。电致发光磁场效应可以分为第一类电致发光磁场效应和第二类电致发光磁场效应：

$$MFE_{电致发光} = MFE_{第一类电致发光} + MFE_{第二类电致发光} \tag{3-30}$$

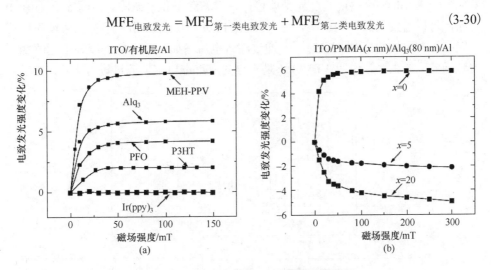

图 3-16　电致发光的磁场效应及其调节[31]

(a)不同有机半导体材料中的电致发光磁场效应；(b)改变 PMMA 绝缘层厚度调节电荷注入逐渐从平衡态到非平衡态变化，以实现从正到负的电致发光磁场效应

　　与第一类电荷的长程俘获相比，第二类电荷在短程的关联俘获过程中会经历自旋关联。外加磁场会干扰这种自旋关联，从而改变第二类极化子对中单重态和三重态的生成比例，并产生负的电致发光磁场效应。在第二类电荷的短程俘获过程中，由于短距离内电子和空穴较强的自旋交换作用，外加磁场很难影响极化子对中的系间窜越。因此，对于第二类电荷的短距离关联俘获过程，基于系间窜越的电致发光磁场效应可以忽略不计。所以，基于第二类电荷短程俘获的电致发光

磁场效应在整体上是负的。相反，在形成极化子对的过程中，第一类电荷的长程俘获所经历的自旋作用可以忽略不计。因此，外加磁场几乎不影响第一类电荷长程俘获过程中单重态-三重态激子的生成比例。但是，在第一类极化子对中，由于较长的电子-空穴俘获距离，外加磁场能够干扰极化子对中的系间窜越，从而产生基于系间窜越的电致发光磁场效应。因此，基于第一类电荷长程俘获的电致发光磁场效应在整体上是正的。所以，包含第一类电致发光磁场效应和第二类电致发光磁场效应的总体电致发光磁场效应就会表现出正的部分和负的部分。值得注意的是，改变电子和空穴注入的平衡程度可以改变第一类电致发光磁场效应和第二类电致发光磁场效应的相对比例，从而调节电致发光磁场效应的正负性，如图 3-16(b) 所示。

在低温下的 PFO 和 Alq$_3$ 的 OLED 中，人们研究了负的电致发光磁场效应，这里的 PFO 是 Ir(mppy)$_3$ 掺杂的，具有 Dexter 型能量转移。研究发现，外加磁场可以干扰自旋相互作用，减少 TTA 和 TCA 速率，进而产生负的电致发光磁场效应[17, 127]。Shao 等发现通过能带偏移把三重态激子和电荷同时束缚在 PFO/BCP 界面，可以引发负的磁场效应，而 PFO 和 PFO/CBP 界面由于不存在束缚作用，只能有正的磁场效应(图 3-17)[128]。通过注入电流增加三重态的密度并不能改变负的磁场效应的大小，说明 TTA 并不是主导的三重态自旋依赖过程。此外，激子形

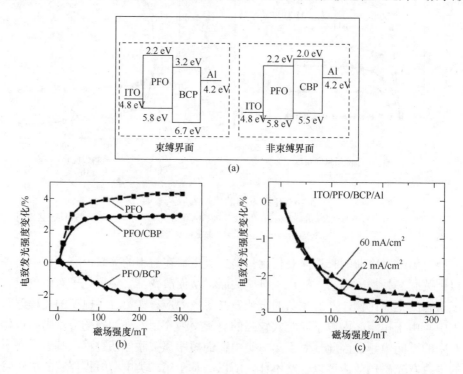

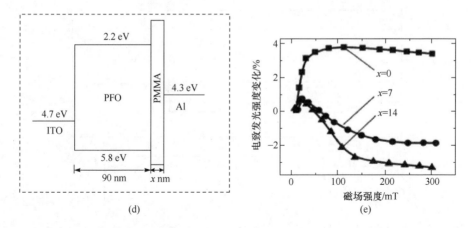

图 3-17 (a)OLED 能级图，电极是 ITO 和 Al，工作层分别是 PFO/BCP 和 PFO/CBP；(b)不同工作层 OLED 呈现正的和负的电致发光磁场效应；(c)在 2 mA/cm² 和 60 mA/cm² 的注入电流密度下，PFO/BCP 器件负的电致发光磁场效应；(d)PFO/PMMA 器件的能级图；(e)在 ITO/PFO/PMMA/Al 器件中，绝缘层 PMMA 厚度是 7 nm 和 14 nm 情况下负的电致发光磁场效应，ITO/PFO/Al 对比器件则具有正的电致发光磁场效应[128]

成时，在器件的一端加入 PMMA 绝缘层可以实现电子和空穴的非平衡注入，产生过剩电荷，如图 3-17(d)所示。被束缚在界面附近的过剩电荷和三重态激子会产生 TCA。图 3-17(e)表明，增加 PMMA 的厚度可以大幅提升负的磁场效应的幅度，这说明有机半导体内主导负的电致发光磁场效应的是 TCA，而不是 TTA。

上述研究表明，三重态-电荷反应是产生负的电致荧光磁场效应的主要机理。图 3-18(a)显示了三重态激子作为一个电偶极在 x 轴方向产生的平均电场。图 3-18(b)显示了由三重态激子产生的随距离变化的电场和由一个单独电荷产生的随距离变化的电场。从图 3-18(b)可以看出，与三重态-三重态湮灭相比，三重态-电荷反应具有更大的作用距离。这说明在有机半导体器件中，三重态-电荷反应的确比三重态-三重态湮灭更容易发生。

此外，时间分辨的延迟荧光研究表明，三重态-三重态湮灭能够引起负的光致发光磁场效应。但是，在稳态条件下，光致发光与磁场的不相关性说明三重态-三重态湮灭对于光致发光的磁场效应贡献很小[129, 130]。如果对于负的电致发光磁场效应，三重态-三重态湮灭是主要机理，则逐渐调节电荷注入从平衡态到非平衡态会减弱负的电致发光磁场效应，并进一步产生正的电致发光磁场效应。这是因为通过三重态-电荷反应，非平衡注入会大量消耗三重态激子，从而降低三重态-三重态湮灭的概率。但是，实验结果表明，非平衡电荷注入对应的是负的电致发光磁场效应。因此，在稳态条件下，三重态-三重态湮灭对于低磁场下的电致发光磁场效应不会有明显的贡献。

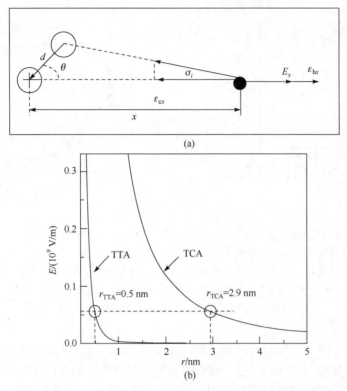

图 3-18　(a) 由三重态激子电偶极在 x 轴方向产生的电场，ε_{ex} 和 ε_{hx} 分别表示由三重态激子电偶极中电子和空穴在 x 轴方向产生的电场；(b) 分别由三重态激子和电荷产生的随距离变化的电场，图中标明了三重态-三重态湮灭（$r_{TTA} = 0.5$ nm）和三重态-电荷反应（$r_{TCA} = 2.9$ nm）场作用的有效距离[128]

3. 电致磷光磁场效应

电致磷光起源于自旋-轨道耦合引发的三重态辐射。较强的自旋-轨道耦合需要重原子配合物结构以增加电子自旋和轨道磁场之间的内部磁作用。重原子配合物的引入不仅会增加分子内部的自旋-轨道耦合，还会增加分子间的自旋-轨道耦合。对于磷光材料，由于较强的分子间自旋-轨道耦合作用，外加磁场很难改变极化子对中的系间窜越，因而很难产生电致磷光磁场效应[13]。在固态薄膜中，增加磷光材料分子间的距离能够显著降低分子间的自旋-轨道耦合，而几乎不改变分子内的自旋-轨道耦合。当分子间距离足够大时，分子间的自旋-轨道耦合将减弱，从而使极化子对中的系间窜越对外加磁场变得敏感。因此，外加磁场将增加单重态极化子对的数量。当极化子对演化成激子后，外加磁场也就相应地增加了单重态激子的数量。但是，在激子态中，由于强的分子内自旋-轨道耦合作用，系间窜越对磁场不敏感，并基本达到了 100%，即完全将单重态激子转化成了三重态激子。即便外加磁场能够改变极化子对中的单重态-三重态布居比,激子也基本为三重态且几乎不受外加磁场的影响,所以通过分子分散很难实现电致磷光磁场效应。从图 3-19(b)中可以看到,将 Ir(mppy)$_3$ 分子分散到 PMMA 中并没有产生明显的电致磷光磁场效应。另外,调节磷光二极管中电子和空穴注入的平衡程度也没有在纯的磷光材料薄膜或掺杂 PMMA 薄膜中产生电致磷光磁场效应。这些实验结果说明,三重态-三重态湮灭和三重态-电荷反应不能在具有强自旋-轨道耦合作用的磷光材料中产生电致磷光磁场效应。因此,当激子中系间窜越基本为 100%时,强的自旋-轨道耦合使电致磷光磁场效应不能发生。但是,对于具有中等自旋-轨道耦合作用的有机半导体材料,激子中系间窜越还未达到 100%,因此极化子态中的系间窜越对磁场敏感。这类材料可以表现出电致磷光磁场效应。例如,Alq$_3$ 具有不是很强的自旋-轨道耦合作用,可以表现出电致磷光磁场效应[131]。

　　实验表明,当磷光分子分散到活性的有机主体材料中时,电致磷光磁场效应就可以被观测到[13, 103]。图 3-19(b)表明,将磷光材料 Ir(mppy)$_3$ 分散到活性聚(9-乙烯基咔唑)[poly(9-vinylcarbazole),PVK]主体中,电致磷光随外加磁场发生变化。由于弱的自旋-轨道耦合作用,PVK 主体极化子对中的系间窜越对外加磁场

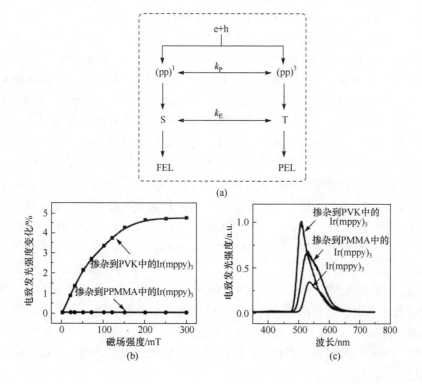

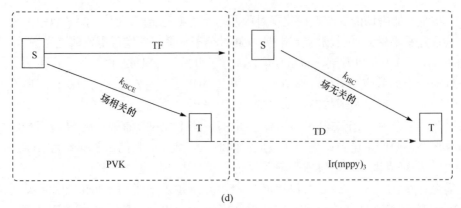

(d)

图 3-19　电致发光过程中电致发光磁场效应及能量转移对激子中单重态-三重态布居比的影响
(a)电致荧光(FEL)和电致磷光(PEL)过程；(b) 1% Ir(mppy)₃掺杂到 PVK 或 PMMA 中的电致发光磁场效应；(c)
纯 Ir(mppy)₃、1% Ir(mppy)₃掺杂到 PMMA 和 1% Ir(mppy)₃掺杂到 PVK 中的电致发光光谱；(d)激子态中从
PVK 基体到 Ir(mppy)₃染料的 Förster 能量转移(TF)和 Dexter 能量转移(TD)以及磁场响应和非磁场响应的激子中
的系间窜越

敏感，从而 PVK 激子中的单重态-三重态布居比也对外加磁场敏感。但是，由于
强自旋-轨道耦合作用，外加磁场不能改变 Ir(mppy)₃中的单重态-三重态激子比
例。另外，分别通过 Förster 和 Dexter 能量转移，PVK 中单重态和三重态激子的
能量能够传递到 Ir(mppy)₃分子的三重态上[13]。由于 Förster 和 Dexter 能量转移分
别是长程和短程作用，能量转移主要以 Förster 方式发生。因此，外加磁场增加了
PVK 主体中单重态激子的数量，并通过有效的 Förster 能量转移增加了 Ir(mppy)₃
分子上三重态的数量[图 3-19(c)]，从而使来自 PVK + Ir(mppy)₃混合层的电致磷
光表现出磁场效应。总之，当磷光材料分子分散到聚合物主体中，这种内部的能
量转移能够引起电致磷光磁场效应。研究表明，将磷光材料掺杂到聚合物荧光主
体材料中会引起聚合物主体的磷光发射[13, 128]，这是由于聚合物主体链上的电子进
入到磷光分子的轨道电流所产生的磁场中，从而在聚合物链和磷光分子间形成了
分子间自旋-轨道耦合作用。例如，将 Ir(mppy)₃掺杂到 PFO 主体中会引起 PFO 主
体的电致磷光发射[128]。对于 ITO/PFO：1% Ir(mppy)₃/Al 器件，由于磷光材料掺
杂增大了 PFO 主体上的三重态激子浓度进而增强了三重态-三重态湮灭和三重态-
电荷反应，PFO 的电致荧光表现出负的磁场效应。但是，由于 PFO 主体上三重态
激子的浓度远大于单重态激子的浓度，PFO 主体上由系间窜越、三重态-三重态湮
灭和三重态-电荷反应引起的三重态激子浓度的变化可以忽略不计。因此，对于
ITO/PFO：1% Ir(mppy)₃/Al 器件，来自 PFO 主体的磷光发射并没有表现出明显的
磁场效应[128]。

此外，电致磷光磁场效应还会受电偶极子相互作用的影响。重金属复合物 $Ir(ppy)_2(acac)$ 和 $Ir(ppy)_3$ 均具有很强的自旋-轨道耦合效应，不同的是 $Ir(ppy)_3$ 相比 $Ir(ppy)_2(acac)$ 电偶极相互作用更强。从图 3-20 中可以看到，$Ir(ppy)_3$ 为主的磷光 OLED 基本观测不到磁场效应，而 $Ir(ppy)_2(acac)$ 为主的磷光 OLED 却呈现出明显的正的电致发光磁场效应[132]。正的磷光磁场效应说明外加磁场增加了三重态的比例，而重金属元素存在很强的内部自旋-轨道耦合效应，外加磁场几乎不能影响内部的自旋-轨道耦合效应，因此三重态比例的改变不是来自自旋-轨道耦合效应的改变，而是来自弱的电偶极子相互作用。外加磁场通过扰动自旋-自旋相互作用导致单重态激子减少而三重态激子增多，产生正的电致发光磁场效应。相反地，$Ir(ppy)_3$ 中较强的电偶极相互作用使得电子-空穴对的俘获距离增大，因而没有自旋-自旋相互作用，也就没有明显的磁场效应。

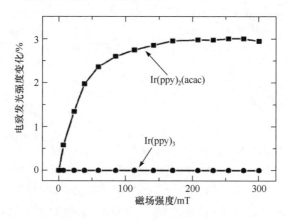

图 3-20　分别以 $Ir(ppy)_2(acac)$ 和 $Ir(ppy)_3$ 为主的 OLED 器件在 20 mA/cm² 恒定电流密度下工作的电致发光磁场效应[132]

4. 热活化延迟荧光的电致发光磁场效应

有机半导体材料中，电致发光磁场效应是由依赖于磁场的电子-空穴对之间的自旋混合过程引起的。外加磁场对非磁性有机材料中单个电子或空穴的自旋取向几乎没有影响，因为塞曼分裂远远小于热能 k_BT(约 25 meV)。由于单重态和三重态之间的交换能 ΔE_{ST} 很大，分子内激子态的场依赖的自旋混合过程也几乎不可能发生。但是，外加磁场可以调整如电荷传输态和激基复合物一类的电子-空穴对的自旋混合，改变单重态和三重态比例，产生磁场效应。早期的研究提出，当外部磁场的场强和内部磁作用接近时，可以通过塞曼效应促进三重态劈裂。在这种情况下，只有 $^3e\text{-}h_0$ 可以转化成单重态 $^1e\text{-}h_0$，减少自旋混合。但是考虑到热能远大于劈裂能，所以很难把观测到的磁场效应归因于外部塞曼分裂效应。

外加磁场可以通过调节自旋混合改变单重态和三重态的布居，在 OLED 中产生可观测的磁场效应。在传统的电致荧光 OLED 中，磁场效应的强度一般只有百分之几，因为外场依赖的自旋混合过程不够强。最近，很多研究组先后在基于 TADF 的 OLED 中观测到很强的磁场效应[117-119]。作为发光层的 TADF，其单重态和三重态能级差（ΔE_{ST}）很小，可以通过自旋混合将无辐射三重态充分地转化为辐射单重态[图 3-21(a)]。如电荷转移态或激基复合物一类的电子-空穴对，其电子在受体基团上，空穴在给体基团上，如图 3-21(b) 所示。这些松散结合的电子-空穴对使得外加磁场可以很容易地调节电致发光行为。

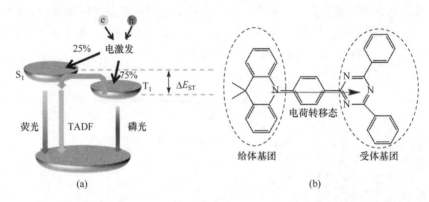

图 3-21　(a) TADF 的能级图；(b) 典型的 TADF 材料 DMAC-TRZ 分子的给体基团和受体基团

Basel 等在基于 MeO-TPD/3TPYMB 的高效 TADF 的 OLED 中观测到了高达 35% 的正向电致发光磁场效应[117]。这个 TADF 器件的磁场效应信号的半高宽（FWHM）是 320 G（$1\text{ G} = 10^{-4}\text{ T}$），超过了超精细相互作用（约 100 G），远大于传统有机聚合物 OLED 的 120 G[图 3-22(a) 和 (b)]。他们提出，Δg 机制可以用来解释 TADF 的电致发光磁场效应，因为激基复合物中电子和空穴所处的环境是彼此不同的。TADF 器件具有很高的半高宽，这说明观测到的磁场效应是属于自旋-轨道耦合范畴的。实际上，在 TADF 材料中，自旋-轨道耦合是引起系间窜越的主要自旋混合机制[133, 134]。但是，TADF 材料中的自旋-轨道耦合和有关的自旋动力学还需要进一步探索。同时，恒流模式下的电致发光强度和磁场效应幅度趋势相同，均在室温附近达到最大值，如图 3-22(c) 和 (d) 所示。这说明热振动在 TADF 体系中是用来满足反向系间窜越中能量守恒条件的能量源。反向系间窜越过程对电场很敏感，导致了激基复合物的形成，观察到的磁场效应和这一行为是紧密相关的。

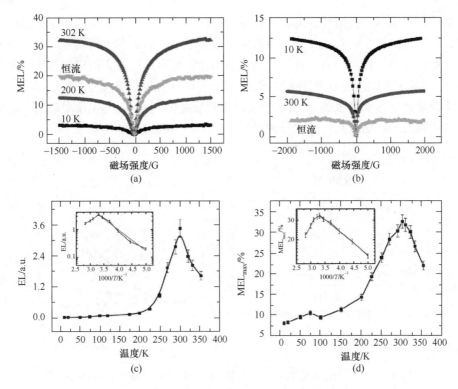

图 3-22 在不同温度下的电致发光磁场效应[117]

(a)基于 TADF 材料的 MeO-TPD/3TPYMB 器件在不同温度下的电致发光磁场效应；(b)基于非 TADF 材料的
MEH-PPV 器件在不同温度下的电致发光磁场效应，其中恒流模式的数据用作对照；(c、d)在基于 TADF 材料
MeO-TPD/3TPYMB 的 OLED 器件中，在 1 mA 的恒流模式下，电致发光强度(c)以及电致发光磁场效应(d)对温
度的依赖关系

5. 电致发光磁场效应中的洛伦兹力

早期的研究发现，在液态样品中电化学反应会观测到不大于 30%幅度的电致
发光磁场效应[135]。2011 年,在液态电化学磷光中利用洛伦兹力观测到了高达 400%
以上的光致发光磁场效应。这种电生的化学发光是基于 $Ru(bpy)_3^{2+*}$ 分子的三重态
发光[136]：

$$Ru(bpy)_3^{3+} + TPrA(三丙胺)^{\cdot} \longrightarrow Ru(bpy)_3^{2+*} + 产物 \qquad (3\text{-}31)$$

在 3.3 V 电压和 700 mT 磁场下，电致发光磁场效应幅度达到 400%，而当电压降
低到 2.2 V 时，磁场效应幅度是-17%，如图 3-23 (b)所示。研究发现，外加磁场可
以通过 TCA 过程提升电化学反应的电致发光[137, 138]，但是 TCA 本身对磁场效应
的贡献只有百分之几十。人们发现洛伦兹力是超大磁场效应和负的磁场效应的主
导因素。如图 3-23 (a)所示，洛伦兹力可以增强离子渗透作用，导致正的磁场效应；

或者通过对流减小扩散层厚度，导致负的磁场效应。在高电压下，由于扩散层很厚，其厚度的减少很有限，所以负的磁场效应很小。当离子浓度很高时，洛伦兹力使得离子渗透作用增强，传输成为主导因素，更容易引发正的磁场效应。在低电压下，低浓度的反应物产生了较薄的扩散层(洛伦兹效应引起的扩散层厚度减少是十分依赖于该层厚度的)，使负的磁场效应最大化。因此，高电压可以产生超大正的电致发光磁场效应，低电压则可以产生负的电致发光磁场效应。

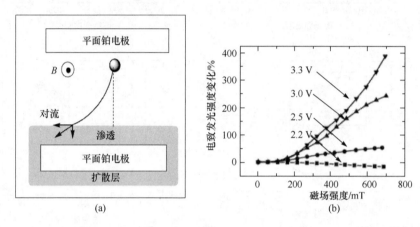

图 3-23　(a)洛伦兹效应的示意图；(b)不同电压下的电致发光磁场效应[136]

　　激发态在电致发光磁场效应中扮演了核心角色，这个观点已经被广泛接受。但是由于 OLED 的体系种类庞杂，这个模型并不能用于解释所有的情况，所以电致发光磁场效应现在依然能吸引很大的关注。除了对内部机理的阐释，电致发光磁场效应作为研究有机半导体自旋依赖过程的有效工具，也是不可忽视的。例如，为了进一步提升第三代 TADF 的 OLED 器件的性能，加深对有效自旋混合机制的理解是非常重要的，利用磁场效应作为研究 TADF 材料的有效实验手段是非常急迫的。最近在 TADF 材料中发现的大幅电致发光磁场效应，未来很有希望能够应用在磁感应器和 OLED 中。

3.5.3　基态以及激发态的光散射磁场效应

　　光散射磁场效应(magnetic field effect of light scattering，MFE$_{LS}$)是指在如纳米颗粒悬浊液等的某些介质中，散射光的强度会被外加磁场改变。在悬浊液中的悬浮颗粒有四个动态平衡的基本作用：重力、浮力、粒子间碰撞和溶剂介质作用，这些作用使得悬浮颗粒取向随机地、均匀地分布在溶剂中。外加磁场会引发颗粒的磁化，打破动态平衡的悬浮态，产生极化取向。在外加磁场下，悬浮颗粒的光散射截面会产生很大的变化，从而观测到依赖于外场的散射光的光强。光散射磁场效应是在基态下的抗磁和铁磁纳米颗粒的悬浊液中观测到的[139-142]，后来被证明是研究纳米颗粒悬浊液中的动态磁化和场依赖结构变化的十分有效的手段。

最近 He 等研究了氟化石墨烯的有机悬浊液在基态和激发态下的 MFE_{LS} 行为[20]。在离域半导体 π 电子[143, 144] 和局域自旋[145, 146] 共存的系统中，着重分析了磁化的光激发效应。图 3-24 所示的是氟化石墨烯纳米颗粒悬浊液的光散射磁场效应，两条曲线分别对应有激发光和没有激发光的条件。从图 3-24(a) 可以看出，激发光会增大 MFE_{LS} 的强度变化。在 900 mT 磁场下，激发光使 MFE_{LS} 强度变化从 61% 增加到 69%，增强百分比高达 13%。磁化产生的强大力矩产生了很高的磁能，加快了弛豫时间[图 3-24(b)]，这说明激发态的纳米颗粒在磁场移除后会受到更大的力矩作用，使得其更快地弛豫到取向随机的状态。

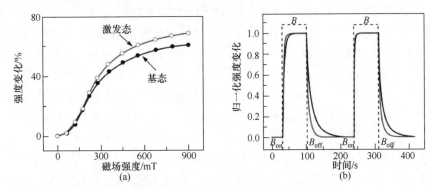

图 3-24　(a)氟化石墨烯纳米颗粒悬浊液中基态和激发态的 MFE_{LS} 信号；(b)归一化的基态和激发态的 MFE_{LS} 信号随时间的演化[20]

在外加磁场下，由于局域自旋的存在，氟化石墨烯纳米颗粒感受到一个磁力矩，磁化可以转化为磁能。该磁能可以表示为[147]

$$U = -\mu H\cos\theta - \frac{V\Delta\chi H^2}{2\mu_0}\cos^2\theta \tag{3-32}$$

式中，μ 为磁矩；方向角 θ 为磁矩和磁场间的夹角。外加磁场移除后，悬浮的片状氟化石墨烯会在回复力矩的作用下弛豫。外加磁场中的回复力矩的大小是由纳米颗粒的总能量 U 的导数决定的，即 $\frac{\partial U}{\partial \theta}$。激发态下的总能量 U 由两部分组成：与光激发无关的本征磁化磁能 U_1 和光激发引发的磁能 U_2。激发态的回复力矩 τ_{ex} 可以表示为

$$\tau_{ex} = \left(\frac{\partial U_1}{\partial \theta}\right) + \left(\frac{\partial U_2}{\partial \theta}\right) \tag{3-33}$$

基于上述分析，MFE_{LS} 信号的时间演化模式说明，悬浊液中的氟化石墨烯纳米颗粒的光激发能可以转化为磁能。伴随着离域半导体 π 电子和局域的电子自旋之间的相互作用，光激发是可以影响光散射磁场效应信号的：幅度增大，弛豫时间缩短。光散射磁场效应的幅度说明，与基态下的纳米颗粒相比，激发态具有更强的磁化。弛豫过程减慢说明，通过激发半导体 π 电子，激发光的能量可以转化为磁能。这项研究表明光散射磁场效应是一个很重要的工具，可以用于研究各种纳米颗粒激发态的动态磁化和磁电耦合行为。

3.5.4 微腔 OLED 的磁场效应

OLED 作为显示发光单元获得了巨大成功，OLED 电视、手机等产品已经进入了人们生活[148-150]。然而，开发薄膜 OLED 的激光作用仍然是一项长期的挑战性工作[151-153]。电泵激射作用的技术困难主要是三重态能量损失[154,155]、极化子发光态猝灭[156]以及电注入的泵浦密度不足[157,158]所导致的协同发光态的缺乏。相比之下，通过基于微腔和光栅设计的不同光反馈机制在有机半导体中实现了显著的光泵浦激光，随着光泵浦密度的增加，产生具有显著光致发光(PL)光谱变窄的现象[153,159,160]。然而，随着光泵浦激光作用的成功，光激励是否足以在电注入下产生电致发光(EL)状态间的协同作用，仍然是一个具有挑战性的问题。一般来说，电泵浦的激光作用需要一种有效的机制来最小化光损耗，从而在足够的电注入下，在电注入产生的发光状态之间形成协同作用。值得注意的是，使用高品质因子(Q)微腔 OLED 可以实现基于 Alq_3：DCJTI 发光分子在电泵浦下的 EL 光谱显著变窄现象[161]，当注入电流密度增加到 $1000\ mA/cm^2$ 时，可以成功地观察到半峰宽为 1.95 nm 的 EL 光谱。然而，这一 EL 光谱窄化现象是电激发态在微腔中变得相干，还仅是微腔效应，是一个必须回答的基本问题。正常的光学微腔效应源于发光分子与微腔引入的受限电磁场之间的弱耦合作用，微腔可以在抑制非共振自发辐射的同时提高共振辐射模式下的自发辐射速率。另外，微腔能够通过光学共振从根本上改变激发态，产生 EL 光谱窄化现象，为发展电泵浦激光行为提供必要的条件。

为了揭示这一基本问题，Wang 等同时使用磁光致发光和磁电致发光来研究光学微腔是否能影响激发态的特性，以了解不同微腔 OLED 光谱窄化现象的基本机理[162]。需要注意的是，在有机发光材料中，由自旋反平行和自旋平行形成的空间扩展激发态，如极化子对、电子-空穴对和电荷转移态等，其磁光致发光和磁电致发光可以被广泛观察到。在空间扩展激发态中，由于自旋-轨道耦合、超精细耦合和自旋散射等内部磁相互作用的影响，自旋混合可以很容易地实现，因为限制自旋混合的交换相互作用通常是很弱的。外部磁场可以干扰自旋混合，并改变空间扩展态中的单重态和三重态布居，从而当空间扩展激发态弛豫到发光态时呈现磁光致发光和磁电致发光现象。相反，当空间扩展状态不存在时，由于电子-空穴分离距离短而具有强交换相互作用的主要激发态 Frenkel 激子不允许单重态和三重态之间的自旋混合。在这种情况下，外部磁场不能改变单重态和三重态 Frenkel 激子布居，导致在没有空间扩展激发态的情况下基本可以忽略磁光致发光和磁电致发光。由于 Frenkel 激子是有机材料在光激发下形成的主要发光态，因此在室温下，以 Frenkel 激子为主要激发态的有机发光材料在低场(<1 T)下不表现出任何可检测的磁光致发光。然而，当在发光给体-受体系统中形成空间扩展的激发态时，在室温和低场(< 200 mT)下很容易观察到磁光致发光。因此，磁光致发光提供了一个方便的实验工具来研究微腔中的发光态是否具有空间扩展特性或局域激子特点，以此深入了解 EL 光谱变窄现象。实验中，Wang 等选择了厚度为 65 nm 的 F8BT 薄膜，在没有微腔的情况下，F8BT 薄膜不显示任何可检测的磁光致发光和磁电致发光。在光激发和电激发下，他们对无微腔和有微腔的 OLED 进行了磁光致发光和磁电致发光测量。实验发现，与光激发下无微腔 OLED 中不可检测到的磁光致发光相比，光激发导致有微腔的 OLED 中呈现出清晰的磁光致发光信号[图 3-25(d)]。这一结果表明，在光激发下，F8BT 层中除了有发光的 Frenkel 激子外，微腔还诱导了空间扩展激发态的形成。此外，在电注入下也观察到了类似的现象：基于微腔的 OLED 显示出明显的磁电致发光信号，也清晰表明空间扩展激

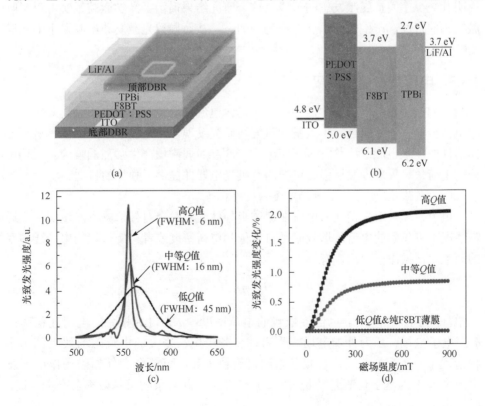

(a)

(b)

(c)

(d)

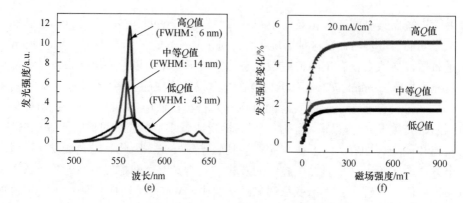

图 3-25　(a、b) 底部 DBR/ITO/PEDOT：PSS/F8BT/TPBi/LiF/Al/顶部 DBR 的微腔 OLED 的结构图 (a) 和能级结构图 (b)；(c) 不同 Q 微腔 OLED 在连续 405 nm 激光激发下的 PL 光谱窄化；(d) 不同 Q 微腔 OLED 和 F8BT 薄膜在 1000 mW/cm^2 光激发下的磁光致发光谱；(e) 不同 Q 微腔 OLED 的 EL 光谱窄化；(f) 恒定注入电流密度 (20 mA/cm^2) 下不同 Q 微腔 OLED 的磁电致发光

发态的形成；而无微腔 OLED 则不显示任何可检测的磁电致发光信号 [图 3-25 (f)]，说明其缺少空间扩展激发态的形成。这一研究结果揭示了光学微腔确实可以影响激发态的特性，产生空间扩展态作为中间态，从而导致光激发和电激发下的光谱变窄现象。

3.5.5　电荷传输磁场效应

人们已经在有机半导体器件中，对包含电流磁场效应和光电流磁场效应在内的电荷传输磁场效应进行了大量的研究。研究发现，在室温下，非磁性有机半导体器件的注入电流[10-11, 163]和光电流[8, 164, 165]会对弱磁场产生强烈的响应。磁场可控的电荷传输现象为发展强而可控的有机光电器件提供了独特的机遇。

　　1. 自旋依赖的载流子密度的电流磁场效应

电流磁场效应是指注入电流在穿过半导体介质时会对外部磁场产生响应。通常情况下测量到的电流磁场效应是自旋依赖电密度或者自旋依赖的电荷迁移率的函数。根据漂移理论，有

$$J = n\mu qE \tag{3-34}$$

式中，J 为电流密度；n 为自旋依赖的电荷密度；μ 为自旋相关的电荷迁移率；q 为电子电量；E 为外加电场。先考虑依赖于电荷密度的电流磁场效应，在这种情况下，单重态和三重态激发态的自旋粒子数比可能会在外加磁场作用下发生改变，因为基于自旋角动量守恒的单重态-三重态系间窜越效率会产生微扰。

当单重态和三重态激发态产生了不同速率的自由载流子时，相应的电流磁场效应就会产生。在其他情况下，考虑到电荷传输期间的短程自旋-自旋相互作用，外加磁场会导致迁移率依赖的电流磁场效应。实验发现，有机半导体在非自旋极化注入下，在 π 共轭体系内会出现多个激发态，继而出现依赖于电荷密度的电流磁场效应[8, 166-168]。相对地，有机半导体介质中，对于自旋极化向上和向下的两种注入电流来说，其传输过程是不同的，当电极是铁电材料时，迁移率依赖的电流磁场效应就会产生。通过在有机半导体材料中引入磁结构，由于磁化的存在，电荷间的自旋-自旋相互作用也会产生迁移率依赖的磁场效应。但是，由于短程自旋-自旋相互作用的缺失，非磁性有机半导体材料中几乎没有迁移率依赖的电流磁场效应。理论上，由于短程自旋-自旋相互作用在低维度情况下更加显著，所以在量子点无磁结构的界面处，也是可以观察到迁移率依赖的电流磁场效应的，这为在非磁性有机半导体中产生迁移率依赖的电流磁场效应提供了可能性。

　　密度依赖的电流磁场效应可以通过两种方式实现：解离[169-171]和电荷反应[172-175]。在解离这种方式中，通过场依赖系间窜越，外加磁场可以改变极化子对态的单重态和三重态比例。实验表明，单重态极化子对比三重态有更高的解离概率，因为单重态的波函数比三重态有更强的离子性质，单重态极化子对与具有促进解离作用的局域电极化场之间有着更加有效的相互作用[164, 176]。所以，外加磁场可以通过场依赖系间窜越增加单重态-三重态比例，增强极化子对态的解离过程，产生自由载流子，从而导致正的电流磁场效应（图 3-26）。需要强调的是，磁场依赖的系间窜越过程是影响解离依赖的电流磁场效应的关键因素。磁场会扰动系间窜越过程，增加单重态极化子对，减少三重态极化子对，从而产生正的电流磁场效应。

　　在电荷反应这种方式中，注入的偶极载流子形成激子，当激子和电荷非常邻近时，激子和自由载流子之间可以发生激子-电荷反应。激子-电荷反应可以将激子打破成为两个自由载流子。尽管单重态和三重态激子都可以参与电荷反应，但是由于三重态激子寿命较长，可以充分地与载流子进行物理接触，所以三重态激子在电荷反应行为中占主导地位。外加磁场可以干扰三重态激子和三重态-电荷反应中电荷之间的自旋相互作用，导致三重态-电荷反应速率常数降低。因此，电荷反应可以产生负的电流磁场效应（图 3-26）。

　　基于上述理论，当考虑由自旋依赖激发态产生的磁场依赖载流子时，解离和电荷反应这两种机制都存在，分别产生正的和负的电流磁场效应。调整两种机制的比例，可以实现电流磁场效应在正值和负值之间自由可调。实验表明，在 OLED 的电流磁场效应中，调节偶极电荷注入平衡度和改变外加电场强度，是改变解离和电荷反应贡献比的两个十分有效的途径[10, 15]。首先，干扰偶极注入平衡可以影响电子-空穴的配对和激发态的形成，也可以调节过量载流子来改变激子-电荷反应。尤其是极化子对态的解离在电注入平衡的情况下占主导地位，而激子-电荷反应在自由载流子造成偶极注入不平衡时会更显著，所以改变偶极电荷注入可以使磁电阻值在正负之间可调。其次，改变外加电场可以改变极化子对解离所需的电场力，以及三重态和三重态-电荷反应产生的载流子之间物理接触的概率。这样，可以通过调节 OLED 的外加电场来调节磁电阻的符号。如图 3-27 所示的基于 Alq$_3$ 的 OLED 器件，其结构是 ITO/PMMA(x nm)/Alq$_3$(80 nm)/Al，当 PMMA 绝缘层的厚度增加时，偶极电荷注入变得不平衡，可以很清楚地看到磁电阻从负到正的变化。总而言之，在非磁性有机半导体器件中，调节激发态的解离和激子-电荷反应作为一种手段，另辟蹊径地实现了可调的激发态电流磁场效应。

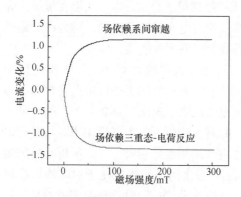

图 3-26　通过场依赖系间窜越和三重态-电荷反应产生的电流磁场效应

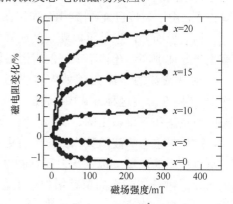

图 3-27　利用不同绝缘层厚度调控电致发光器件的磁电阻[10]

2. 光激发态的光电流磁场效应

在有机半导体中，外加磁场可以改变光激发态产生的电流的大小，产生光电流磁场效应。有机半导体的光电流产生包括四个基本过程：光吸收、激发态形成、激发态产生载流子、载流子传输。外加磁场可以影响激发态产生载流子这个过程，导致依赖于外加磁场的光电流。因此，在探索有机光伏材料激发态的解离、相互作用和复合过程时，光电流磁场效应是非常有力的实验手段[15, 177]。

原则上，单重态和三重态的激子或极化子对都可以解离或与电荷发生反应产生光电流。但是，由于它们不同的结合能、离子性质和寿命，单重态和三重态构型的激子和极化子对对于解离和激子-电荷反应这两种光伏途径具有不同的贡献。对于激子的解离，由于单重态激子具有比三重态激子更低的结合能，以单重态激子贡献为主。但是对于激子与电荷的反应，由于三重态激子具有较长的寿命，与电荷的物理接触时间更长，三重态激子具有较大的贡献。对于极化子对的解离，由于单重态和三重态极化子对都具有较低的结合能，它们都有很大的贡献。但是，由于单重态极化子对具有更多的离子性质从而能够更有效地解离，单重态极化子对具有比三重态极化子对更高的解离速率。单重态和三重态极化子对也可以与电荷发生反应，由于具有相似的激发态寿命，单重态和三重态极化子对与电荷反应的速率相近。正如前面提到的一样，在有机半导体中，光激发态转换成光电流有两个途径，即激子解离和激子-电荷反应[图 3-28(a)]。由于自旋选择定则要求，光激发下首先产生的是单重态。单重态会解离形成弱库仑作用结合的单重态极化子对，同时，由于内部磁作用(超精细相互作用和自旋-轨道耦合)引发的系间窜越，单重态极化子对中的一部分会转化为三重态极化子对，造成单重态和三重态极化

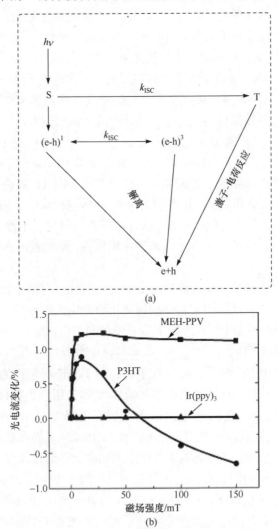

(a)

(b)

图 3-28　有机半导体材料中的光伏效应途径和光电流磁场效应

(a) 两种光伏效应途径：极化子对占主导的解离和三重态激子占主导的激子-电荷反应；(b) MEH-PPV、P3HT 和 Ir(ppy)$_3$ 的光电流磁场效应

子对共存的状态。在解离途径中，外加磁场通过引入自旋进动，可以改变单重态和三重态极化子对的布居比，进而改变光电流的大小，即光电流的磁场效应。在激子-电荷反应途径中，激发态和载流子之间的库仑散射是主要驱动力，在库仑散射中，激发态会分裂为载流子[172, 178]或者释放陷阱中的电荷 [179-181]。三重态寿命相对较长，当其与载流子之间物理接触比较充分时就会主导激子-电荷反应过程。

外加磁场能够改变极化子对中的单重态-三重态布居比和激发态-电荷反应的速率，进而影响以单重态为主的激发态解离和以三重态为主导的激发态-电荷反应，从而产生光电流的磁场效应。具体来说，外加磁场能够通过磁场响应的系间窜越增加单重态极化子对的数量，引起正的光电流磁场效应[121, 182]。另外，外加磁场能够减弱三重态-电荷反应，产生负的光电流磁场效应。由于外加磁场几乎不能改变激子中单重态-三重态布居比，外加磁场对于三重态-电荷反应的减弱可以归因于磁场通过对三重态的去简并从而改变三重态-电荷反应的速率[63]。图 3-28 (b) 显示了三种经典的有机半导体材料的光电流磁场效应：MEH-PPV、P3HT、Ir(ppy)$_3$。在这三种材料中，三重态激子的占比分别为 1%[183]、70%[184]和 100%[185]。从图 3-28 (b) 可以看出，由于 MEH-PPV 在光激发下单重态激子密度的比例是 99%，单重态主导的解离途径导致了正的光电流磁场效应。P3HT 具有 70%的三重态密度，其磁场效应有正值和负值，这表明解离和激子-电荷反应在磁场效应中都有发生，分别产生正的和负的贡献。而 Ir(ppy)$_3$ 中三重态密度是 100%，其磁场效应几乎为零，因为自旋-轨道耦合导致的内部磁作用很强，外加磁场不会影响激子-电荷反应速率。

关于有机半导体材料中光电流磁场效应的正负性，有两个比较重要的问题值得注意。首先，还缺少直接的实验证据证明正的光电流磁场效应来源于极化子对的解离，即极化子对模型[121, 182, 186]。其次，负的光电流磁场效应是来自三重态-电荷反应，即电荷反应模型[121, 182, 186]，还是来自单重态与三重态($T_{m=-1}$)能级的交叉，即能级交叉模型[14, 164, 187]，还存在争论。为了验证产生正的光电流磁场效应的极化子对模型，研究人员通过掺杂引入给体-受体作用以去除极化子对，结果发现，去除极化子对后，正的光电流磁场效应显著降低。实验中使用了经典的 P3HT：PCBM 光伏体系，在 P3HT 分子链和 PCBM 分子界面处给体-受体作用能够有效地形成[188, 189]。并且，给体-受体作用的强度能够通过改变 PCBM 的浓度进行调节。给体-受体作用的强度决定了极化子对和激子中电子-空穴对的解离概率。在低浓度 PCBM 掺杂情况下，P3HT：PCBM 体系中给体-受体作用较弱，极化子对由于具有更低的结合能而比激子更容易解离。当 PCBM 浓度增加时，给体-受体作用逐渐增强，最终能够将激子解离。从图 3-29 (a) 可以看出，当 PCBM 浓度增加时，正的光电流磁场效应逐渐降低。在 1% PCBM 掺杂浓度时，较弱的给体-受体作用能完全去除正的光电流磁场效应，却几乎没有改变负的光电流磁场效应。

由于极化子对和激子具有不同的寿命和结合能,弱的给体-受体作用能够充分解离极化子对,但是激子的解离需要更高的给体-受体作用[15]。因此,该实验结果直接说明了正的光电流磁场效应来自极化子对的解离。此外,研究人员还发现,激发态解离形成的电子和空穴还会在 P3HT 和 PCBM 分子界面处复合,形成电荷转移复合物。这种电荷转移复合物会在高磁场下产生正的光电流磁场效应[图 3-29(b)]。这是因为:①电子-空穴分离距离较大,外加磁场能够影响电荷转移复合物中单重态- 三重态间的系间窜越;②由于具有不同的离子性质,单重态和三重态电荷转移复合物分别以高解离速率和低解离速率重新解离成自由电荷。由于电场能够辅助电荷转移复合物的解离,外加电场能够削弱这种高磁场下的正的光电流磁场效应[图 3-29(b)]。这种电场相关的正的光电流磁场效应进一步证实了有机半导体材料中正的光电流磁场效应来自极化子对的解离。为了阐明负的光电流磁场效应是源于三重态-电荷反应模型还是能级交叉模型,研究人员将 Alq$_3$ 和 Ir(ppy)$_3$ 掺杂到 PFO 主体材料,这样可以在光照条件下分别形成单重态和三重态体系。荧光发射 Alq$_3$ 分子的 HOMO 和 LUMO 能级分别为–5.7 eV 和–3.2 eV[190],而磷光发射 Ir(ppy)$_3$ 分子的 HOMO 和 LUMO 能级分别为–5.4 eV 和–3.0 eV[191],因而具有相似的能级和光吸收。更重要的是,掺杂 Ir(ppy)$_3$ 分子能够大大增加光照条件下 PFO 中三重态激子的数量[192, 193],而掺杂 Alq$_3$ 分子基本不影响 PFO 中三重态激子的数量。图 3-29(c)表明,通过掺杂 Ir(ppy)$_3$ 增加三重态激子的浓度能够引起负的光电流磁场效应,这一实验结果表明,负的光电流磁场效应主要由三重态-电荷反应引起。对于有机半导体材料,能级交叉效应在低磁场下很难产生。

在过去的数年里,有机体异质结太阳电池领域依然是研究热点,这类器件的光电流磁场效应是从给体-受体界面处产生的。在有机体异质结太阳电池中,可以在给体-受体界面处形成电子-空穴对,根据随机俘获的概率,自旋平行和反平行两种构型的比例是 3∶1。磁场可以引入自旋进动,进而改变构型比,由于不同构型的解离速率不同,所以光电流的变化也不同,即光电流磁场效应的大小不同。此外,外加电压可以使给体-受体界面处的电子-空穴对解离,使磁场效应信号变小。最终,当外加电压达到临界值时,电子-空穴对会完全解离,导致无法观察到光电流磁场效应。这个临界电压可以用来估计电子-空穴对的结合能。基于上述结果,Hsiao 等用光电流磁场效应研究了光致偶极-偶极相互作用,以及其在 PTB7∶PC$_{60}$BM 体异质结太阳电池中对光伏行为的影响[194]。532 nm 和 325 nm 的激发光分别用于激发给体 PTB7 和受体 PC$_{60}$BM,在 PTB7 中会产生激子和电偶极,同时由于受体 PC$_{60}$BM 分子具有较高的极化性,也会被高度极化。因此,偶极-偶极相互作用会出现在 PTB7 和 PC$_{60}$BM 分子之间。如图 3-30 所示,固定一个激发光的光强不变,只提高另外一个的光强,会使光电流磁场效应猝灭的临界电压减小。显然,当给体 PTB7 和受体 PC$_{60}$BM 受到激发并建立偶极-偶极相互作用时,器件中用来完全解离电子-空穴对所需要的临界电压会因为给体-受体界面处的电子-空穴对密度的增加而降低。通过光电流磁场效应的双光束激发实验可以发现，在PTB7∶PC$_{60}$BM 太阳电池器件中，光激发产生的偶极-偶极相互作用可以促进给体-受体界面处的电荷解离。

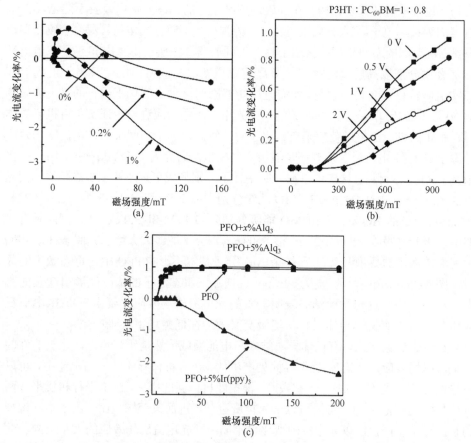

图 3-29 受掺杂、外加电压和三重态浓度影响的光电流磁场效应[63]

(a) PC$_{60}$BM 掺杂浓度(质量分数)对光电流磁场效应的影响；(b) 反向电压对 ITO/PEDOT/P3HT∶PC$_{60}$BM (1∶0.8)/Al 电池在高场下光电流磁场效应的影响；(c) 纯 PFO、Alq$_3$ 掺杂 PFO 和 Ir(ppy)$_3$ 掺杂 PFO 的光电流磁场效应

　　由此可见，基于对场依赖电荷产生过程的理解，光电流磁场效应是一种原位方法，可以用来研究光伏器件在工作条件下的激发态的解离、复合和相互作用，并改善光伏行为。Chang 等通过光电流磁场效应和光致发光磁场效应，检测了单重态和三重态电荷转移态的动力学，研究了复合损失。给体材料选用的是 m-MTDATA，而受体材料选用的是 3-TPYMB 和 t-Bu-PBD，前者的三重态激子态比三重态电荷转移态要高，后者的三重态激子态比三重态电荷转移态要低[195]。因此，在 m-

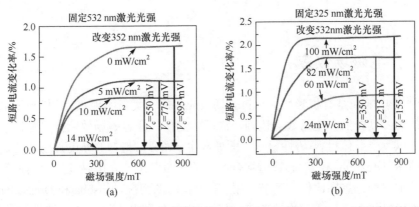

图 3-30 用 325 nm 和 532 nm 的激光分别激发给体 PTB7 和受体 PC$_{60}$BM 时观察到的光电流磁场效应[194]

(a)固定 532 nm 激光光强(24 mW/cm^2)，只改变 325 nm 激光光强；(b)固定 325 nm 激光光强(14 mW/cm^2)，只改变 532 nm 激光光强

MTDATA：3-TPYMB 体系中，由于能量差很大，三重态电荷转移态向三重态激子态的转化是受阻的，但是在 m-MTDATA：t-Bu-PBD 体系中却是允许的。在这两个体系中正的光致发光磁场效应如图 3-31 所示，这表明磁场可以有效地提高电荷转移态的单重态-三重态比例。此外，在 m-MTDATA：t-Bu-PBD 体系中观察到的正的光电流磁场效应表明，单重态电荷转移态的解离主导了电荷产生过程，三重态电荷转移态的粒子数由于三重态耗尽而大量减少。相对地，在 m-MTDATA：3-TPYMB 体系内观测到的负的光电流磁场效应，表明三重态解离主导了光电流。值得一提的是，三重态电荷转移态的复合过程是自旋禁止的，进而由于其寿命较长，具有更大的解离概率。因此，没有三重态耗尽的给体-受体体系在光电流产生过程中可以减少复合损失。这项基于光电流磁场效应的研究，为如何设计太阳电池中自旋依赖的电荷转移态提供了关键思路。

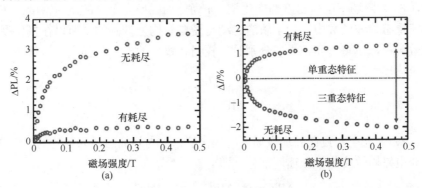

图 3-31 在 m-MTDATA：t-Bu-PBD(有耗尽)和 m-MTDATA：3TPYMB(无耗尽)体系中的光致发光磁场效应(a)和光电流磁场效应(b)[195]

3.6 介电磁场效应

磁-介电响应是有机半导体材料磁场效应中的一类新的现象，是指基于电磁参数间的内部耦合的介电常数会依赖于磁场而变化。介电磁场效应会在有机半导体材料内以及半导体材料-磁性材料界面处产生。通常，基态的介电磁场效应是通过Rashba 和 Dresselhaus 自旋-轨道耦合产生的，激发态的介电磁场效应则是基于磁场对单重态和三重态比例的调节作用。对于基态的情况，Rashba 和 Dresselhaus 效应源于材料体系的反演对称性破缺，导致了电极化和自旋简并的解除[29, 196]。这样，通过电极化和自旋劈裂之间的相互耦合可以产生介电磁场效应。对于激发态的情况，由于单重态和三重态具有不同的离子性质，通过磁场可以调节二者的布居比，进而产生介电磁场效应。本节主要关注的是激发态的介电磁场效应。

3.6.1 有机半导体激发态的介电磁场效应

在有机半导体磁场效应中，外加磁场可以通过对单重态-三重态系间窜越的磁微扰调节二者的比例。激发态的电容磁场效应(介电磁场效应)可以通过两种不同的途径实现：磁场调节电流和磁场调节电极化，即传输型和极化型的介电磁场效应。基于在电流磁场效应一节的讨论，由于单重态和三重态解离概率不同，因此在传输型介电磁场效应中，当磁场改变了激发态的单重态和三重态比例时，会产生电流磁场效应。在介电磁场效应的测量中，当载流子随外加电场变化时，电流磁场效应会出现。传输型介电磁场效应可以描述为

$$\mathrm{MFC_T} = \frac{\delta n}{n} \tag{3-35}$$

式中，δn 为磁场下电荷密度的变化量；n 为外加磁场为零时的电荷密度。在单重态和三重态的波函数中，由于轨道运动是受自旋构型调制的，所以在极化型介电磁场效应中，单重态和三重态分别具有较强和较弱的电极化强度。极化型介电磁场效应可以表示为

$$\mathrm{MFC_P} = \frac{\delta \varepsilon}{\varepsilon} \tag{3-36}$$

式中，$\delta \varepsilon$ 为介电常数在外加磁场下的变化值；ε 为外加磁场为零时的介电常数。总的介电磁场效应包含上述两部分，即

$$\mathrm{MFC} = A_1 \cdot \mathrm{MFC_T} + A_2 \cdot \mathrm{MFC_P} \tag{3-37}$$

式中，A_1 和 A_2 分别为传输型和极化型两种磁场效应的系数。Zang 等基于 PVK/ TCNQ 体系的电荷传输态研究了二者对介电磁场效应的贡献[197]。在加入不同厚度的 PVA 绝缘层时，两种磁场效应的大小和线形都会发生变化(图 3-32)，分别使用洛伦兹函数和非洛伦兹函数拟合传输型和极化型磁场效应曲线，二者各自的贡献程度就可以区分，如式 (3-37) 所示。基于实验和模拟结果，可以定量验证极化型介电磁场效应在无绝缘层的 PVK/ TCNQ 体系电荷转移态中是占主导的，而传输型介电磁场效应其次。

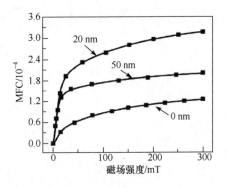

图 3-32　不同绝缘层厚度下 PVK/TCNQ 电荷转移态的介电磁场效应[197]

　　原则上，介电磁场效应依赖于激发态的单重态-三重态比例在外加磁场下的变化。因此可以推测，在没有电注入仅存在光激发时也会产生介电磁场效应。此外，光激发可以调节磁场依赖的系间窜越行为，也是产生光致介电磁场效应的基础。He 等发现，分散在 PMMA 基底中的 TPD：BBOT [图 3-33 (a)]的光激发分子间电荷转移态可以产生介电磁场效应[198]。通过提高 PMMA 中 TPD：BBOT 的浓度，可以同时观察到介电磁场效应的振幅提升和线形变窄[图 3-33 (b) 和 (c)]。此外，提高光激发强度也可以提升磁场效应大小和引起线形变窄。磁场效应的线形本质上是由单重态-三重态比例决定的，这是内部磁作用或自旋交换作用的表现。由于 TPD：BBOT 体系没有重元素，其自旋-轨道耦合可以忽略，在磁场效应出现时，其单重态-三重态比例的变化主要由自旋交换作用和外加磁场强度的竞争决定。所

BBOT

TPD

(a)

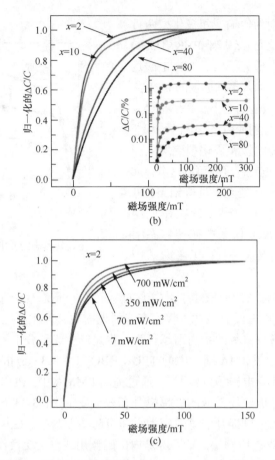

图 3-33 (a)受体 BBOT 和给体 TPD 的分子结构;(b)在 ITO/TPD：BBOT：PMMA/Al 器件中,当 PMMA 基底中 TPD：BBOT 浓度不同时,介电磁场效应的归一化曲线;(c)ITO/TPD：BBOT：PMMA/Al 器件在不同光激发强度下的介电磁场效应归一化曲线[198]

以,线形窄化表示电荷转移态之间的自旋交换作用降低了,因为在库仑屏蔽作用下电荷转移态的密度升高了。

此外,Zang 等报道了基于聚合物材料 MEH-PPV 及其掺杂自旋自由基(6R-BDTSCSB)复合体系的磁电容效应[199]。他们观察到在光激发下 MEH-PPV 中产生显著的正的磁电容效应。更为有意思的是,在 MEH-PPV 中掺杂自旋自由基会引起磁电容效应信号的显著变化:振幅增大,线形变窄(图 3-34)。然而,无论是纯MEH-PPV 还是自由基掺杂的 MEH-PPV,在暗态下均未观察到磁电容效应信号。此外,掺杂自旋自由基引起的幅度增加和线形变窄与增加光激发强度引起的现象非常相似。进一步的研究表明,磁电容效应本质上起源于分子间激发态,即分子间电子-空穴对,这里由 MEH-PPV 中的光激发产生,掺杂的自旋自由基可以与分子间激发态发生自旋相互作用，从而影响分子间激发态的内部自旋交换相互作用。显然，这一实验结果表明，掺杂自旋自由基是增强有机半导体材料磁电容效应的一种简便方法。

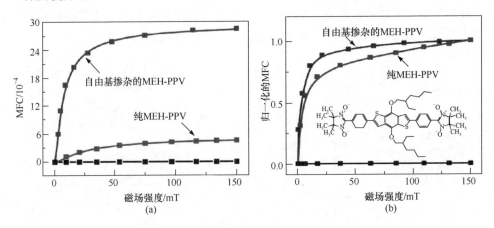

图 3-34　激发态下的磁电容在 MEH-PPV、5% 6R-BDTSCSB 掺杂 MEH-PPV 两种材料中的响应[199]

(a) 和 (b) 分别代表非归一化和归一化后的曲线，暗态下磁电容响应为零，(b) 中插图为 6R-BDTSCSB 的分子结构

3.6.2　有机/磁性复合材料中 π-d 电子耦合形成的介电磁场效应

有机/磁性复合材料中，介电磁场效应可以通过 π-d 电子耦合产生。在良好的有机/磁性界面处，有机材料的离域 π 电子具有空间延伸的波函数，由于和邻近的磁性材料的 d 电子波函数有重叠，二者可以相互作用。半导体 π 电子和磁性 d 电子之间的相互作用，加强了有机/磁性复合材料中的电极化和磁极化间的相互耦合[200, 201]。很重要的一点是，在基态和激发态下的 π 电子，其波函数弥散大不相同。当 π 电子体系处于激发态时，π-d 电子的耦合会大大加强。有机/磁性复合材料中激发态的介电磁场效应可以表示为

$$MFC_{total} = MFC_P + MFC_M + MFC_{coupling} \tag{3-38}$$

式中，MFC_P 为半导体 π 电子电极化产生的介电磁场效应，其基础是磁场依赖的单重态和三重态的比例；MFC_M 为由 d 电子局域磁矩引发的介电磁场效应；$MFC_{coupling}$ 为在 π-d 电子耦合后增强的信号。

Yan 等进行了实验，用电流磁效应方法研究了 PMMA 基底中 C_{60} (>DPAF-C_9) [化学结构式如图 3-35 (a) 所示]包裹的 γ-FeO$_x$ 纳米颗粒的 π-d 电子耦合[23]。从图 3-35 (b) 可以清楚地看到，磁场可以调节激发态的单重态-三重态密度比，引起电荷密度依赖的电流磁场效应，而磁性纳米颗粒中的 d 电子可以提供显著的电

荷间自旋-自旋相互作用，导致电荷迁移率依赖的电流磁场效应。因此，在半导体/磁性混合体系中，结合 C_{60}(>DPAF-C_9) 分子间电荷传输态的离域 π 电子和无机磁性纳米颗粒的自旋极化 d 电子，通过操控自旋极化和激发态，可以引发密度型和迁移率型电流磁场效应的内部耦合。结果表明，基于激发态 π-d 电子的耦合，分子内电荷转移态和磁性纳米颗粒是一种探索磁电耦合的独特方式。

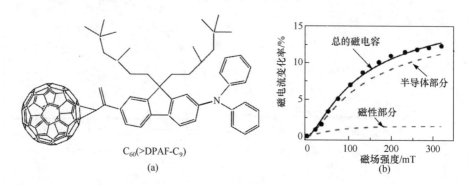

图 3-35　(a) C_{60}(>DPAF-C_9) 的分子结构；(b) 磁性 C_{60} 复合材料的介电磁场效应拟合曲线 (半导体部分和磁性部分) 及原始数据[23]

　　为了探索 π-d 电子耦合的关键因素，Li 等基于相同的有机/磁性复合材料体系，对介电磁场效应进行了详细的研究[22]。图 3-36 (a) 所示的是 C_{60}(>DPAF-C_9)+γ-FeO$_x$ 纳米复合材料基态下的和激发态下的介电磁场效应。π-d 电子耦合包括：①长程库仑作用，由 π 电子和 d 电子之间的电偶极相互作用引起；②短程自旋相互作用，存在于 d 电子自旋偶极和 π 电子激发态之间。在光激发下，C_{60}(>DPAF-C_9)+γ-FeO$_x$ 的介电磁场效应比基态下要增强很多，这表明激发态的 π-d 电子耦合更强。此外，用 C_{60}(>DPAF-C_{12}) 替换 C_{60}(>DPAF-C_9)，增大 π 电子和 d 电子间距，可以同时减小库仑作用和自旋-自旋相互作用。具体来说，降低库仑相互作用会使介电磁场效应线形变宽、幅度变小，因为单个电荷转移态的交换能增加了；而降低自旋-自旋相互作用可以降低有效自旋-轨道耦合和自旋交换作用，使得介电磁场效应线形变窄、幅度变大。图 3-36 (b) 中，曲线线形变宽、幅度变小，说明这里是库仑相互作用主导了 π-d 电子耦合。

　　有机半导体材料和铁磁材料界面处的 π-d 电子耦合可以形成磁化的电荷转移态。基于 ITO/TPD：BBOT/TPD/Co/Al 结构的薄膜器件，Li 等利用介电磁场效应研究了光生电荷转移态和磁化的电荷转移态之间的耦合[21]。一般来说，TPD：BBOT 给体-受体界面在光激发下会形成光生电荷转移态，而 TPD/Co 界面的 π-d 电子耦合会产生磁化电荷转移态。研究发现，结合光生和磁化两种电荷转移态可

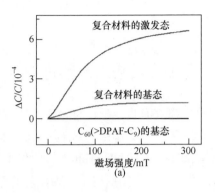
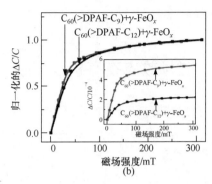

图 3-36 (a) 在 $C_{60}(>DPAF-C_9)+\gamma-FeO_x$ 纳米复合材料中的基态和激发态的介电磁场效应,以及在 $C_{60}(>DPAF-C_9)$ 中的基态的介电磁场效应;(b) $C_{60}(>DPAF-C_9)+\gamma-FeO_x$ 和 $C_{60}(>DPAF-C_{12})+\gamma-FeO_x$ 中的介电磁场效应的归一化曲线[22]

以降低光生电荷转移态的自旋交换作用,使介电磁场效应线形窄化[图 3-37(a)],这表明两种电荷转移态之间存在相互作用。通常光生和磁化电荷转移态的生成有两种可能的机制:库仑相互作用和自旋-轨道相互作用。一方面,通过提高光激发强度增加光生电荷转移态密度,可以增强库仑相互作用,降低自旋-轨道耦合,引起介电磁场效应线形窄化、幅度变大。另一方面,增加 TPD 层的厚度可以增大光生和磁化电荷转移态的间距,弱化库仑作用和自旋-轨道耦合,引起线形变宽、幅度变小[图 3-37(b)]。通过调节库仑作用和自旋-轨道耦合的相对贡献比,可以有效调节磁电耦合行为。显然,结合两种电荷转移态为开发磁电耦合提供了新的方法。

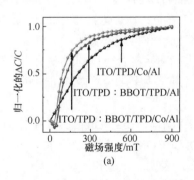
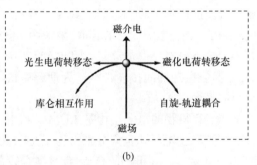

图 3-37 (a) ITO/TPD/Co/Al、ITO/TPD:BBOT/TPD/Al 和 ITO/TPD:BBOT/TPD/Co/Al 三种器件在光激发下的介电磁场效应的归一化曲线;(b) 光生电荷转移态和磁化电荷转移态之间相互作用的示意图[21]

3.7　磁场效应在有机-无机杂化钙钛矿领域的最新进展

　　有机材料磁场效应的进展充分表明它是在研究有机半导体材料和器件自旋动力学方面的强有力工具。磁场效应的成功经验也可以应用于新兴的多功能有机-无机杂化钙钛矿，这类材料由有机阳离子 [$CH_3NH_3^+$，$CH(NH_2)_2^+$] 和无机卤化金属骨架组成。近年来，有机-无机杂化钙钛矿在光电方面的应用取得了极为显著的进展。自从 2009 年钙钛矿太阳电池在 Miyasaka 等的工作中首次出现，这种通过溶液旋涂方法制备而成的器件，其能量转换效率(PCE)已经从 3.8% 飙升至 22%[202-207]，十分接近如铜铟镓硒(CIGS)和多晶硅等商业化无机太阳电池的效率。这是首个被证实具有巨大应用潜力，并且有望成为下一代可再生能源的光伏新技术。随着钙钛矿太阳电池的迅猛发展，钙钛矿发光二极管也很快被研发，其发光波长从蓝色到近红外可调[208-211]。随后，又在钙钛矿薄膜和单晶中实现了光泵浦激光[212-214]。随着钙钛矿在光伏与发光领域的迅速发展，并考虑到该材料具有很强的自旋-轨道耦合和 Rashba 效应，钙钛矿自旋光电子研究也逐渐成为一个新的研究方向。

　　钙钛矿材料中的重金属和卤素元素使其具有较强的自旋-轨道耦合[215-218]，而强自旋-轨道耦合可以导致 Rashba 效应的产生。钙钛矿材料中的 Rashba 效应发现于 1959 年，它源于反演对称性破缺情况下自旋-轨道耦合导致的简并解除[219]。最近的研究提出了一种由 Rashba 效应引起的间接能带结构，以理解一些令人困惑的现象：较高的光学吸收和较长的载流子寿命，二者是钙钛矿太阳电池中光伏性能表现卓越的原因[220, 221]。在 Rashba 效应中，自旋向上和自旋向下状态在自旋-轨道耦合的影响下具有不同的动量。因此，直接吸收和间接复合可以同时发生。显然，Rashba 劈裂诱导的间接能带跃迁为理解有机-无机杂化钙钛矿的多功能性提供了一个新的平台。

　　π 共轭有机物的电子结构是 LUMO 和 HOMO[即 $\pi(p_z)$ 轨道]的 sp^2 杂化衍生而来的。光激发电子和空穴分别占据了 LUMO 和 HOMO。这些轨道的角动量(π 轨道 $l_z = 0$)为零。有机物的自旋-轨道耦合较弱，表明 π 轨道和 σ 轨道($l_z = \pm 1$)的混合相当小。因此，总的角动量主要来自自旋角动量，激子的总自旋角动量是组成电子和空穴的自旋角动量之和，即 $S = S_e + S_h$。在有机物中，自旋守恒源于自旋交换作用，自旋混合源于内部磁作用，二者间的竞争造成了电子-空穴对中单重态和三重态的平衡态粒子数分布。外部磁场很容易打破这种平衡，改变电子-空穴对中单重态和三重态的粒子数分布，从而在有机物中产生各种磁场效应。

杂化钙钛矿的轨道场很强，其中价带和导带主要与阳离子(Pb)的 s 轨道 $(l=0)$ 和 p 轨道 $(l=1)$ 有关。重元素 Pb 具有较强的自旋-轨道耦合，这表明导带的总角动量可以表示为 $J=L+S$，其值可能为 $J=\frac{3}{2}$ 或者 $J=\frac{1}{2}$。对于钙钛矿，价带的角动量是 $S=\frac{1}{2}$，导带的角动量是 $J=\frac{1}{2}$。两个较高的导带分别有 $(J,J_z)=\left(\frac{3}{2},\pm\frac{3}{2}\right)$ 和 $(J,J_z)=\left(\frac{3}{2},\pm\frac{1}{2}\right)$ [图 3-38(a)]。钙钛矿激子的总角动量是 $J=J_e+J_h$。其中，$J_e=\frac{1}{2}$，$J_h=\frac{1}{2}$。因此对于激子有 $J=1$ 或 $J=0$。理论研究上发展出多重激发态的表示，如图 3-38(b) 所示，其中 J_z 是总角动量 J 在 z 方向上的投影。$J=1(J_z=+1, 0, -1)$ 被称为三重态，允许重新复合。$J=0(J_z=0)$ 被称为单重态，禁止重新复合。因此，三重态和单重态分别成为亮态和暗态。相反地，在有机材料中，单重态可以重新复合，而三重态则禁止重新复合，这就是钙钛矿和有机材料之间的区别。因为在钙钛矿中，总角动量 $(J=L+S)$ 是描述多态的量子数，而在有机材料中，因为没有轨道角动量，自旋 S 是定义多态的量子数。重元素(如 Pb、Sn、I、Br)虽然具有较强的自旋-轨道耦合，但是也同时导致自旋弛豫时间较短，所以在钙钛矿材料和器件中，磁场效应看似是可以忽略的。然而，实验已经证实，在钙钛矿光电器件和薄膜中，受激发的电子-空穴对是会导致光电流磁场效应、电致发光磁场效应和光致发光磁场效应的[18, 19, 222-224]。杂化钙钛矿中较强的轨道场在磁场效应中起着关键性的作用。外加磁场可以作用于轨道场，然后通过自旋-轨道耦合改变自旋，这个特点使得在强自旋-轨道耦合条件下的钙钛矿可以有多种磁场效应。相比之下，有机磷光材料自旋-轨道耦合很强、轨道场很少，在有机磷光材料中通常观察不到磁场效应[13, 31]。

在钙钛矿太阳电池中，可以通过光学方法操纵钙钛矿的自旋态，来对轨道场效应进行验证[225,226]。具体地说，就是在器件工作条件下，对比线偏振光和圆偏振光激发下的光伏行为。研究发现，圆偏振光激发相比于相同强度的线偏振光激

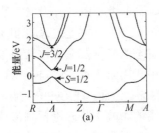

$J=1$ 三重态 $(J_z=-1,0,+1)$　　　　　$J=0(J_z=0)$ 单重态

$|\Psi_{1,-1}\rangle=|\Downarrow\rangle_e|\downarrow\rangle_h$

$|\Psi_{1,0}\rangle=\frac{1}{\sqrt{2}}\left[|\Downarrow\rangle_e|\downarrow\rangle_h+|\Uparrow\rangle_e|\downarrow\rangle_h\right]$　　$|\Psi_{0,0}\rangle=\frac{1}{\sqrt{2}}\left[|\Downarrow\rangle_e|\uparrow\rangle_h-|\Uparrow\rangle_e|\downarrow\rangle_h\right]$

$|\Psi_{1,+1}\rangle=|\Uparrow\rangle_e|\uparrow\rangle_h$

(b)

图 3-38　有机-无机杂化钙钛矿的特性

(a)能带结构；(b)多重激发态

发，其光电流和光电压更大。线偏振光相当于左旋圆偏振光(σ^+)和右旋圆偏振光(σ^-)的组合，激发钙钛矿时产生相反方向的轨道角动量($J_z = +1$ 对应σ^+，$J_z = -1$ 对应σ^-)，而圆偏振光激发产生相同方向的轨道角动量($J_z = +1$ 对应σ^+)。在圆偏振光激发下，相同方向轨道角动量的组合将产生更强的总磁偶极子，相反地，在线偏振光激发下，相反方向轨道角动量的组合将提供较弱的总磁偶极子。当磁偶极子在轨道间相互作用时，圆偏振光和线偏振光激发将分别导致更强和较弱的 SOC 效应。因此，圆偏振光和线偏振光激发本质上分别产生更多和更少的自旋混合，导致暗态和亮态之间的数量不同。改变暗态和亮态之间的数量会改变 J_{sc}，因为暗态和亮态在形成光电流时分别是被禁戒的和被允许的，这就是在线偏振光和圆偏振光之间切换光激发会产生ΔJ_{sc}的原因。因此，ΔJ_{sc} 反映了光诱导的 SOC 改变导致的自旋混合。另外，钙钛矿内部 SOC 产生一种本征的自旋混合，从而在暗态和亮态之间相互转换。由内部 SOC 产生的本征自旋混合与通过在圆偏振光和线偏振光之间切换光激发而诱导的自旋混合相互竞争，从而降低通过在圆偏振光和线偏振光切换光激发所测量的ΔJ_{sc}，如图 3-39 所示。因此，当通过在圆偏振光和线偏振光之间切换光激发测量的ΔJ_{sc}减少/增加时，可以得出内部 SOC 增强/减弱了。

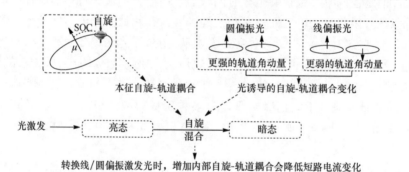

图 3-39 线/圆偏振光激发调控光电流实验的测量原理示意图

钙钛矿材料的光发射特性也会受到强轨道场的影响。最近，Becker 及其同事报道了 $CsPbX_3$($X = Cl$、Br、I)纳米晶体具有高效发光的三重态，并通过理论和实验分析进行了证实。在低温条件下，其能量最低的三重态的光子发射率比其他半导体纳米晶体要快 1000 倍[227]。在传统的发光半导体中，由于三重态的自旋跃迁是禁止的，所以能量最低的三重态的光发射速率是很慢的。然而，在 $CsPbX_3$ 纳米晶体中，在 Rashba 自旋-轨道耦合和电子-空穴交换作用的影响下，理论预测带边激子的精细结构是发光的三重态激子。$CsPbX_3$ 纳米晶体在低温下光致发光的偏振依赖性成功证明了这一点(图 3-40)。尽管在有机-无机杂化钙钛矿中是否存在发光的三重态还需要进一步的研究，但是 Becker 及其同事的发现提醒了人们，钙钛矿材料作为高效光发射材料是具有空前潜力的。

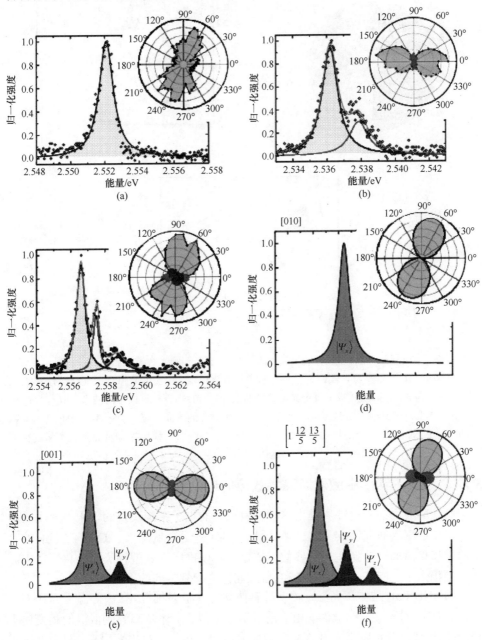

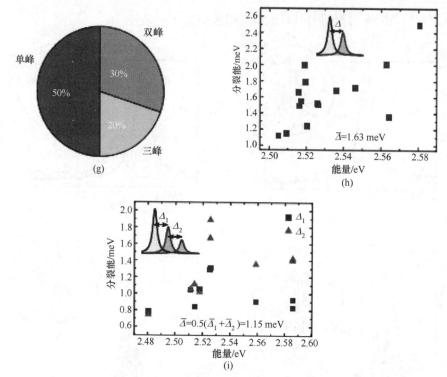

图 3-40 (a)～(c) 单个 $CsPbX_3$ 纳米晶体[$L = (14 \pm 1)$ nm]的光致发光光谱(点)，显示单峰(a)、双峰(b)和三峰(c)，实线为单洛伦兹函数拟合和多洛伦兹函数拟合(灰色线为累积拟合)，温度为 5 K，插图显示了每个光谱特征的偏振。(d)～(f) 计算模拟的纳米晶取向的光谱和极化，与(a)～(c)中的实验结果相吻合。(g) 观察单个纳米晶体($L = 7.5$～14 nm)的单峰、双峰和三峰光谱的实验统计(共 51 个光谱，35 个分裂)。双峰(h)和三峰(i)光谱实验测量的精细结构分裂[227]

3.7.1 杂化钙钛矿中激发态磁场效应的理论分析

钙钛矿突出的光电性质是由这种材料独特的电子结构决定的，很多密度泛函计算工作的深入研究证实了这一点。最近，Yu 基于文献建立了 $CH_3NH_3PbI_3$ 的有效质量模型。通过选择适当的参数，该模型可以推广至其他种类的杂化钙钛矿。该模型揭示了 g 因子、有效质量和 Rashba 自旋劈裂之间的关联[228]。

$CH_3NH_3PbI_3$ 晶体在高温 α 相下具有伪立方(O_h)对称性，在中等温度 β 相下具有四方(C_{4v})对称性，在低温 γ 相下则呈斜方晶型。上述从高温到低温的相变属于群-子群类型，分别发生在 333 K 和 150 K。四方相 C_{4v} 对称性用来描述共轴 γ 相也是适用的，在这种情况下，价带和导带的基础函数可以构造成

$$v_{+(-)} = S \uparrow (\downarrow) \tag{3-39}$$

$$c_{+(-)} = -\frac{\cos\xi}{\sqrt{2}}[X + (-)\mathrm{i}Y\downarrow(\uparrow) - (+)\sin\xi Z\uparrow(\downarrow)] \tag{3-40}$$

且 $\tan 2\xi = \dfrac{2\sqrt{2}\lambda}{\lambda - 3\delta}$，其中，$\lambda$ 为自旋-轨道耦合；δ 为 p_z 和 $\mathrm{p}_x(\mathrm{p}_y)$ 电子之间的晶体场劈裂。价带 $v_{+(-)}$ 的角动量 $S = \dfrac{1}{2}$，第一个导带 $c_{+(-)}$ 的角动量是 $J = \dfrac{1}{2}$（$J = L + S$）且 $L = 1, S = \dfrac{1}{2}$，这之上的两个导带有 $J = \dfrac{3}{2}$，且 $J_z = \pm\dfrac{3}{2}$、$J_z = \pm\dfrac{1}{2}$。基于上述的基础函数，给定一个 8×8 矩阵形式的波矢 k，可以得到电子的哈密顿量[228]，并从中得到自旋极化能带架构。

对于价带和最低导带的基础函数 $v_{+(-)}$ 和 $c_{+(-)}$，进一步在自旋空间对哈密顿量降维至 2×2 矩阵：

$$H_v = E_v^0 - \frac{\hbar^2 k_\perp^2}{2m_{\mathrm{h}\perp}} - \frac{\hbar^2 k_z^2}{2m_{\mathrm{h}//}} + \alpha_{vr}(k_y\sigma_x - k_x\sigma_y) + \frac{\mu_\mathrm{B}}{2}[g_{\mathrm{h}//}\sigma_z B_z + g_{\mathrm{h}\perp}(\sigma_x B_x + \sigma_y B_y)] \tag{3-41}$$

$$H_c = E_c^0 + \frac{\hbar^2 k_\perp^2}{2m_{\mathrm{e}\perp}} + \frac{\hbar^2 k_z^2}{2m_{\mathrm{e}//}} + \alpha_{cr}(k_y\sigma_x - k_x\sigma_y) + \frac{\mu_\mathrm{B}}{2}[g_{\mathrm{e}//}\sigma_z B_z + g_{\mathrm{e}\perp}(\sigma_x B_x + \sigma_y B_y)] \tag{3-42}$$

式中，μ_B 为玻尔磁子。电子和空穴的有效质量和 g 因子的表达式可以在参考文献 [228] 中找到。时间分辨法拉第旋转实验验证了计算得到的 g 因子[229]，也发现钙钛矿材料自旋寿命出乎意料的长。

杂化钙钛矿的一个特性是其显著的 Rashba 效应，这是重元素的强自旋-轨道耦合以及斜方晶型和四方晶型的结构反演不对称性所造成的。Rashba 效应打破了自旋简并，并将能带极值从布里渊区（BZ）中心移开。建立 Rashba 强度和结构反演不对称参数 ζ 之间的关系如下：

$$\alpha_{vr} = \sqrt{2}\zeta\cos\xi\sin\xi\left(\frac{1}{E_v - E_{c'}} - \frac{1}{E_v - E_c}\right)P_\perp \tag{3-43}$$

$$\alpha_{cr} = \sqrt{2}\zeta\cos\xi\sin\xi\left(\frac{1}{E_c - E_v}\right)P_\perp \tag{3-44}$$

这说明价带和导带的 Rashba 劈裂是相关的。研究发现 Rashba 效应可以改变电荷传输对温度的依赖关系[230]，并发生声子辅助的电子-空穴复合[231]以及自由电荷的共振吸收。

杂化钙钛矿材料 $\mathrm{CH_3NH_3PbI_3}$ 的介电常数 ε 非常大，其激子是 Wannier 型的并且结合能很小。对于 1S 激子的基态来说，如果忽略结构反演不对称性，空穴和电

子分别遵循 D_{4h} 点群的 Γ_6^+ 和 Γ_6^- 表示。利用 D_{4h} 表示，$\Gamma_6^+ \otimes \Gamma_6^- = \Gamma_1^- \oplus \Gamma_2^- \oplus \Gamma_5^-$，激子波函数可以表示为

$$\psi_1 = -\frac{1}{2}\cos\xi(X+\mathrm{i}Y)S\downarrow_e\downarrow_h + \frac{1}{2}\cos\xi(X-\mathrm{i}Y)S\uparrow_e\uparrow_h$$
$$-\frac{1}{2}\sin\xi ZS(\uparrow_e\downarrow_h + \downarrow_e\uparrow_h) \tag{3-45}$$

$$\psi_2 = -\frac{1}{2}\cos\xi(X+\mathrm{i}Y)S\downarrow_e\downarrow_h + \frac{1}{2}\cos\xi(X-\mathrm{i}Y)S\uparrow_e\uparrow_h$$
$$-\frac{1}{2}\sin\xi ZS(\uparrow_e\downarrow_h - \downarrow_e\uparrow_h) \tag{3-46}$$

$$\psi_5^+ = -\frac{1}{\sqrt{2}}\cos\xi(X+\mathrm{i}Y)S\downarrow_e\uparrow_h - \sin\xi ZS\uparrow_e\uparrow_h \tag{3-47}$$

$$\psi_5^- = -\frac{1}{\sqrt{2}}\cos\xi(X-\mathrm{i}Y)S\uparrow_e\downarrow_h + \sin\xi ZS\downarrow_e\downarrow_h \tag{3-48}$$

角动量 $J = J_e + J_h$，对 ψ_1 有 $J = 0$，ψ_2 有 $(J, J_z) = (1, 0)$，$\psi_5^\pm$ 有 $(J, J_z) = (1, \pm 1)$。这些态的吸收和发光正比于它们的电偶极元的模平方：

$$\langle\psi_1|e\cdot p|0\rangle = 0 \tag{3-49}$$

$$\langle\psi_2|e\cdot p|0\rangle = \mathrm{i}\sqrt{2}\sin\xi e_z P_{//} \tag{3-50}$$

$$\langle\psi_5^+|e\cdot p|0\rangle = \langle\psi_5^-|e\cdot p|0\rangle^* = -\mathrm{i}\cos\xi e_- P_\perp \tag{3-51}$$

且 $e_\pm = -\frac{1}{\sqrt{2}}(e_x \pm \mathrm{i}e_y)$。因此 ψ_2 可以吸收和发射 z 方向偏振的光，$\psi_5^\pm$ 可以吸收和发射 x-y 平面内的圆偏振光。ψ_1 是不发光的，因为它只包含自旋三重态，所以其复合发光是偶极禁戒的。

杂化钙钛矿的选择定则与弱自旋-轨道耦合的 π 共轭有机材料形成了鲜明的对比。在 π 共轭有机材料中，电子和空穴的角动量为零（π 轨道 $l_z = 0$），$J = 1$ 是偶极禁戒跃迁，而 $J = 0$ 是偶极允许跃迁。正如在下面的介绍中那样，这种差异为杂交钙钛矿中的磁场效应提供了更为丰富的物理学基础。在一般情况下，四个 1S 激子态 ψ_1、ψ_2 和 $\psi_5^\pm$，能级是非简并的，因为可能发生自旋交换作用 $H_{ex} = J_{//}\sigma_z^e\sigma_z^h + J_\perp(\sigma_x^e\sigma_x^h + \sigma_y^e\sigma_y^h)$，其中 $\frac{\sigma^e}{2} = J_e$，$\frac{\sigma^h}{2} = S_h$。因此，这些激子的能量为 $E_1 = -J_{//} - 2J_\perp$，$E_2 = -J_{//} + 2J_\perp$，$E_5 = J_{//}$。外加磁场可以通过塞曼能来改变激子能量。需要注意的是，从时间反演对称性得知，空穴的 g 因子和符号与价电子是完全相同的。由于我们关心的是相对较弱磁场的情况，所以暂时忽略了抗磁效应，它与

B^2 成正比，并且态在能量上的移动是相同的。

考虑 B 沿 c 轴的法拉第构型 $B = (0, 0, B)$，$\psi_5^\pm$ 会有能级分裂，$E_{5\pm} = J_{//} \pm \frac{1}{2}(g_{e//} + g_{h//})\mu_B B$，与其对应的左旋和右旋圆偏振光的吸收和发光峰的劈裂为 $(g_{e//} + g_{h//})\mu_B B$，磁感应强度 B 也会混合 ψ_1 和 ψ_2：

$$H_1 = \begin{pmatrix} E_1 & (g_{e//} - g_{h//})\mu_B B/2 \\ (g_{e//} - g_{h//})\mu_B B/2 & E_2 \end{pmatrix} \tag{3-52}$$

这时本征态的能量变为 $E_{1,2}(B) = -J_{//} \pm \frac{1}{2}\sqrt{16J_\perp^2 + (g_{e//} - g_{h//})^2 \mu_B^2 B^2}$，其波函数是 $\psi_i' = a_i\psi_1 + b_i\psi_2$（$i = 1, 2$）。因此，随着磁场的增强，$\psi_1'$ 会获得振子强度 $\langle \psi_1' | e_z p_z | 0 \rangle \propto |b_1|^2$，并开始发光，而 ψ_2' 会丢失振子强度 $\langle \psi_2' | e_z p_z | 0 \rangle \propto |b_2|^2$，如图 3-41 所示。

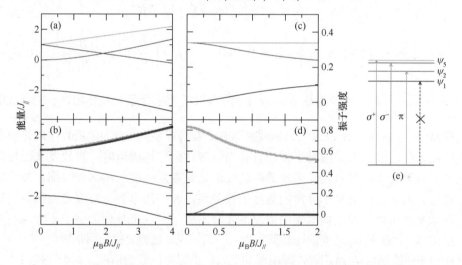

图 3-41　激子能量、振子强度与磁场的关系

在法拉第构型(a)和福格特构型(b)下，激子能量作为磁场的函数，这些激子沿 z 轴(c)和 x 轴(d)上的振子强度；(e) 激子态的电偶极子选择规则。黑色和红色线分别对应 ψ_1 和 ψ_2 激子，绿色和蓝色线分别对应(a)、(c)中的 ψ_5^+、ψ_5^- 激子和(c)、(d)中的 ψ_{SL}、ψ_{ST}，(c)中的绿色和蓝色线以及(d)中的黑色和蓝色线重叠在一起，$J_{//} = 2J_\perp$

CH$_3$NH$_3$PbI$_3$ 的光致发光强度在低温下易受磁场影响。在法拉第构型中，磁场耦合了 ψ_1 和 ψ_2 激子。由于只有 ψ_2 能直接复合发光，由磁场导致的 ψ_2 和 ψ_1 的布居变化会引发光致发光磁场效应。利用密度矩阵的布洛赫方程系统地描述了布居的动力学过程：

$$\frac{\partial \hat{\rho}}{\partial t} = \frac{i}{\hbar}[\hat{p}, H_1] + \left(\frac{\partial \hat{\rho}}{\partial t}\right)_g - \frac{\hat{\rho}}{\tau} \tag{3-53}$$

式中，ρ 为 ψ_1 和 ψ_2 的 2×2 密度矩阵；$\hat{\rho} = \sum_{mn} \rho_{mn} |\psi_m\rangle\langle\psi_n|$，$m, n = 1, 2$；$\left(\frac{\partial \hat{\rho}}{\partial t}\right)_g$ 表示激子态的产生，只有对角元是非零的，$\left(\frac{\partial \rho_{mn}}{\partial t}\right)_g = F_m \delta_{mn}$，因为光致发光磁场效应不是共振激发；$\tau$ 为这些激子态的弛豫时间，包含复合 τ_1^{-1} 和自旋弛豫 τ_s^{-1}，考虑到 $\tau_1 > 10^{-6}\,\text{s} \gg \tau_s \approx 10^{-10}\,\text{s}$，所以有 $\tau^{-1} = \tau_1^{-1} + \tau_s^{-1} \approx \tau_s^{-1}$。在稳态情况下有 $\frac{\partial \rho}{\partial t} = 0$，可以由此计算出 ψ_1 和 ψ_2 的密度，光致发光的强度变化由 ρ_{22} 的变化决定：

$$\Delta I_1 \propto \frac{(g_{e//} - g_{h//})^2 (\mu_B B)^2 \tau^2}{1 + [g_{e//} - g_{h//}(\mu_B B)^2 + 16 J_\perp^2] \tau^2} \tag{3-54}$$

当交换作用很显著时有 $4 J_\perp \tau \gg 1$，$\Delta I_1 \propto \left(\frac{B}{B_0}\right)^2 \left[1 + \left(\frac{B}{B_0}\right)^2\right]^{-1}$ 且 $B_0 = \frac{4 J_\perp}{(g_{e//} - g_{h//})\mu_B}$。在 $H < 1\,\text{T}$ 这个区间内，因为磁场无法克服交换作用，不能有效地改变激子态的布居，所以磁场效应受到抑制。人们观察到 $CH_3NH_3PbI_3$ 中的光致发光磁场效应也依赖于光激发强度。只有当强度达到一定阈值时，光致发光磁场效应才会显著起来。光致发光磁场效应的线形随光激发强度的增加而收缩，最终趋于稳定。为了解释这种不寻常的强度依赖关系，人们注意到光致发光磁场效应只有在塞曼能可以支配交换劈裂的情况下才会出现。举一个具体的例子，考虑在法拉第构型下，ψ_1 和 ψ_2 之间的能量劈裂为 $4 J_\perp$ 的情况。这种交换作用是短程，与 $r = 0$ 处的激子包络函数 $\Phi(r)$ 相关，即电子和空穴处于同一位置的情况。对于 1S 态：

$$J_\perp \propto |\Phi(r = 0)|^2 = \frac{2}{a_0^3} \tag{3-55}$$

式中，a_0 为激子的有效玻尔半径，$a_0 = \frac{\hbar^2 \varepsilon}{e^2 \mu}$ 且激子有效质量满足 $\mu^{-1} = m_e^{-1} + m_h^{-1}$。

高强度光激发创造了许多自由的电子-空穴对，其密度可以这样估算：$N = \frac{\alpha I \tau_1}{\hbar \omega}$，其中 α 为吸收系数，在 $CH_3NH_3PbI_3$ 中 $\alpha \approx 10^5\,\text{cm}^{-1}$；$\tau_1$ 为载流子复合寿命，$\tau_1 \approx 10^{-5}\,\text{s}$；$\hbar \omega$ 为光子能量。这些自由电子-空穴对将屏蔽库仑作用，这个过程可以用离子气体的 Debye-Hückel 理论的模型来描述。由于带电粒子的存在，

库仑势 $\dfrac{-e^2}{\varepsilon r}$ 被满足泊松方程 $(\nabla^2 - Q^2)U = 0$ 的势能 U 所取代，且 $Q^2 = \dfrac{8\pi e^2}{k_{\mathrm{B}}TN}$。$U(r)$

的解是 Yukawa 型的，即 $U(r) = -\dfrac{e^2 \mathrm{e}^{-Qr}}{\varepsilon r}$，这个势能的基态波函数可以写成 $\Phi'(r) =$

$2(\beta Q)^{\frac{3}{2}} \mathrm{e}^{-\beta Qr}$，待定系数 β 可以通过最小化的哈密顿量 $-\dfrac{\nabla^2}{2\mu} + U(r)$ 的基态能量 $E =$

$\dfrac{1}{2}\beta^2 Q^2 \dfrac{\hbar^2}{\mu} - \dfrac{4\beta^3 e^2}{\varepsilon Q(4\beta^2 + 4\beta + 1)}$ 来获得。相比于 $\Phi(r)$，波函数 $\Phi'(r)$ 在空间上更加局

域化，交换作用能会降低，降低的比例为

$$\frac{J_\perp(Q)}{J_\perp} = \left| \frac{\Phi'(0)}{\Phi(0)} \right|^2 = \left(\frac{\beta \hbar^2 \varepsilon Q}{e^2 \mu} \right)^3 \tag{3-56}$$

图 3-42 显示了这个屏蔽效果。可以看到，随着光激发强度的增加，交换作用大大减少。与此同时，光致发光磁场效应变得非常显著。在载流子密度达到 10^{18} cm^{-3} 后，交换作用降低至 $4J_\perp(Q)\tau \ll 1$，线形 ΔI_1 不再依赖于交换作用，因此也不再依赖激发光强了。

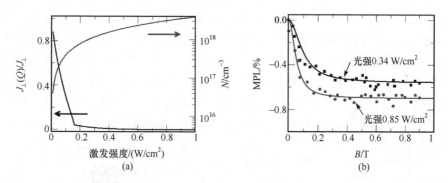

图 3-42　激子光致发光中的光致发光磁场效应对于激发光强的依赖关系
(a) 载流子密度和交换作用减少量对于激发光强的依赖关系；(b) $4J_\perp = 1\,\mathrm{meV}$ 情况下 ΔI_1 对于磁场的依赖关系

3.7.2　杂化钙钛矿中激发态磁场效应的实验研究

与大多数只包含轻元素的有机半导体不同，钙钛矿材料由于具有强自旋-轨道耦合，导致其自旋弛豫时间很短，因此人们以前一直认为钙钛矿的磁场效应是可以忽略不计的。20 多年前，有人首次报道了钙钛矿 ($\mathrm{CH_3NH_3PbI_3}$) 在 4.2 K 低温强磁场 (高达 40 T) 下的光吸收磁场效应现象，以研究激子的玻尔半径、结合能和激

子质量减少[232]。近年来钙钛矿太阳电池和发光二极管的研究取得了重大进展，室温和低场（< 200 mT）下的磁场效应在光致发光、光电流和电致发光方面的研究也取得了进展。一般，磁场效应要求在光激发或电激发下存在电子-空穴对。考虑到电子和空穴的自旋构型，这些电子-空穴对可以分为自旋单重态和自旋三重态。自旋单重态和自旋三重态的粒子数分布，是由基于自旋交互作用的自旋守恒和基于内部磁作用的自旋混合之间的竞争结果决定的。外加磁场可以通过引入同相和异相自旋进动来改变平行和反平行自旋态的粒子数，从而干扰自旋守恒和自旋混合过程。需要指出的是，电子-空穴对的解离可以产生光电流，而电子-空穴对的复合可以产生光发射。当自旋单重态和自旋三重态的解离和复合速率不相等时，这种由磁场引起的布居变化将反过来改变稳态下的光致发光、光电流和电致发光。

在钙钛矿磁场效应研究初期，Zhang 等将观测到的磁场效应信号归因于电子和空穴具有不同的 g 因子[222]。与典型的有机半导体相比，尽管钙钛矿材料的自旋弛豫时间短，更大的Δg 会导致同一对的电子和空穴进动频率差更大。因此，自旋单重态和自旋三重态之间的系间窜越可以多次发生，从而在自旋对寿命结束前达到新的平衡态。自旋状态的布居变化进一步导致了光致发光、光电流和电致发光随外加磁场的变化（图 3-43）。

与此同时，在室温低场下，当光激发强度超过一定阈值时，Hsiao 等观察到了正的光电流磁场效应和负的光致发光磁场效应（图 3-44）[18]。该实验结果进一步表明，杂化钙钛矿中的磁场效应发生在电子-空穴对激发态中。此外，他们还基于有效质量模型进行了计算，从光生载流子造成的屏蔽效应角度，解释了观测到的磁场效应对光激发强度的依赖关系[228]。这两项具有开创性的实验研究为钙钛矿材料自旋相关的应用铺平了道路。对钙钛矿磁场效应的成功观测说明：①低强度磁场（<1 T）可以干扰自旋布居平衡，这个平衡态是由自旋守恒与自旋混合竞争所建立

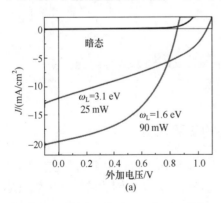

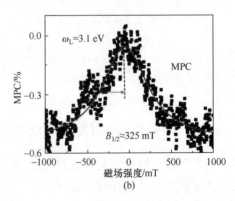

(a)　　　　　　　　　　　　　　(b)

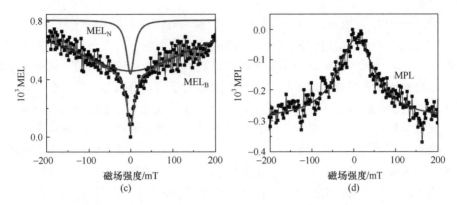

图 3-43 (a) $CH_3NH_3PbI_{3-x}Cl_x$ 钙钛矿光伏器件在暗态和两个激光激发波长(ω_L=3.1 eV，ω_L=1.6 eV)下的 *J-V* 特性曲线；(b)磁光电流特性曲线，通过数据点的实线是洛伦兹函数拟合曲线；(c)在恒定电流为 5 mA 时的电致发光磁场效应(MEL)，包括两个 MEL 组分，由无辐射跃迁导致的电致发光磁场效应(MEL_N)和由辐射跃迁导致的电致发光磁场效应(MEL_B)；(d)相同条件下生长的原始钙钛矿薄膜的光致发光磁场效应曲线，通过数据点的实线是洛伦兹函数拟合曲线[222]

的；②单重态和三重态的解离率和复合率是不同的；③钙钛矿中的电子-空穴对比单一载流子具有更长的自旋寿命。

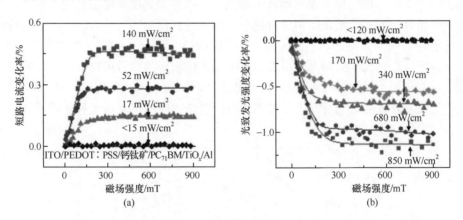

图 3-44 (a) ITO/PEDOT：PSS/$CH_3NH_3PbI_{3-x}Cl_x$/$PC_{71}BM$/TiO_x/Al 太阳电池中的光电流磁场效应；(b)钙钛矿薄膜的光致发光磁场效应，激发光源是 532 nm 连续波激光器[18]

值得注意的是，要观察到光电流磁场效应和光致发光磁场效应，自旋寿命要满足的条件是：与电荷解离时间和光致发光寿命是相近量级的。在铅基杂化钙钛矿中，由于强自旋-轨道耦合作用，电子和空穴的自旋寿命很短(在室温下分别为 $\tau_S \approx 4$ ps 和 0.4 ps)[233]；而电荷解离时间是几皮秒[234,235]，这是因为电子-空穴对结合能很低[236-238]。可以看到，自旋寿命和电荷解离时间在数值上是十分接近的，这为在铅基杂化钙钛矿电池中通过自旋态改变光电流提供了先决条件。因此，在不同器件结构的杂化钙钛矿太阳电池中都可以观察到光电流磁场效应。然而，杂化钙钛矿的光致发光寿命可以长达数纳秒，远远大于自旋寿命。于是，在复合发光行为发生之前，自旋态应该已经变成随机的，这时就无法通过磁场操纵自旋态来产生光致发光磁场效应。然而，应该指出的是，这里所说自旋寿命本质上指的是光生载流子，而不是电子-空穴对。在电子-空穴对中，我们认为交换作用有助于自旋守恒、延长自旋寿命，从而使自旋态可以影响光致发光行为。

基于钙钛矿激发态的磁场效应来源于电子-空穴对这一共识，磁光方法可作为研究钙钛矿太阳电池器件在工作条件下的载流子动力学十分有效的工具。Lin 等利用光电流磁场效应研究了钙钛矿太阳电池中用氧化镍(NiO$_x$)代替 PEDOT：PSS 作为空穴传输层时，器件性能提高的原因(图 3-45)[224]。当空穴传输层由 PEDOT：PSS 变为 NiO$_x$ 时，钙钛矿太阳电池的能量转换效率从 13% 增加到 17%。然而，相比于 PEDOT：PSS 器件，在 NiO$_x$ 器件中观察不到光电流磁场效应。他们认为，NiO$_x$ 传输层由于内建电场较强，钙钛矿层光生电子-空穴对可以完全解离，使得无法产生磁场效应。场依赖光电流磁场效应研究支持了这个假设，利用正向偏压使内建电场减弱，可以恢复 NiO$_x$ 器件中的光电流磁场效应。同时，在基于 PEDOT：PSS 的器件中，通过反向偏压增强内建电场可以抑制光电流磁场效应。因此，光电流磁场效应的实验结果证明了内建电场确实可以影响钙钛矿太阳电池的电荷解离过程。

最近，在钙钛矿太阳电池中发现光电流磁场效应的信号可以在正负之间变化(图 3-46)[223]。将钙钛矿层的晶粒尺寸从大(大约 1 μm)变小(几百纳米)，可以在几乎不改变器件性能的情况下，调整光电流磁场效应的符号从负号变成正号。研

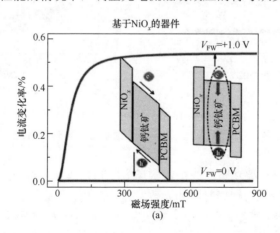

(a)

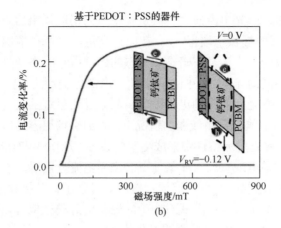

图 3-45 不同外加偏压下的电流磁场效应

(a) 在基于 NiO_x 的器件中，通过施加正向偏置($V_{FW}=+1.0$ V)减小内建电场，光电流磁场效应由微乎其微强到可观测的大小；(b) 在基于 PEDOT：PSS 的器件中，通过施加反向偏压($V_{RV}=-0.12$ V)增加内建电场，光电流磁场效应从一定大小降低到几乎为零[224]

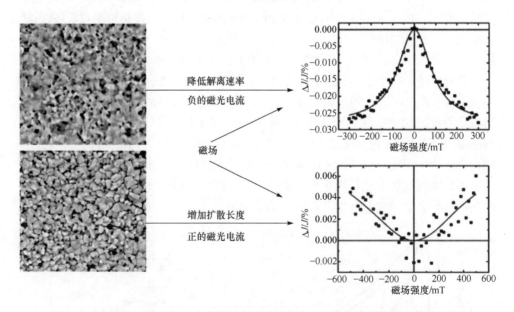

图 3-46 在铅基钙钛矿电池中通过控制结晶过程来调节光电流磁场效应的符号[223]

究结果表明，在大、小晶粒的钙钛矿薄膜中，单重态解离诱导的负向磁场效应和三重态诱导的正向磁场效应占据了主导地位。然而，钙钛矿太阳电池中符号可调的磁场效应的潜在机制还需要进一步的研究。例如，自旋交换作用、自旋-轨道耦合或自旋态对于形貌的依赖关系，都可能与磁场效应符号的改变有关。

更为重要的是，磁光电流研究首次从实验上为锡取代铅后导致锡基钙钛矿自旋-轨道耦合作用减弱提供了依据[225]。在同时满足以下两种情况下能够观测到磁光电流：①磁场改变了光激发下暗态和亮态的比例；②暗态和亮态由于自身解离速率不同而产生不同的光电流。例如，钙钛矿内部自旋-轨道耦合作用很强，外加磁场改变暗态和亮态之间的比例更为困难，从而导致更宽的磁光电流特性线形。相反地，如自旋-轨道耦合作用较弱的情况下，外加磁场更容易改变暗态和亮态之间的比例，从而在磁光电流特性中形成更窄的线形。从图 3-47(a) 中可以看到，铅基和锡基钙钛矿太阳电池室温工作条件下的磁光电流分别展现出更宽和更窄的线形，这表明铅基钙钛矿中自旋-轨道耦合作用要远强于锡基钙钛矿中自旋-轨道耦合作用。利用 non-Lorentzian 公式对图中的磁光电流进行拟合，可以得到铅基钙钛矿的内部磁参数 $B_0 = 281$ mT，而锡基仅为 41 mT。可以很明显地看到，当锡取代铅后，钙钛矿中自旋-轨道耦合作用大幅减弱。更为重要的是，在用锡代替铅导致自旋-轨道耦合降低后，通过 SnF_2 掺杂能够增加无铅锡基钙钛矿中的自旋-轨道耦合。这一掺杂可控的自旋-轨道耦合效应可进一步通过圆偏振激发光调制光电流实验来验证，掺杂 SnF_2 后，ΔJ_{sc} 从 1.20% 降低到 0.56%，为掺杂可调自旋-轨道耦合提供了额外证据[图 3-47(b)]。显然，这一现象表明存在一种新的机制来改变三维卤化物钙钛矿中的自旋-轨道耦合，亟待更加深入的探索。

此外，磁光特性还能够用于研究钙钛矿的 Rashba 效应。基于低温下在不同磁场强度(0~8 T)下进行的磁光测量，Isarov 等发现了 $CsPbBr_3$ 单纳米晶体极化跃迁与磁场强度之间的非线性能量分裂，表明在 4 T 以上的磁场中，Rashba 效应与 Zeeman 效应之间存在交叉(图 3-48)[239]。这为 Rashba 效应对钙钛矿的光致发光影响提供了第一个实验证明，通过研究 Rashba 效应对激发态性质的影响，进一步揭示了卤化物钙钛矿光伏特性中的自旋-轨道耦合和 Rashba 效应，突出了 Rashba 效应在钙钛矿光电子和自旋器件应用中的重要性。

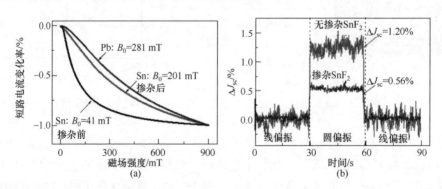

图 3-47 (a)铅基、锡基、掺杂锡基钙钛矿太阳电池的磁光电流曲线；(b)无掺杂/掺杂 SnF_2 全锡钙钛矿太阳电池的线/圆偏振光激发调制光电流

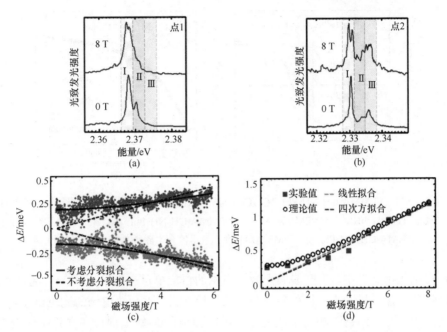

图 3-48　(a、b) 在 4.2 K 下，$B = 0$ T 和 $B = 8$ T 时两种不同 $CsPbBr_3$ 晶体的未极化 μ-PL 光谱；(c) 主带能量分裂与磁场强度的关系图；(d) 区域 I 中能量分裂 ΔE 与磁场强度的关系图[239]

3.7.3　杂化钙钛矿中的磁电耦合

　　有机-无机杂化钙钛矿中，有机阳离子的电极化与无机组分的自旋-轨道耦合之间具有内在的相互作用，导致磁电耦合。Li 等报道了利用 ITO/PMMA/ $CH_3NH_3PbI_{3-x}Cl_x$/Co/PMMA/Al 器件研究铁磁性金属钴表面的自旋与钙钛矿表面电极化之间的耦合关系[19]。图 3-49 (a) 显示了 $CH_3NH_3PbI_{3-x}Cl_x$/Co 器件的磁滞回线。在室温黑暗条件下，在 $CH_3NH_3PbI_{3-x}Cl_x$/Co 界面观察到正向的介电磁场效应信号。这种暗测量条件排除了激发态下的自旋单重态和自旋三重态电子-空穴对带来的相关变化。此外，在相同的测量条件下，纯钙钛矿和钙钛矿-金界面测量不到任何的介电磁场效应信号。需要注意的是，自旋-轨道耦合可以改变电磁化率，从而产生介电磁场效应。铁磁性钴表面的自旋和钙钛矿表面的非对称轨道之间的相互作用是产生这种介电磁场效应的原因。基态的介电磁场效应表明，钙钛矿表面的电极化和 Co 表面的自旋可以在钙钛矿/Co 界面上相互耦合，导致磁电耦合。由于有机-无机杂化钙钛矿中电磁耦合的存在，该实验结果为方便地调节电极化或自旋-轨道耦合提供了一种很有前途的机理。

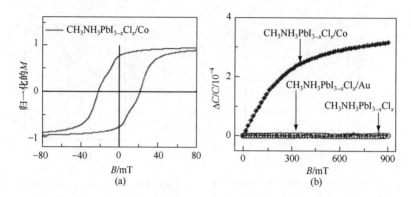

图 3-49 (a)ITO/PMMA/CH₃NH₃PbI₃₋ₓClₓ/Co/PMMA/Al 器件的磁滞回线；(b)结构分别为 ITO/PMMA/CH₃NH₃PbI₃₋ₓClₓ/Co/PMMA/Al、ITO/PMMA/CH₃NH₃PbI₃₋ₓClₓ/Au/PMMA/Al、ITO/PMMA/CH₃NH₃PbI₃₋ₓClₓ/PMMA/Al 的三个器件介电磁场效应的信号大小[19]

在杂化钙钛矿中，不同偏振光激发产生的自旋单重态电子-空穴对，通过轨道角动量的传递可以产生不同的轨道场。从理论上讲，不同轨道场的光生电子-空穴对之间的相互作用会影响整个轨道场，进而影响自旋-轨道耦合。实验研究表明，在不同偏振光的激发下，基于 CH₃NH₃PbI₃ 的太阳电池的光电流磁场效应具有不同的线形(图 3-50)。磁场效应的线形实质上可以表示外加磁场作用下单重态与三重态粒子数比的变化情况。需要注意的是，在相同强度的圆偏振光和线偏振光激发下，电子-空穴对内的自旋交换相互作用是相同的。切换激发光的偏振方向，并保持强度不变，会得到不同的磁场效应线形。这些线形之间的差别表明，光生电子-空穴对之间存在相互作用。在这个基础上，不同轨道场又会引起自旋-轨道耦合的

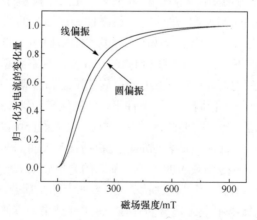

图 3-50 在强度为 120 mW/cm² 的线偏振和圆偏振光激发下的归一化光电流磁场效应曲线

变化。钙钛矿中的轨道场允许使用电极化和偏振光激发这两种手段同时操纵自旋参数，为进一步研究自旋依赖的光电、发光和介电行为创造了新的机会。

3.7.4　杂化钙钛矿磁场效应的应力调控

柔性轻便光伏材料在可穿戴和便携式电子产品、汽车、智能建筑及航空航天等领域具有巨大的潜在应用。杂化钙钛矿材料可低温溶液制备的特点使其也成为开发柔性太阳电池的理想材料。通过开发高质量钙钛矿薄膜、界面工程、使用柔性电极等方式，柔性钙钛矿太阳电池的能量转换效率和机械稳定性均得到了极快提高。最近，Wu 等通过控制晶体良好生长，制备的柔性钙钛矿太阳电池能量转换效率已经接近 20%[240]。Li 等制备的超柔钙钛矿光伏器件，可在 0.5 mm 的弯曲半径下经连续 10000 个弯曲循环后仍然保持其光伏性能基本不衰减[241]，显示出杂化钙钛矿在可穿戴电源领域的巨大应用潜力。

目前常用的柔性基底有聚对苯二甲酸乙二酯(PET)、聚萘二甲酸乙二醇酯(PEN)、聚酰亚胺(PI)及聚二甲基硅氧烷(PDMS)等。这些聚合物材料与通常使用的刚性玻璃基底在热膨胀系数上有较大差别，因此必然会影响钙钛矿退火时的结晶过程，造成柔性和刚性基底制备的钙钛矿薄膜结构差异。此外值得注意的是，在弯曲或拉伸柔性钙钛矿器件时必然会在钙钛矿薄膜内部产生一定的应力，应力首先作用于晶界处继而影响到晶体内，引起结构上的变化。而钙钛矿的半导体特性、电极化、自旋-轨道耦合特性均与其结构密切相关，因此，柔性钙钛矿光电器件的出现为应力调控钙钛矿磁场效应提供了新的可能。造成钙钛矿薄膜内部应力的产生主要有两种途径：一是钙钛矿晶体生长过程中产生的内部应力，如前面提到的基底热膨胀系数差异所产生的钙钛矿薄膜内部应力；二是通过外加作用力(弯曲、拉伸、压缩等)所产生的薄膜应力。下面首先讨论针对前者的相关实验研究。

柔性 PEN 基底和刚性玻璃基底的热膨胀系数分别为 5×10^{-5} K^{-1} 和 0.37×10^{-5} K^{-1}，而钙钛矿(如 $CH_3NH_3PbI_3$)的热膨胀系数为 6.1×10^{-5} K^{-1}，接近 PEN 基底。玻璃基底和钙钛矿薄膜较大的热膨胀系数差别导致在热退火过程中钙钛矿晶体内部应力的产生。与此相反，在柔性 PEN 基底上制备的钙钛矿薄膜内部应力较小。Zhang 等利用 X 射线衍射(XRD)技术分析了不同基底上制备的 $CH_3NH_3PbI_{3-x}Cl_x$ 钙钛矿薄膜的内部应力[242]。为了进行清楚的比较，选取了柔性 PEN 和刚性玻璃基底上制备钙钛矿薄膜的(110)面、(310)面和(224)面[图 3-51(a)～(c)]，可以发现玻璃基底上制备的 $CH_3NH_3PbI_{3-x}Cl_x$ 钙钛矿薄膜相比于柔性 PEN 基底的薄膜，所有的 XRD 衍射峰都移向较大的衍射角。根据布拉格定律，XRD 峰值向更高衍射角的移动表明，玻璃上的钙钛矿薄膜与柔性 PEN 的薄膜相比，存在垂直于基底的压缩应力，如图 3-51(d)所示。这一结果为基底依赖的钙钛矿结构变化提供了直接的证据。

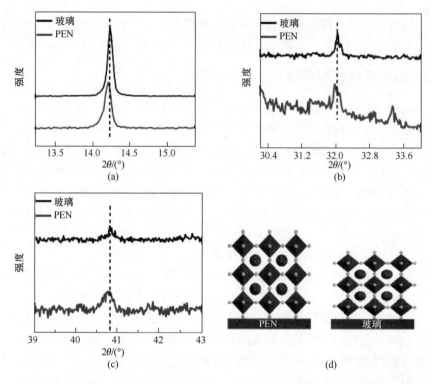

图 3-51　在玻璃和 PEN 基底上制备的 CH₃NH₃PbI₃₋ₓClₓ 钙钛矿薄膜的 XRD 图谱：(a)(110)面，(b)(310)面，(c)(224)面；(d)与柔性 PEN 基底相比，在玻璃基底上制备的钙钛矿薄膜内部产生垂直于基板的压缩应力[242]

为了进一步揭示基底引起的结构变化对钙钛矿自旋-轨道耦合作用的影响，Zhang 等利用线/圆偏振光激发调制光电流和磁场效应(磁-光电流)来探索钙钛矿中的自旋-轨道耦合效应[242]，这两种测量方法可以在室温、器件工作条件下在钙钛矿太阳电池中进行，为探索自旋-轨道耦合效应提供了原位实验方法。如图 3-52(a)所示，线/圆偏振光激发调制光电流研究发现，柔性 PEN 基底上制备的钙钛矿太阳电池相较于刚性玻璃基底，在相同波长和强度的线/圆偏振光激发下产生的光电流差异ΔJ_{sc}更大。根据之前的原理介绍，这说明相对于刚性玻璃基底，降低钙钛矿内部应力会导致较弱的轨道-轨道相互作用，从而降低在柔性 PEN 基底上制备的钙钛矿薄膜自旋-轨道耦合作用。磁-光电流实验进一步证实了这一结论[图 3-52(b)]，可以看到柔性 PEN 基底上制备的钙钛矿太阳电池相比于刚性玻璃基底，其归一化的磁场强度-短路电流密度曲线线形更窄，即外加磁场更容易改变光电流大小，表明减小晶格应力使得钙钛矿薄膜内部的自旋-轨道耦合降低。利用 non-Lorentzian 公式 $\dfrac{\Delta J_{sc}(B)}{J_{sc}(0)} \propto \dfrac{B^2}{B^2 + B_0^2}$ ，可以得到柔性 PEN 基底和刚性玻璃基底上钙钛矿薄膜的内部磁参数 B_0 分别为 165 mT 和 203 mT，进一步证明引入晶格应力可以影响杂化钙钛矿薄膜的自旋-轨道耦合作用。

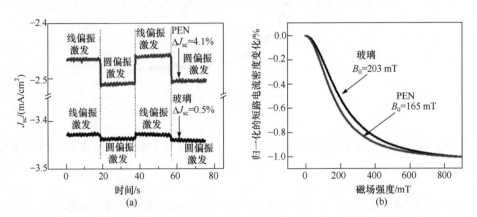

图 3-52　(a) 相同波长和光强 (532 nm，50.3 mW/cm²) 的线偏振光和圆偏振光激发下的短路电流密度；(b) 柔性/刚性基底制备的钙钛矿太阳电池的磁场强度-短路电流密度曲线[242]

　　下面讨论通过对柔性钙钛矿薄膜施加外部机械应力所引起的钙钛矿磁场效应变化。Yu 等利用机械应力成功实现了钙钛矿磁场效应的调控[243]，通过机械弯曲柔性基底 PET 上的钙钛矿薄膜从而产生垂直于基底的压缩应力和平行于基底的拉伸应力，他们发现这一应力的引入可以明显改变钙钛矿太阳电池磁-光电流曲线的线形。如图 3-53 (b) 所示，弯曲和不弯曲状态下器件均表现出负的磁场效应，说明外加磁场可以打破钙钛矿内部的系间窜越平衡状态，产生数量更多的亮态，从而降低了光电流。更为重要的是，机械弯曲柔性钙钛矿光电器件使得其磁-光电流曲线变宽，表明弯曲后的钙钛矿具有更强的自旋-轨道耦合作用。利用 non-Lorentzian 公式拟合可知，弯曲后钙钛矿薄膜的内部磁参数 B_0 由初始的 121 mT 增加到 205 mT，证明外加机械应力确实可以影响杂化钙钛矿的自旋-轨道耦合作用。

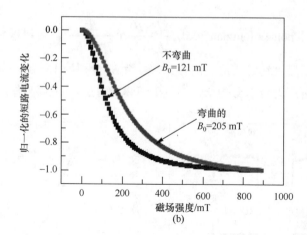

(b)

图 3-53　(a)磁场依赖光电流产生的示意图；(b)柔性钙钛矿太阳电池在不弯曲和弯曲情况下的磁场强度-短路电流密度曲线[243]

鉴于机械应力对钙钛矿自旋-轨道耦合作用的影响以及自旋-轨道耦合对钙钛矿光电性质的决定作用，Yu 等进一步研究了机械应力对柔性钙钛矿太阳电池器件光伏性能的影响[244]。他们发现，通过如图 3-54(a)所示的弯曲方式，当达到一定弯曲曲率半径时，钙钛矿太阳电池器件效率能够得到极大提高，短路电流密度可由 15.39 mA/cm² 提高到 22.0 mA/cm²，器件效率由 9.4%提高至 12.95%，并且该过程是可恢复过程，即从弯曲状态恢复至未弯曲状态时器件性能仍旧能恢复至初始状态[图 3-54(b)]。通过偏振光激发实验[图 3-54(c)]发现，弯曲能够增强钙钛矿的自旋-轨道耦合作用，从而增加利于光伏作用的自旋态，贡献更多的光电流。阻抗测量[图 3-54(d)]则表明，这一弯曲还能够提高钙钛矿体内极化，加速电荷分离的同时降低电荷复合。这一结果表明，利用应力工程提升钙钛矿光伏器件性能是完全可行的。

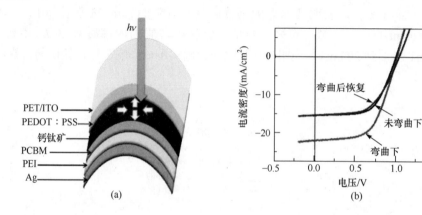

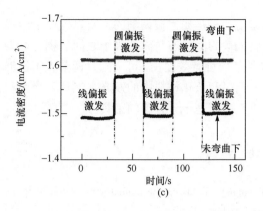
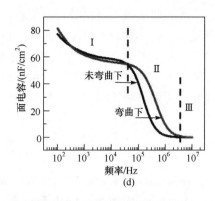

图 3-54　(a)钙钛矿器件结构及弯曲方式示意图；器件的电流密度-电压特性曲线(b)，偏振光激发实验结果(c)，面电容-频率特性曲线(d)[244]

3.8　本章小结

　　本章从自旋和轨道两个方面讨论了内部磁场效应，以及它们在有机材料、纳米颗粒和有机-无机杂化材料中的表现。从自旋角度来讲，类似于大多数有机材料中的情况，轨道角动量可以忽略不计。这时磁场效应本质上是通过自旋守恒或自旋混合的方式直接操作自旋参数(S)而产生的，其结果是改变单重态($S = 0$)和三重态($S = 1$)的自旋粒子数。从轨道角度来讲，则是通过调节轨道场、改变 $J = L + S = 0$ 和 $J = L + S = 1$ 态的粒子数的方式来实现磁场效应。

　　自旋粒子数的变化源于外加磁场和自旋依赖之间的相互作用，其中包括自旋交换作用、超精细相互作用和自旋-轨道耦合。磁场效应的线形可以反映材料中与之相关的自旋过程。在典型的有机体系中，超精细相互作用强度小于 10 mT，超精细相互作用诱导的磁场效应的线宽应小于 10 mT。因此，在 TADF 和激子态中的更宽的谱线(～100 mT)表明，观测到的磁场效应是由自旋-轨道耦合、自旋交换或二者的组合引起的。从轨道角度来讲，磁场效应也是由自旋-轨道耦合和自旋交换作用引起的。

　　一般来说，自旋粒子数会在下面两种情况下发生改变：自旋依赖的电荷复合形成激发态的过程中，或者系间窜越形成激发态之后。这会形成光发射的本征磁场效应，如室温下线性单光子或者非线性双光子激发产生的光致发光磁场效应、电致发光磁场效应和化学发光磁场效应。此外，通过自旋依赖的解离和极化，自旋粒子数的变化可以影响电导和介电响应，从而产生光电流磁场效应、电流磁场效应和介电磁场效应。

因为磁场效应可以解释自旋和轨道角动量是如何被调制的，所以可以用于提高发光、光伏和介电性能。此外，自旋依赖的激发态与磁偶极子之间的耦合，为设计分子集成的有机/磁性混合材料提供了一种有效途径，可以同时调节光电性能和磁性能。因此，在理解和改善有机、无机和杂化材料中的发光、光伏、介电和磁性质方面，无论内部还是外部磁场效应，都是十分有用的工具。

参 考 文 献

[1] Johnson R C, Merrifield R E. Effects of magnetic fields on the mutual annihilation of triplet excitons in anthracene crystals. Phys Rev B, 1970, 1: 896-902.

[2] Ern V, Merrifield R E. Magnetic field effect on triplet exciton quenching in organic crystals. Phys Rev Lett, 1968, 21: 609-611.

[3] Merrifield R E. Theory of magnetic field effects on the mutual annihilation of triplet excitons. J Chem Phys, 1968, 48: 4318-4319.

[4] Schulten K, Wolynes P G. Semiclassical description of electron spin motion in radicals including the effect of electron hopping. J Chem Phys, 1978, 68: 3292-3297.

[5] Brocklehurst B. Spin correlation in the geminate recombination of radical ions in hydrocarbons. Part 1. Theory of the magnetic field effect. J Chem Soc, Faraday Trans 2, 1976, 72: 1869-1884.

[6] Sakaguchi Y, Hayashi H, Nagakura S. Classification of the external magnetic field effects on the photodecomposition reaction of dibenzoyl peroxide. Bull Chem Soc Jpn, 1980, 53: 39-42.

[7] Schulten K, Staerk H, Weller A, Werner H J, Nickel B. Magnetic field dependence of the geminate recombination of radical ion pairs in polar solvents. Z Phys Chem, 1976, 101: 371-390.

[8] Kalinowski J, Cocchi M, Virgili D, di Marco P, Fattori V. Magnetic field effects on emission and current in Alq$_3$-based electroluminescent diodes. Chem Phys Lett, 2003, 380: 710-715.

[9] Mermer Ö, Veeraraghavan G, Francis T, Sheng Y, Nguyen D, Wohlgenannt M, Köhler A, Al-Suti M K, Khan M. Large magnetoresistance in nonmagnetic π-conjugated semiconductor thin film devices. Phys Rev B, 2005, 72: 205202.

[10] Hu B, Wu Y. Tuning magnetoresistance between positive and negative values in organic semiconductors. Nat Mater, 2007, 6: 985-991.

[11] Sheng Y, Nguyen T, Veeraraghavan G, Mermer Ö, Wohlgenannt M, Qiu S, Scherf U. Hyperfine interaction and magnetoresistance in organic semiconductors. Phys Rev B, 2006, 74: 045213.

[12] Xu Z, Hu B, Howe J. Improvement of photovoltaic response based on enhancement of spin-orbital coupling and triplet states in organic solar cells. J Appl Phys, 2008, 103: 043909.

[13] Wu Y, Xu Z, Hu B, Howe J. Tuning magnetoresistance and magnetic-field-dependent electroluminescence through mixing a strong-spin-orbital-coupling molecule and a weak-spin-orbital-coupling polymer. Phys Rev B, 2007, 75: 035214.

[14] Ito F, Ikoma T, Akiyama K, Watanabe A, Tero-Kubota S. Carrier generation process on photoconductive polymer films as studied by magnetic field effects on the charge-transfer

fluorescence and photocurrent. J Phys Chem B, 2006, 110: 5161-5162.

[15] Xu Z H, Hu B. Photovoltaic processes of singlet and triplet excited states in organic solar cells. Adv Funct Mater, 2008, 18: 2611-2617.

[16] Reufer M, Walter M J, Lagoudakis P G, Hummel A B, Kolb J S, Roskos H G, Scherf U, Lupton J M. Spin-conserving carrier recombination in conjugated polymers. Nat Mater, 2005, 4: 340-346.

[17] Zhang Y, Liu R, Lei Y, Xiong Z. Low temperature magnetic field effects in Alq_3- based organic light emitting diodes. Appl Phys Lett, 2009, 94: 083307.

[18] Hsiao Y C, Wu T, Li M, Hu B. Magneto-optical studies on spin-dependent charge recombination and dissociation in perovskite solar cells. Adv Mater, 2015, 27: 2899-2906.

[19] Li M X, Li L, Mukherjee R, Wang K, Liu Q G, Zou Q, Xu H X, Tisdale J, Gai Z, Ivanov I N, Mandrus D, Hu B. Magnetodielectric response from spin-orbital interaction occurring at interface of ferromagnetic Co and organometal halide perovskite layers via Rashba effect. Adv Mater, 2017, 29: 1603667.

[20] He L, Li M X, Xu H X, Hu B. Experimental studies on magnetization in the excited state by using the magnetic field effect of light scattering based on multi-layer graphene particles suspended in organic solvents. Nanoscale, 2017, 9: 2563-2568.

[21] Li M X, He L, Xu H X, Shao M, Tisdale J, Hu B. Interaction between optically-generated charge-transfer states and magnetized charge-transfer states toward magneto-electric coupling. J Phys Chem Lett, 2015, 6: 4319-4325.

[22] Li M X, Wang M, He L, HsiaoY C, Liu Q, Xu H X, Wu T, Yan L, Tan L S, Tan L, Urbas A, Chiang L Y, Hu B. Enhanced π-d electron coupling in the excited state by combining intramolecular charge-transfer states with surface-modified magnetic nanoparticles in organic-magnetic nanocomposites. Adv Electron Mater, 2015, 1: 1500058.

[23] Yan L, Wang M, Raju N P, Epstein A, Tan L S, Urbas A, Chiang L Y, Hu B. Magnetocurrent of charge-polarizable C_{60}-diphenylaminofluorene monoadduct-derived magnetic nanocomposites. J Am Chem Soc, 2012, 134: 3549-3554.

[24] Pope M, Swenberg C E. Electronicolym Processes in Organic Crystals and Polymers. New York: Oxford University Press, 1999.

[25] Frenkel J. On the transformation of light into heat in solids. Phys Rev, 1931, 37: 17-44.

[26] Wannier G H. The structure of electronic excitation levels in insulating crystals. Phys Rev, 1937, 52: 191-197.

[27] Rothberg L J, Lovinger A J. Status of and prospects for organic electroluminescence. J Mater Res, 1996, 11: 3174-3187.

[28] Wu Y, Hu B, Howe J, Li A P, Shen J. Spin injection from ferromagnetic Co nanoclusters into organic semiconducting polymers. Phys Rev B, 2007, 75: 075413.

[29] Žutic I, Fabian J, Das Sarma S. Spintronics: Fundamentals and applications. Rev Mod Phys, 2004, 76: 323-410.

[30] Wu M W, Jiang J H, Weng M Q. Spin dynamics in semiconductors. Phys Rep, 2010, 493: 61-236.

[31] Hu B, Yan L, Shao M. Magnetic-field effects in organic semiconducting materials and devices. Adv Mater, 2009, 21: 1500-1516.

[32] Ohkita H, Cook S, Astuti Y, Duffy W, Tierney S, Zhang W, Heeney M, McCulloch I, Nelson J, Bradley D D, Durrant J R. Charge carrier formation in polythiophene/fullerene blend films studied by transient absorption spectroscopy. J Am Chem Soc, 2008, 130: 3030-3042.

[33] Herring C, Flicker M. Asymptotic exchange coupling of two hydrogen atoms. Phys Rev, 1964, 134: 362-366.

[34] Yu Z G. Spin-orbit coupling and its effects in organic solids. Phys Rev B, 2012, 85: 115201.

[35] Su W P, Schrieffer J, Heeger A. Soliton excitations in polyacetylene. Phys Rev B, 1980, 22: 2099-2111.

[36] Rybicki J, Wohlgenannt M. Spin-orbit coupling in singly charged π-conjugated polymers. Phys Rev B, 2009, 79: 153202.

[37] McClure D S. Spin-orbit interaction in aromatic molecules. J Chem Phys, 1952, 20: 682-686.

[38] Ando T. Spin-orbit interaction in carbon nanotubes. J Phys Soc, Jpn, 2000, 69: 1757.

[39] Huertas-Hernando D, Guinea F, Brataas A. Spin-orbit coupling in curved grapheme fullerenes nanotubes and nanotube caps. Phys Rev B, 2006, 74: 155426.

[40] Konschuh S, Gmitra M, Fabian J. Tight-binding theory of the spin-orbit coupling in graphene. Phys Rev B, 2010, 82: 245412.

[41] Haneder S, da Como E, Feldmann J, Lupton J M, Lennartz C, Erk P, Fuchs E, Molt O, Münster I, Schildknecht C, Wagenblast G. Controlling the radiative rate of deep-blue electrophosphorescent organometallic complexes by singlet-triplet gap engineering. Adv Mater, 2008, 20: 3325-3330.

[42] Yu Z G, Smith D, Saxena A, Martin R, Bishop A. Molecular geometry fluctuation model for the mobility of conjugated polymers. Phys Rev Lett, 2000, 84: 721-724.

[43] Yu Z G. Spinorbit coupling, spin relaxation and spin diffusion in organic solids. Phys Rev Lett, 2011, 106: 106602.

[44] Yu Z G. Spin Hall effect in disordered organic solids. Phys Rev Lett, 2015, 115: 026601.

[45] Yu Z G, Ding F, Wang H. Hyperfine interaction and its effects on spin dynamics in organic solids. Phys Rev B, 2013, 87: 205446.

[46] Rolfe N, Heeney M, Wyatt P, Drew A, Kreouzis T, Gillin W. Elucidating the role of hyperfine interactions on organic magnetoresistance using deuterated aluminium tris(8-hydroxyquinoline). Phys Rev B, 2009, 80: 241201.

[47] NguyenT D, Hukic-Markosian G, Wang F, Wojcik L, Li X G, Ehrenfreund E, Vardeny Z V. Isotope effect in spin response of π-conjugated polymer films and devices. Nat Mater, 2010, 9: 345-352.

[48] Nguyen T D, Basel T, Pu Y J, Li X, Ehrenfreund E, Vardeny Z. Isotope effect in the spin response of aluminum tris(8-hydroxyquinoline) based devices. Phys Rev B, 2012, 85: 245437.

[49] Bobbert P A. What makes the spin relax? Nat Mater, 2010, 9: 288-290.

[50] Song L, Fayer M. Temperature dependent intersystem crossing and triplet-triplet absorption of rubrene in solid solution. J Lumin, 1991, 50: 75-81.

[51] Tao Y, Yuan K, Chen T, Xu P, Li H H, Chen R F, Zheng C, Zhang L, Huang W. Thermally

activated delayed fluorescence materials towards the breakthrough of organoelectronics. Adv Mater, 2014, 26: 7931-7958.

[52] Adachi C, Baldo M A, Thompson M E, Forrest S R. Nearly 100% internal phosphorescence efficiency in an organic light-emitting device. J Appl Phys, 2001, 90: 5048.

[53] Baldo M A, Obrien D, You Y, Shoustikov A, Sibley S, Thompson M, Forrest S. Highly efficient phosphorescent emission from organic electroluminescent devices. Nature, 1998, 395: 151-154.

[54] Baldo M A, Adachi C, Forrest S R. Transient analysis of organic electrophosphorescence. II. Transient analysis of triplet-triplet annihilation. Phys Rev B, 2000, 62: 10967.

[55] Staroske W, Pfeiffer M, Leo K, Hoffmann M. Single-step triplet-triplet annihilation: An intrinsic limit for the high brightness efficiency of phosphorescent organic light emitting diodes. Phys Rev Lett, 2007, 98: 197402.

[56] Zhang Q S, Li B, Huang S P, Nomura H, Tanaka H, Adachi C. Efficient blue organic light-emitting diodes employing thermally activated delayed fluorescence. Nat Photonics, 2014, 8: 326-332.

[57] Hirata S, Sakai Y, Masui K, Tanaka H, Lee S Y, Nomura H, Nakamura N, Yasumatsu M, Nakanotani H, Zhang Q. Highly efficient blue electroluminescence based on thermally activated delayed fluorescence. Nat Mater, 2015, 14: 330-336.

[58] Etherington M K, Gibson J, Higginbotham H F, Penfold T J, Monkman A P. Revealing the spin-vibronic coupling mechanism of thermally activated delayed fluorescence. Nat Commun, 2016, 7: 13680.

[59] Uoyama H, Goushi K, Shizu K, Nomura H, Adachi C. Highly efficient organic light-emitting diodes from delayed fluorescence. Nature, 2012, 492: 234-238.

[60] Tsai W L, Huang M H, LeeW K, Hsu Y J, Pan K C, Huang Y H, Ting H C, Sarma M, Ho Y Y, Hu H C. A versatile thermally activated delayed fluorescence emitter for both highly efficient doped and non-doped organic light emitting devices. Chem Commun, 2015, 51: 13662.

[61] Kohler A, Beljonne D. The singlet-triplet exchange energy in conjugated polymers. Adv Funct Mater, 2004, 14: 11-18.

[62] Beljonne D, Cornil J, Friend R H, Janssen R A J, Bredas J L. Influence of chain length and derivatization on the lowest singlet and triplet states and intersystem crossing in oligothiophenes. J Am Chem Soc, 1996, 118: 6453-6461.

[63] Steiner U E, Ulrich T. Magnetic-field effects in chemical-kinetics and related phenomena. Chem Rev, 1989, 89: 51-147.

[64] Reineke S, Walzer K, Leo K. Triplet-exciton quenching in organic phosphorescent light-emitting diodes with Ir-based emitters. Phys Rev B, 2007, 75: 125328.

[65] Mozumder A, Pimblott S M. The influence of the diffusional anisotropy on bimolecular reaction-rate of neutrals in molecular-crystals: Triplet-triplet annihilation in anthracene. Chem Phys Lett, 1990, 167: 542-546.

[66] Kelper R G, Avakian P, Caris J C, Abramson E. Triplet excitons and delayed fluorescence in anthracene crystals. Phys Rev Lett, 1963, 10: 400-402.

[67] Jockusch S, Timpe H J, Schnabel W, Turro N J. Photoinduced energy and electron transfer between ketone triplets and organic dyes. J Phys Chem A, 1997, 101: 440-445.

[68] Grabner G, Rechthaler K, Mayer B, Kohler G, Rotkiewicz K. Solvent influences on the photophysics of naphthalene: Fluorescence and triplet state properties in aqueous solutions and in cyclodextrin complexes. J Phys Chem A, 2000, 104: 1365-1376.

[69] Mezyk J, Tubino R, Monguzzi A, Mech A, Meinardi F. Effect of an external magnetic field on the up-conversion photoluminescence of organic films: The role of disorder in triplet-triplet annihilation. Phys Rev Lett, 2009, 102: 087404.

[70] Groff R P, Merrifield R E, Suna A, Avakian P. Magnetic hyperfine modulation of dye-sensitized delayed fluorescence in an organic crystal. Phys Rev Lett, 1972, 29: 429-431.

[71] Huttmann G, Staerk H. Delayed luminescence of naphthalene in isooctane spectral, lifetime and magnetic-field studies of delayed fluorescence and monomer phosphorescence at 293K. J Phys Chem, 1991, 95: 4951-4954.

[72] Frenkel J. On pre-breakdown phenomena in insulators and electronic semiconductors. Phys Rev, 1938, 54: 647-648.

[73] Onsager L. Initial recombination of ions. Phys Rev, 1938, 54: 554-557.

[74] Willig F. Escape of holes from surface of organic-crystals with electrolytic contacts. Chem Phys Lett, 1976, 40: 331-335.

[75] Willig F, Charle K P. Fast electron-transfer reactions. Faraday Discuss, 1982, 74: 141-146.

[76] Eichhorn M, Willig F, Charle K P, Bitterling K. Time-resolved measurement of the escape of charge-carriers from a coulombic potential well by diffusional motion. J Chem Phys, 1982, 76: 4648-4656.

[77] Weller A, Staerk H, Treichel R. Magnetic-field effects on geminate radical-pair recombination. Faraday Discuss, 1984, 78: 271-278.

[78] Frankevich E L, Zoriniants G E, Chaban A N, Triebel M M, Blumstengel S, Kobryanskii V M. Magnetic field effects on photoluminescence in PPP. Investigation of the influence of chain length and degree of order. Chem Phys Lett, 1996, 261: 545-550.

[79] Petrov N K, Shushin A I, Frankevich E L. Solvent effect on magnetic-field modulation of exciplex fluorescence in polar solutions. Chem Phys Lett, 1981, 82: 339-343.

[80] Cao H, Fujiwara Y, Haino T, Fukazawa Y, Tung C H, Tanimoto Y. Magnetic field effects on intramolecular exciplex fluorescence of chain-linked phenanthrene and N, N-dimethylaniline: Influence of chain length solvent and temperature. Bull Chem Soc Jpn, 1996, 69: 2801-2813.

[81] Cao H, Miyata K, Tamura T, Fujiwara Y, Katsuki A, Tung C H, Tanimoto Y. Effects of high magnetic field on the intramolecular exciplex fluorescence of chain-linked phenanthrene and dimethylaniline. J Phys Chem A, 1997, 101: 407-411.

[82] Chowdhury M, Dutta R, Basu S, Nath D. Magnetic-field effect on exciplex luminescence in liquids. J Mol Liq, 1993, 57: 195-228.

[83] Knapp E W, Schulten K. Magnetic-field effect on the hyperfine-induced electron-spin motion in radicals undergoing diamagnetic-paramagnetic exchange. J Chem Phys, 1979, 71: 1878-1883.

[84] Volk M, Aumeier G, Langenbacher T, Feick R, Ogrodnik A, Michel-Beyerle M E. Energetics

and mechanism of primary charge separation in bacterial photosynthesis. A comparative study on reaction centers of rhodobacter sphaeroides and chloroflexus aurantiacus. J Phys Chem B, 1998, 102: 735-751

[85] Musewald C, Gilch P, Hartwich G, Pollinger-Dammer F, Scheer H, Michel-Beyerle M E. Magnetic field dependence of ultrafast intersystem-crossing: A triplet mechanism on the picosecond time scale? J Am Chem Soc, 1999, 121: 8876-8881.

[86] Werner H J, Staerk H, Weller A. Solvent isotope and magnetic-field effects in geminate recombination of radical ion-pairs. J Chem Phys,1978, 68: 2419-2426.

[87] Gilch P, Musewald C, Michel-Beyerle M E. Magnetic field dependent picosecond intersystem crossing. The role of molecular symmetry. Chem Phys Lett, 2000, 325: 39-45.

[88] Nolting F, Staerk H, Weller A. Magnetic-field effect on the hyperfine-induced triplet formation in systems undergoing donor to radical pair electron-transfer. Chem Phys Lett, 1982, 88: 523-527.

[89] Khudyakov I V, Serebrennikov Y A, TurroN J. Spinorbit coupling in free-radical reactions: On the way to heavy elements. Chem Rev, 1993, 93: 537-570.

[90] SalikhovK M, Sagdeev R Z, Buchachenko A L. Spin Polarization and Magnetic Effects in Radical Reactions. Amsterdam: Elsevier, 1984.

[91] Turro N J. Influence of nuclear spin on chemical reactions: Magnetic isotope and magnetic field effects (a review). PNatl Acad Sci USA, 1983, 80: 609-621.

[92] Kim J S, Seo B W, Gu H B. Exciplex emission and energy transfer in white light-emitting organic electroluminescent device. Synth Met, 2003, 132: 285-288.

[93] Yang J H, Gordon K C. Organic light emitting devices based on exciplex interaction from blends of charge transport molecules. Chem Phys Lett, 2003, 375: 649-654.

[94] Yang J H, Gordon K, Robinson B H. Electroluminescence from exciplex interaction between hole and electron transport molecules. Synth Met, 137: 999-1000.

[95] He L, Li M, Urbas A, Hu B. Magnetophotoluminescence line-shape narrowing through interactions between excited states in organic semiconducting materials. Phys Rev B, 2014, 89: 155304.

[96] Xu H X, Qin W, Li M X, Wu T, Hu B. Magneto-photoluminescence based on two-photon excitation in lanthanide-doped up-conversion crystal particles. Small, 2017, 13: 1603363.

[97] Rina D, Yoshihisa F, Baowen Z, Yoshifumi T. Magnetic field effect on the intramolecular exciplex fluorescence of chain-linked pyrene/N, N-dimethylaniline systems. Bull Chem Soc Jpn, 2000, 73: 1573-1580.

[98] Zang H D, Xu Z H, Hu B. Magneto-optical investigations on the formation and dissociation of intermolecular charge-transfer complexes at donor-acceptor interfaces in bulk-heterojunction organic solar cells. J Phys Chem B, 2010, 114: 5704-5709.

[99] van Pieterson L, Reid M F, Meijerink A. Reappearance of fine structure as a probe of lifetime broadening mechanisms in the $4f^N \to 4f^{N-1}5d$ excitation spectra of Tb^{3+}, Er^{3+}, and Tm^{3+} in CaF_2 and $LiYF_4$. Phys Rev Lett, 2002, 88: 067405.

[100] Heer S, Kömpe K, Güdel H U, Haase M. Highly efficient multicolour upconversion emission

in transparent colloids of lanthanide-doped NaYF₄ nanocrystals. Adv Mater, 2004, 16: 2102-2105.

［101］Wang F, Liu X G. Recent advances in the chemistry of lanthanide-doped upconversion nanocrystals. Chem Soc Rev, 2009, 38: 976-989.

［102］Wittmer M, Zschokkegranacher I. Exciton-charge carrier interactions in electroluminescence of crystalline anthracene. J Chem Phys, 1975, 63: 4187-4194.

［103］Kalinowski J, Cocchi M, Virgili D, Fattori V, di Marco P. Magnetic field effects on organic electrophosphorescence. Phys Rev B, 2004, 70: 205303.

［104］Iwasaki Y, Osasa T, Asahi M, Matsumura M, Sakaguchi Y, Suzuki T. Fractions of singlet and triplet excitons generated in organic light-emitting devices based on a polyphenylenevinylene derivative. Phys Rev B, 2006, 74: 195209.

［105］Odaka H, Okimoto Y, Yamada T, Okamoto H, Kawasaki M, Tokura Y. Control of magnetic field effect on electroluminescence in Alq₃ -based organic light emitting diodes. Appl Phys Lett, 2006, 88: 123501.

［106］王振, 何正红, 谭兴文, 陶敏龙, 李国庆, 熊祖洪. 磁场对有机电致发光的影响. 物理学报, 2007, 56: 2979-2985.

［107］Lei Y L, Zhang Y, Liu R, Chen P, Song Q L, Xiong Z H. Driving current and temperature dependent magnetic field modulated electroluminescence in Alq₃-based organic light emitting diode. Org Electron, 2009, 10: 889-894.

［108］Xin L Y, Li C N, Li F, Liu S Y, Hu B. Inversion of magnetic field effects on electrical current and electroluminescence in tri-（8-hydroxyquinoline）-aluminum based light-emitting diodes. Appl Phys Lett, 2009, 95: 123306.

［109］Ding B F, Yao Y, Sun X Y, Gao X D, Xie Z T, Sun Z Y, Wang Z J, Ding X M, Wu Y Z, Jin X F, Choy W C H, Wu C Q, Hou X Y. Magnetic field modulated exciton generation in organic semiconductors: An intermolecular quantum correlated effect. Phys Rev B, 2010, 82: 205209.

［110］Ding B F, Yao Y, Sun Z Y, Wu C Q, Gao X D, Wang Z J, Ding X M, Choy W C H, Hou X Y. Magnetic field effects on the electroluminescence of organic light emitting devices: A tool to indicate the carrier mobility. Appl Phys Lett, 2010, 97: 163302.

［111］Chen P, Song Q , Choy W C H, Ding B F, Liu Y L, Xiong Z H. A possible mechanism to tune magneto-electroluminescence in organic light-emitting diodes through adjusting the triplet exciton density. Appl Phys Lett, 2011, 99: 143305.

［112］Ding B F, Yao Y, Wu C Q, Hou X Y, Choy W C H. Using magneto-electroluminescence as a fingerprint to identify the carrier-to-photon conversion process in dye-doped oleds. J Phys Chem C, 2011, 115: 20295-20300.

［113］Chen P, Li M L, Peng Q M, Li F, Liu Y, Zhang Q M, Zhang Y, Xiong Z H. Direct evidence for the electronhole pair mechanism by studying the organic magneto-electroluminescence based on charge-transfer states. Org Electron, 2012, 13: 1774-1778.

［114］Peng Q M, Chen P, Sun J X, Li F. Magnetic field effects on electroluminescence emanated simultaneously from blue fluorescent and red phosphorescent emissive layers of an organic light-emitting diode. Org Electron, 2012, 13: 3040-3044.

［115］Baniya S, Pang Z Y, Sun D L, Zhai Y X, Kwon O, Choi H, Choi B, Lee S, Vardeny Z V. Magnetic field effect in organic light-emitting diodes based on electron donor-acceptor exciplex chromophores doped with fluorescent emitters. Adv Funct Mater, 2016, 26: 6930-6937.

［116］Ling Y Z, Lei Y L, Zhang Q M, Chen L X, Song Q L, Xiong Z H. Large magneto-conductance and magneto-electroluminescence in exciplex-based organic light-emitting diodes at room temperature. Appl Phys Lett, 2015, 107: 213301.

［117］Basel T, Sun D, Baniya S, McLaughlin R, Choi H, Kwon O, Vardeny Z V. Magnetic field enhancement of organic light-emitting diodes based on electron donor-acceptor exciplex. Adv Electron Mater, 2016, 2: 1500248.

［118］Chen P, Xiong Z H, Peng Q M, Bai J W, Zhang S T, Li F. Magneto-electroluminescence as a tool to discern the origin of delayed fluorescence: Reverse intersystem crossing or triplet-triplet annihilation? Adv Opt Mater, 2014, 2: 142-148.

［119］Wang Y, Sahin-Tiras K, Harmon N J, Wohlgenannt M, Flatté M E. Immense magnetic response of exciplex light emission due to correlated spin-charge dynamics. Phys Rev X, 2016, 6: 011011.

［120］Väth S, Tvingstedt K, Auth M, Sperlich A, Dabuliene A, Grazulevicius J V, Stakhira P, Cherpak V, Dyakonov V. Direct observation of spin states involved in organic electroluminescence based on thermally activated delayed fluorescence. Adv Opt Mater, 2017, 5: 1600926.

［121］Frankevich E L, Lymarev A A, Sokolik I, Karasz F E, Blumstengel S, Baughman R H, Hörhold H H. Polaronpair generation in poly(phenylene vinylenes). Phys Rev B, 1992, 46: 9320-9324.

［122］Lei Y L, Song Q L, Chen P, Li F, Zhang Q M, Zhang Y, Xiong Z H. Large contribution of triplet excitons to electro-fluorescence in small molecular organic light-emitting diodes. Org Electron, 2011, 12: 1512-1517.

［123］Helfrich W. Destruction of triplet excitons in anthracene by injected electrons. Phys Rev Lett, 1966, 16: 401-403.

［124］Howard I A, Hodgkiss J M, Zhang X P, Kirov K R, Bronstein H A, Williams C K, Friend R H, Westenhoff S, Greenham N C. Charge recombination and exciton annihilation reactions in conjugated polymer blends. J Am Chem Soc, 2010, 132: 328-335.

［125］Davis A H, Bussmann K. Large magnetic field effects in organic light emitting diodes based on tris(8-hydroxyquinoline aluminum) (Alq$_3$) /N, N'-di(naphthalen-1-yl)-N, N'-diphenyl- benzidine (NPB) bilayers. J Vac Sci Technol A, 2004, 22: 1885-1891.

［126］Ganzorig C, Fujihira M. A possible mechanism for enhanced electrofluorescence emission through triplet-triplet annihilation in organic electroluminescent devices. App Phys Lett, 2002, 81: 3137-3139.

［127］Liu R H, Zhang Y, Lei Y, Chen P, Xiong Z H. Magnetic field dependent triplet-triplet annihilation in Alq$_3$-based organic light emitting diodes at different temperatures. J Appl Phys, 2009, 105: 093719.

[128] Shao M, Yan L, Li M X, Ilia I, Hu B. Triplet-charge annihilation versus triplet-triplet annihilation in organic semiconductors. J Mater Chem C, 2013, 1: 1330-1336.

[129] Hu B, Wu Y, Zhang Z T, Dai S, Shen J. Effects of ferromagnetic nanowires on singlet and triplet exciton fractions in fluorescent and phosphorescent organic semiconductors. Appl Phys Lett, 2006, 88: 022114.

[130] Shinar J, Partee J, List E J W, Uhlhorn B L, Kim C H, Graupner W, Leising G. Delayed fluorescence (DF) and photoluminescence (PL)-detected magnetic resonance (PLDMR) studies of triplet-triplet (T-T) annihilation and other long-lived processes in-conjugated polymers. Mol Cryst Liq Cryst Sci Technol, Sect A, 2001, 361: 1-6.

[131] Wilkinson J, Davis A H, Bussmann K, Long J P. Evidence for charge-carrier mediated magnetic-field modulation of electroluminescence in organic light-emitting diodes. Appl Phys Lett, 2005, 86: 111109.

[132] Shao M, Dai Y F, Ma D G, Hu B. Electrical dipole-dipole interaction effects on magnetocurrent in organic phosphorescent materials. Appl Phys Lett, 2011, 99: 073302.

[133] Etherington M K, Gibson J, Higginbotham H F, Penfold T J, Monkman A P. Regio and conformational isomerization critical to design of efficient thermally-activated delayed fluorescence emitters. Nat Commun, 2017, 8: 14987.

[134] Olivier Y, Yurash B, Muccioli L, D'Avino G, Mikhnenko O, Sancho-Garcia J C, Adachi C, Nguyen T Q, Beljonne D. Nature of the singlet and triplet excitations mediating thermally activated delayed fluorescence. Phys Rev Mater, 2017, 1: 075602.

[135] Faulkner L R, Tachikawa H, Bard A J. Electrogenerated chemiluminescence. Ⅶ. Influence of an external magnetic field on luminescence intensity. J Am Chem Soc, 1972, 94: 691-699.

[136] Shao M, Yan L, Pan H P, Ivanov I N, Hu B. Giant magnetic field effects on electroluminescence in electrochemical cells. Adv Mater, 2011, 23: 2216-2220.

[137] Tachikawa H, Bard A J. Electrogenerated chemluminescence. Effect of solvent and magnetic field on ECL of rubrene systems. Chem Phys Lett, 1974, 26: 246-251.

[138] Faulkner L R, Bard A J. Magnetic field effects on anthracene triplet-triplet annihilation in fluid solutions. J Am Chem Soc, 1969, 91: 6495-6497.

[139] Liu J, Lawrence E M, Wu A, Ivey M L, Flores G A, Javier K, Bibette J, Richard J. Field-induced structures in ferrofluid emulsions. Phys Rev Lett, 1995, 74: 2828-2831.

[140] Erbacher F A, Lenke R, Maret G. Multiple light scattering in magneto-optically active media. Europhysics Letters, 1993, 21: 551-556.

[141] Ivey M L, Liu J, Zhu Y, Cutillas S. Magnetic-field-induced structural transitions in a ferrofluid emulsion. Phys Rev E, 2000, 63: 011403.

[142] Lin F, Zhu Z, Zhou X F, Qiu W L, Niu C, Hu J, Dahal K, Wang Y N, Zhao Z H, Ren Z F, Litvinov D, Liu Z P, Wang Z M, Bao J M. Orientation control of graphene flakes by magnetic field: Broad device applications of macroscopically aligned graphene. Adv Mater, 2017, 29: 1604453.

[143] Liu H T, Liu Y Q, Zhu D B. Chemical doping of graphene. J Mater Chem, 2011, 21: 3335-3345.

[144] Bult J B, Crisp R, Perkins C L, Blackburn J L. Role of dopants in long-range charge carrier transport for p-type and n-type graphene transparent conducting thin films. ACS Nano, 2013, 7: 7251-7261.

[145] Nair R R, Sepioni M, Tsai I L, Lehtinen O, Keinonen J, Krasheninnikov A V, Thomson T, Geim A K, Grigorieva I V. Spinhalf paramagnetism in graphene induced by point defects. Nat Phys, 2012, 8: 199-202.

[146] González-Herrero H, Gómez-Rodríguez J M, Mallet P, Moaied M, Palacios J J, Salgado C, Ugeda M M, Veuillen J Y, Yndurain F, Brihuega I. Atomic-scale control of graphene magnetism by using hydrogen atoms. Science, 2016, 352: 437-441.

[147] Lemaire B J, Davidson P, Ferré J, Jamet J P, Panine P, Dozov I, Jolivet J P. Outstanding magnetic properties of nematic suspensions of goethite (α-FeOOH) nanorods. Phys Rev Lett, 2002, 88: 125507.

[148] Reineke S, Lindner F, Schwartz G, Seidler N, Walzer K, Lüssem B, Leo K. White organic light-emitting diodes with fluorescent tube efficiency. Nature, 2009, 459: 234-238.

[149] Müller C D, Falcou A, Reckefuss N, Rojahn M, Wiederhirn V, Rudati P, Frohne H, Nuyken O, Becker H, Meerholz K. Multi-colour organic light-emitting displays by solution processing. Nature, 2003, 421: 829-833.

[150] Burroughes J, Bradley D, Brown A, Marks R, Mackay K, Friend R, Burns P, Holmes A. Light-emitting diodes based on conjugated polymers. Nature, 1990, 347: 539-541.

[151] Samuel I D W, Turnbull G A. Organic semiconductor lasers. Chem Rev, 2007, 107: 1272-1295.

[152] Baldo M, Holmes R, Forrest S. Prospects for electrically pumped organic lasers. Phys Rev B, 2002, 66: 035321.

[153] Bulović V, Kozlov V, Khalfin V, Forrest S. Transform-limited, narrow-linewidth lasing action in organic semiconductor microcavities. Science, 1998, 279: 553-555.

[154] Sandanayaka A S, Matsushima T, Bencheikh F, Yoshida K, Inoue M, Fujihara T, Goushi K, Ribierre J, Adachi C. Toward continuous-wave operation of organic semiconductor lasers. Sci Adv, 2017, 3: e1602570.

[155] Lehnhardt M, Riedl T, Weimann T, Kowalsky W. Impact of triplet absorption and triplet-singlet annihilation on the dynamics of optically pumped organic solid-state lasers. Phys Rev B, 2010, 81: 165206.

[156] Kuehne A J, Gather M C. Organic lasers: Recent developments on materials, device geometries, and fabrication techniques. Chem Rev, 2016, 116: 12823-12864.

[157] Hayashi K, Nakanotani H, Inoue M, Yoshida K, Mikhnenko O, Nguyen T Q, Adachi C. Suppression of roll-off characteristics of organic light emitting diodes by narrowing current injection/transport area to 50nm. Appl Phys Lett, 2015, 106: 093301.

[158] Kuwae H, Nitta A, Yoshida K, Kasahara T, Matsushima T, Inoue M, Shoji S, Mizuno J, Adachi C. Suppression of external quantum efficiency roll-off of nanopatterned organic-light emitting diodes at high current densities. J Appl Phys, 2015, 118: 155501.

[159] Mhibik O, Forget S, Ott D, Venus G, Divliansky I, Glebov L, Chénais S. An ultra-narrow

linewidth solution-processed organic laser. Light Sci Appl, 2016, 5: e16026.

[160] Tsiminis G, Wang Y, Kanibolotsky A L, Inigo A R, Skabara P J, Samuel D W, Turnbull G A. Nanoimprinted organic semiconductor laser pumped by a light-emitting diode. Adv Mater, 2013, 25: 2826-2830.

[161] Liu X Y, Li H B, Song C Y, Liao Y Q, Tian M M. Microcavity organic laser device under electrical pumping. Opt Lett, 2009, 34: 503-505.

[162] Wang M, Lin J, Hsiao Y C, Liu X, Hu B. Investigating underlying mechanism in spectral narrowing phenomenon induced by microcavity in organic light emitting diodes. Nat Commun, 2019, 10: 1614.

[163] Francis T, Mermer Ö, Veeraraghavan G, Wohlgenannt M. Large magnetoresistance at room temperature in semiconducting polymer sandwich devices. New J Phys, 2004, 6: 185.

[164] Kalinowski J, Szmytkowski J, Stampor W. Magnetic hyperfine modulation of charge photogeneration in solid films of Alq$_3$. Chem Phys Lett, 2003, 378: 380-387.

[165] Tadaaki I, Fuyuki I, Toshinari O, Kimio A, Shozo T K. Evidence of photocarrier generation via the singlet and triplet states in a poly (N-vinylcarbazole) film. Chem Lett, 2005, 34: 1424-1425.

[166] Prigodin V N, Bergeson J D, Lincoln D M, Epstein A J. Anomalous room temperature magnetoresistance in organic semiconductors. Synth Met, 2006, 156: 757-761.

[167] Desai P, Shakya P, Kreouzis T, Gillin W P. The role of magnetic fields on the transport and efficiency of aluminum tris (8-hydroxyquinoline) based organic light emitting diodes. J Appl Phys, 2007, 102: 073710.

[168] Majumdar S, Majumdar H S, Aarnio H, Österbacka R. Hysteretic magnetoresistance in polymeric diodes. Phys Status Solidi Rapid Res Lett, 2009, 3: 242-244.

[169] Szmytkowski J, Stampor W, Kalinowski J, Kafafi Z H. Electric field-assisted dissociation of singlet excitons in tris-(8-hydroxyquinolinato) aluminum (III). Appl Phys Lett, 2002, 80: 1465-1467.

[170] Jadhav P J, Brown P R, Thompson N, Wunsch B, Mohanty A, Yost S R, Hontz E, Voorhis T V, Bawendi M G, Bulović V, Baldo M A. Triplet Exciton Dissociation in Singlet Exciton Fission Photovoltaics. Adv Mater, 2012, 24: 6169-6174.

[171] Müller J G, Lupton J M, Feldmann J, Lemmer U, Scharber M C, Sariciftci N S, Brabec C J, Scherf U. Ultrafast dynamics of charge carrier photogeneration and geminate recombination in conjugated polymer: Fullerene solar cells. Phys Rev B, 2005, 72: 195208.

[172] Yuan D, Niu L B, Chen Q S, Jia W Y, Chen P, Xiong Z H. The triplet-charge annihilation in copolymer-based organic light emitting diodes: Through the "scattering channel" or the "dissociation channel"? Phys Chem Chem Phy, 2015, 17: 27609-27614.

[173] Kondakov D Y, Pawlik T D, Hatwar T K, Spindler J P. Triplet annihilation exceeding spin statistical limit in highly efficient fluorescent organic light-emitting diodes. J Appl Phys, 2009, 106: 124510.

[174] Kalinowski J, Stampor W, Szmytkowski J, Virgili D, Cocchi M, Fattori V, Sabatini C. Coexistence of dissociation and annihilation of excitons on charge carriers in organic

phosphorescent emitters. Phys Rev B, 2006, 74: 085316.

[175] Meruvia M S, Freire J A, Hümmelgen I A, Gruber J, Graeff C F O. Magnetic field release of trapped charges in poly (fluorenylenevinylene) s. Org Electron, 2007, 8: 695-701.

[176] Wohlgenannt M, Vardeny Z V. Spin-dependent exciton formation rates in π-conjugated materials. J Phys Condens Matter, 2003, 15: R83.

[177] Xu Z, Wu Y, Hu B. Dissociation processes of singlet and triplet excitons in organic photovoltaic cells. Appl Phys Lett, 2006, 89: 131116.

[178] Kondakov D Y. Characterization of triplet-triplet annihilation in organic light-emitting diodes based on anthracene derivatives. J Appl Phys, 2007, 102: 114504.

[179] Levinson J, Weisz S Z, Cobas A, Rolón A. Determination of the triplet exciton-trapped electron interaction rate constant in anthracene crystals. J Chem Phys, 1970, 52: 2794-2795.

[180] Pope M, Burgos J, Wotherspoon N. Singlet exciton-trapped carrier interaction in anthracene. Chem Phys Lett, 1971, 12: 140-143.

[181] Schott M, Berrehar J. Detrapping of holes by singlet excitons or photons in crystalline anthracene. Mol Cryst Liq Cryst, 1973, 20: 13-25.

[182] Frankevich E, Zakhidov A, Yoshino K, Maruyama Y, Yakushi K. Photoconductivity of poly (2,5-diheptyloxy-p-phenylene vinylene) in the air atmosphere: Magnetic-field effect and mechanism of generation and recombination of charge carriers. Phys Rev B, 1996, 53: 4498-4508.

[183] Burrows H D, de Melo J S, Serpa C, Arnaut L G, Monkman A P, Hamblett I, Navaratnam S. $S_1 \sim T_1$ intersystem crossing in π-conjugated organic polymers. J Chem Phys, 2001, 115: 9601-9606.

[184] Burrows H D, Fernandes M, de Melo J S, Monkman A P, Navaratnam S. Characterization of the triplet state of tris (8-hydroxyquinoline) aluminium (III) in benzene solution. J Am Chem Soc, 2003, 125: 15310-15311.

[185] Holzer W, Penzkofer A, Tsuboi T. Absorption and emission spectroscopic characterization of Ir (ppy) 3. Chem Phys, 2005, 308: 93-102.

[186] Tolstov I V, Belov A V, Kaplunov M G, Yakuschenko I K, Spitsina N G, Triebel M M, Frankevich E L. On the role of magnetic field spin effect in photoconductivity of composite films of MEH-PPV and nanosized particles of PbS. J Lumin, 2005, 112: 368-371.

[187] Ito F, Ikoma T, Akiyama K, Kobori Y, Tero-Kubota S. Long-range jump versus stepwise hops: Magnetic field effects on the charge-transfer fluorescence from photoconductive polymer films. J Am Chem Soc, 2003, 125: 4722-4723.

[188] Yu G, Gao J, Hummelen J C, Wudl F, Heeger A J. Polymer photovoltaic cells: Enhanced efficiencies via a network of internal donor-acceptor heterojunctions. Science, 1995, 270: 1789-1791.

[189] Kraabel B, Hummelen J C, Vacar D, Moses D, Sariciftci N S, Heeger A J, Wudl F. Subpicosecond photoinduced electron transfer from conjugated polymers to functionalized fullerenes. J Chem Phys, 1996, 104: 4267-4273.

[190] Yamaguchi M, Nagatomo T. Processes for high efficiency of organic EL devices with dopants.

Thin Solid Films, 2000, 363: 21-24.

［191］Matsusue N, Ikame S, Suzuki Y, Naito H. Charge carrier transport in an emissive layer of green electrophosphorescent devices. Appl Phys Lett, 2004, 85: 4046-4048.

［192］Sudhakar M, Djurovich P I, Hogen-Esch T E, Thompson M E. Phosphorescence quenching by conjugated polymers. J Am Chem Soc, 2003, 125: 7796-7797.

［193］Corcoran N, Arias A C, Kim J S, MacKenzie J D, Friend R H. Increased efficiency in vertically segregated thin-film conjugated polymer blends for light-emitting diodes. Appl Phy Lett, 2003, 82: 299-301.

［194］Hsiao Y C, Wu T, Li M, Qin W, Yu L, Hu B. Revealing optically induced dipole-dipole interaction effects on charge dissociation at donor: Acceptor interfaces in organic solar cells under device-operating condition. Nano Energy, 2016, 26: 595-602.

［195］Chang W, Congreve D N, Hontz E, Bahlke M E, McMahon D P, Reineke S, Wu T C, Bulović V, van Voorhis T, Baldo M A. Spin-dependent charge transfer state design rules in organic photovoltaics. Nat Commun, 2015, 6: 6415.

［196］Dresselhaus M S, Dresselhaus G, Jorio A. Group Theory: Application to the Physics of Condensed Matter. Berlin: Springer, 2008.

［197］Zang H D, Yan L, Li M X, He L, Gai Z, Ivanov I N, Wang M, Chiang L Y, Urbas A, Hu B. Magneto-dielectric effects induced by optically-generated intermolecular charge-transfer states in organic semiconducting materials. Sci Rep, 2013, 3: 2812.

［198］He L, Li M X, Urbas A, Hu B. Optically tunable magneto-capacitance phenomenon in organic semiconducting materials developed by electrical polarization of intermolecular charge-transfer states. Adv Mater, 2014, 26: 3956-3961.

［199］Zang H D, Wang J G, Li M X, He L, Liu Z T, Zhang D Q, Hu B. Spin radical enhanced magnetocapacitance effect in intermolecular excited states. J Phys Chem B, 2013, 117: 14136-14140.

［200］Ouahab L, Enoki T. Multiproperty molecular materials: TTF-based conducting and magnetic molecular materials. Eur J Inorg Chem, 2004, 2004: 933-941.

［201］Nishijo J, Miyazaki A, Enoki T, Watanabe R, Kuwatani Y, Iyoda M. D-electron-induced negative magnetoresistance of a π-d interaction system based on a brominated-TTF donor. Inorg Chem, 2005, 44: 2493-2506.

［202］Yang W S, Noh J H, Jeon N J, Kim Y C, Ryu S, Seo J, Seok S I. High-performance photovoltaic perovskite layers fabricated through intramolecular exchange. Science, 2015, 348: 1234-1237.

［203］Im J H, Lee C R, Lee J W, Park S W, Park N G. 6.5% efficient perovskite quantum-dot-sensitized solar cell. Nanoscale, 2011, 3: 4088-4093.

［204］Yang W S, Park B W, Jung E H, Jeon N J, Kim Y C, Lee D U, Shin S S, Seo J, Kim E K, Noh J H. Iodide management in formamidinium-lead-halide-based perovskite layers for efficient solar cells. Science, 2017, 356: 1376-1379.

［205］Kojima A, Teshima K, Shirai Y, Miyasaka T. Organometal halide perovskites as visible-light sensitizers for photovoltaic cells. J Am Chem Soc, 2009, 131: 6050-6051.

[206] Lee M M, Teuscher J, Miyasaka T, Murakami T N, Snaith H J. Efficient hybrid solar cells based on meso-superstructured organometal halide perovskites. Science, 2012, 338: 643-647.

[207] Burschka J, Pellet N, Moon S J, Humphry-Baker R, Gao P, Nazeeruddin M K, Grätzel M. Sequential deposition as a route to high-performance perovskite-sensitized solar cells. Nature, 2013, 499: 316-319.

[208] Sadhanala A, Ahmad S, Zhao B, Giesbrecht N, Pearce P M, Deschler F, Hoye R L, Gödel K C, Bein T, Docampo P. Blue-green color tunable solution processable organolead chloride-bromide mixed halide perovskites for optoelectronic applications. Nano Lett, 2015, 15: 6095-6101.

[209] Kumawat N K, Dey A, Kumar A, Gopinathan S P, Narasimhan K, Kabra D. Band gap tuning of $CH_3NH_3Pb(Br_{1-x}Cl_x)_3$ hybrid perovskite for blue electroluminescence. ACS Appl Mater Interfaces, 2015, 7: 13119-13124.

[210] Tan Z K, Moghaddam R S, Lai M L, Docampo P, Higler R, Deschler F, Price M, Sadhanala A, Pazos L M, Credgington D. Bright light-emitting diodes based on organometal halide perovskite. Nat Nanotechnol, 2014, 9: 687-692.

[211] Cho H, Jeong S H, Park M H, Kim Y H, Wolf C, Lee C L, Heo J H, Sadhanala A, Myoung N, Yoo S. Overcoming the electroluminescence efficiency limitations of perovskite light-emitting diodes. Science, 2015, 350: 1222-1225.

[212] Xing G, Mathews N, Lim S S, Yantara N, Liu X, Sabba D, Grätzel M, Mhaisalkar S, Sum T C. Low-temperature solution-processed wavelength-tunable perovskites for lasing. Nat Mater, 2014, 13: 476-480.

[213] Zhu H M, Fu Y P, Meng F, Wu X X, Gong Z Z, Ding Q, Gustafsson M V, Trinh M T, Jin S, Zhu X Y. Lead halide perovskite nanowire lasers with low lasing thresholds and high quality factors. Nat Mater, 2015, 14: 636-642.

[214] Jia Y, Kerner R A, Grede A J, Rand B P, Giebink N C. Continuous-wave lasing in an organic-inorganic lead halide perovskite semiconductor. Nat Photonics, 2017, 11: 784-788.

[215] Kim M, Im J, Freeman A J, Ihm J, Jin H. Switchable $S = 1/2$ and $J = 1/2$ Rashba bands in ferroelectric halide perovskites. P Natl Acad Sci USA, 2014, 111: 6900-6904.

[216] Zheng F, Tan L Z, Liu S, Rappe A M. Rashba spin-orbit coupling enhanced carrier lifetime in $CH_3NH_3PbI_3$. Nano Lett, 2015, 15: 7794-7800.

[217] Mosconi E, Etienne T, de Angelis F. Rashba band splitting in organohalide lead perovskites: Bulk and surface effects. J Phys Chem Lett, 2017, 8: 2247-2252.

[218] Zhai Y, Baniya S, Zhang C, Li J, Haney P, Sheng C X, Ehrenfreund E, Vardeny Z V. Giant Rashba splitting in 2D organic-inorganic halide perovskites measured by transient spectroscopie. Sci Adv, 2017, 3: e1700704.

[219] Bihlmayer G, Rader O, Winkler R. Focus on the Rashba effect. New J Phys, 2015, 17: 050202.

[220] Hutter E M, Gélvez-Rueda M C, Osherov A, Bulović V, Grozema F C, Stranks S D, Savenije T J. Direct-indirect character of the bandgap in methylammonium lead iodide perovskite. Nat Mater, 2017, 16: 115-120.

[221] Wang T, Daiber B, Frost J M, Mann S A, Garnett E C, Walsh A, Ehrler B. Indirect to direct

bandgap transition in methylammonium lead halide perovskite. Energy Environ Sci, 2017, 10: 509-515.

[222] Zhang C, Sun D L, Sheng C X, Zhai Y X, Mielczarek K, Zakhidov A A, Vardeny Z V. Magnetic field effects in hybrid perovskite devices. Nat Phys, 2015, 11: 427-434.

[223] Li W B, Yuan S J, Zhan Y Q, Ding B. Tuning magneto-photocurrent between positive and negative polarities in perovskite solar cells. J Phys Chem C, 2017, 121: 9537-9542.

[224] Lin P Y, Wu T, Ahmadi M, Liu L, Haacke S, Guo T F, Hu B. Simultaneously enhancing dissociation and suppressing recombination in perovskite solar cells. Nano Energy, 2017, 36: 95-101.

[225] Zhang J, Wu T, Duan J S, Ahmadi M, Jiang F Y, Zhou Y H, Hu B. Exploring spin-orbital coupling effects on photovoltaic actions in Sn and Pb based perovskite solar cells. Nano Energy, 2017, 38: 297-303.

[226] Qin W, Xu H X, Hu B. Effects of spin states on photovoltaic actions in organo-metal halide perovskite solar cells based on circularly polarized photoexcitation. ACS Photonics, 2017, 4: 2821-2827.

[227] Becker M A, Vaxenburg R, Nedelcu G, Sercel P C, Shabaev A, Mehl M J, Michopoulos J G, Lambrakos S G, Bernstein N, Lyons J L. Stöferle T, Mahrt R F, Kovalenko M V, Norris D J, Rainò G, Efros A L. Bright triplet excitons in caesium lead halide perovskites. Nature, 2018, 553: 189-193.

[228] Yu Z G. Effective-mass model and magneto-optical properties in hybrid perovskites. Sci Rep, 2016, 6: 28576.

[229] Odenthal P, Talmadge W, Gundlach N, Wang R Z, Zhang C, Sun D L, Yu Z G, Vardeny Z V, Li Y S. Spin-polarized exciton quantum beating in hybrid organic-inorganic perovskites. Nat Phys, 2017, 13: 894-899.

[230] Yu Z G. Rashba effect and carrier mobility in hybrid organic-inorganic perovskites. J Phys Chem Lett, 2016, 7: 3078-3083.

[231] Yu Z G. Oscillatory magnetic circular dichroism of free-carrier absorption and determination of the Rashba dispersions in hybrid organic-inorganic perovskites. J Phys Chem Lett, 2018, 9: 1-7.

[232] Hirasawa M, Ishihara T, Goto T, Uchida K, Miura N. Magnetoabsorption of the lowest exciton in perovskite-type compound $(CH_3NH_3)PbI_3$. Physica B: Condens Matter, 1994, 201: 427-430.

[233] Giovanni D, Ma H, Chua J, Grätzel M, Ramesh R, Mhaisalkar S, Mathews N, Sum T C. Highly spin-polarized carrier dynamics and ultralarge photoinduced magnetization in $CH_3NH_3PbI_3$ perovskite thin films. Nano Lett, 2015, 15: 1553-1558.

[234] Deschler F, Price M, Pathak S, Klintberg L E, Jarausch D D, Higler R, Hüttner S, Leijtens T, Stranks S D, Snaith H J, Atatüre M, Phillips R T, Friend R H. High photoluminescence efficiency and optically pumped lasing in solution-processed mixed halide perovskite semiconductors. J Phys Chem Lett, 2014, 5: 1421-1426.

[235] Ponseca C S, Savenije T J, Abdellah M, Zheng K, Yartsev A, Pascher T, Harlang T, Chabera P,

Pullerits T, Stepanov A. Organometal halide perovskite solar cell materials rationalized: Ultrafast charge generation, high and microsecond-long balanced mobilities, and slow recombination. J Am Chem Soc, 2014, 136: 5189-5192.

[236] Lin Q, Armin A, Nagiri R C R, Burn P L, Meredith P. Electro-optics of perovskite solar cells. Nat Photonics, 2015, 9: 106-112.

[237] Miyata A, Mitioglu A, Plochocka P, Portugall O, Wang J T W, Stranks S D, Snaith H J, Nicholas R J. Direct measurement of the exciton binding energy and effective masses for charge carriers in organic-inorganic tri-halide perovskites. Nat Phys, 2015, 11: 582-587.

[238] Sun S, Salim T, Mathews N, Duchamp M, Boothroyd C, Xing G, Sum T C, Lam Y M. The origin of high efficiency in low-temperature solution-processable bilayer organometal halide hybrid solar cells. Energy Environ Sci, 2014, 7: 399-407.

[239] Isarov M, Tan L Z, Bodnarchuk M I, Kovalenko M V, Rappe A M, Lifshitz E. Rashba effect in a single colloidal $CsPbBr_3$ perovskite nanocrystal detected by magneto-optical measurements. Nano Lett, 2017, 17: 5020-5026.

[240] Wu C C, Wang D, Zhang Y Q, Gu F D, Liu G H, Zhu N, Luo W, Han D, Guo X, Qu B, Wang S F, Bian Z Q, Chen Z J, Xiao L X. $FAPbI_3$ flexible solar cells with a record efficiency of 19.38% fabricated in air via ligand and additive synergetic process. Adv Funct Mater, 2019, 29: 1902974.

[241] Lee G, Kim M, Choi Y W, Ahn N, Jang J, Yoon J, Kim S M, Lee J G, Kang D, Jung H S, Choi M. Ultra-flexible perovskite solar cells with crumpling durability: Toward a wearable power source. Energy Environ Sci, 2019, 12: 3182-3191.

[242] Zhang Q, Yu H M, Zhao F G, Pei L Y, Li J P, Wang K, Hu B. Substrate-dependent spin-orbit coupling in hybrid perovskite thin films. Adv Funct Mater, 2019, 29: 1904046.

[243] Yu H M, Zhang Q, Zhang Y R, Lu K, Han C F, Yang Y J, Wang K, Wang X, Wang M S, Zhang J, Hu B. Using mechanical stress to investigate the Rashba effect in organic-inorganic hybrid perovskites. J Phys Chem Lett, 2019, 10: 5446-5450.

[244] Yu H M, Wang M S, Han C F, Wang K, Hu B. Mechanically tuning spin-orbit coupling effects in organic-inorganic hybrid perovskites. Nano Energy, 2020, 67:104285.

第 4 章

自旋注入和操控

4.1 引言

有机自旋电子学为有机电子学和自旋电子学的交叉领域，在该领域中，自旋极化电子被当作信息载体并注入到有机半导体材料中，科学家较关注自旋在该类材料中的注入、输运、调控及探测；同时，也关注探索自旋在有机半导体中的弛豫时间和长度。本章将着重讲解自旋极化电子在有机自旋阀、磁隧穿器件、类自旋阀以及有机自旋光电器件中的电学输运，并且概述该领域迄今的部分研究动态。

4.2 有机自旋阀和有机磁隧穿结简介

有机自旋阀和有机磁隧穿结，这两种类型的有机自旋电子器件的结构都包含一个有机半导体层夹在两个铁磁电极之间，其主要区别在于有机层的有效厚度，该厚度决定了自旋和电荷载流子的输运方式，要么是跳跃式传导，要么是隧穿式传导。一般来讲，电子从一个电极通过间隔层隧穿到另一个电极的概率与该间隔层的厚度呈指数关系，隧穿效应在小于 10 nm 厚的间隔层中较为明显。

有机自旋阀一般由两个铁磁体以及二者中间的非磁性有机半导体层组成，通过自旋注入，使非磁性有机半导体层中存在自旋极化电流，器件的输出信号以电阻或电导的形式表示。该电阻或电导值依赖于两个铁磁材料间的相对磁化方向，这种依赖于磁场的电阻和电导分别被称为磁电阻和磁电导[1-4]。因此，这类自旋电子器件的功能类似于磁性开关，也称为有机磁性自旋阀[5-7]。如果非磁性填充层的厚度足够薄，范围在几埃米到几纳米之间，就形成了有机磁隧穿结[8]。电子隧穿概率由磁化矢量的相对方向决定(如自旋量子化方向)，这种与磁场相关的电阻变化被称为有机隧穿磁电阻。

　　图 4-1 所示的是器件结构。其中 FM1、TB 和 FM2 分别指的是一号铁磁体、填充层(隧穿结)和二号铁磁体。填充层可以是小分子材料，也可以是共轭聚合物。当其厚度为几埃到几纳米之间时，该器件中会发生电子隧穿，即电子穿过隧穿结形成电导[图 4-1(b)]。在外加电压 V 作用下的隧穿效应如图 4-1(c)所示。μ_1 和 μ_2 分别是 FM1 和 FM2 的电化学势，从图 4-1(a)中可以看出，电导可以表示为 $\cos(\theta)$ 的函数，其中 θ 是两个极化矢量的夹角：

$$G(\theta) = \frac{1}{2}(G_P + G_{AP}) + \frac{1}{2}(G_P - G_{AP}) \cdot \cos(\theta) \tag{4-1}$$

式中，G_P 和 G_{AP} 分别为 $\theta = 0°$ 和 $\theta = 180°$ 时的电导。有机隧穿磁电阻是由两个自旋量子化轴的耦合决定的，其定义为

$$TMR_{ratio} = \frac{G_P - G_{AP}}{G_{AP}} = \frac{R_{AP} - R_P}{R_P} \tag{4-2}$$

式中，R_{AP} 和 R_P 分别为角度等于 0° 和 180° 时的电阻。

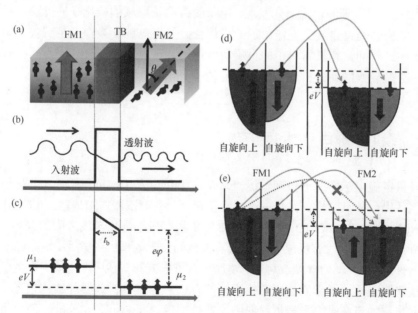

图 4-1　(a)传统磁隧穿结结构示意图；(b)电子隧穿，从左到右并穿过隧穿结；(c)偏压下的隧穿图形；(d)平行构型的自旋相关子带；(e)反平行构型的自旋相关子带[9]

　　有机隧穿磁电阻与铁磁电极(如 FM1 和 FM2)的自旋态密度紧密相关。图 4-1(d)和(e)分别描述了两种不同的情况，即磁化方向平行和磁化方向反平行。

蓝色和粉色用来区别多数自旋占据态(↑)和少数自旋占据态(↓)子带，较大的面积代表多数自旋的态密度。在隧穿过程中，由于自旋取向满足守恒条件，这保证了式(4-3)中的变化项δ方程$\delta(E_{k\uparrow\downarrow}-E_{\kappa\uparrow\downarrow}+eV)=0$，由此可产生一个有效的自旋隧穿概率$\Gamma_{1\to r}^{\uparrow\downarrow}(V)$。式中的 1 和 r 分别为铁磁 FM1 和 FM2；$\left|T_{\uparrow\downarrow}(k,\kappa)\right|^2$为自旋向上或自旋向下通道中从$k$到$\kappa$的隧穿概率；$f(E_{k\uparrow\downarrow})$为一定温度下的 Fermi-Dirac 分布。对于平行的情况，如图 4-1(d)所示，自旋极化电子从 FM1 的自旋态密度隧穿到 FM2 的自旋态密度，在该过程中始终保持自旋守恒。如果其中一个铁磁的相对磁化方向从平行转为反平行状态，如 FM2，该铁磁自旋占据态中两个自旋子带进行交换，如图 4-1(e)所示。

$$\Gamma_{1\to r}^{\uparrow\downarrow}(V)=\frac{4\pi^2}{h}\sum_{k,\kappa}\underbrace{\left|T_{\uparrow\downarrow}(k,\kappa)\right|^2}_{\text{隧穿概率}}\underbrace{f\left(E_{k\uparrow\downarrow}\right)}_{\text{占据态}}\underbrace{\left|1-f\left(E_{\kappa\uparrow\downarrow}\right)\right|}_{\text{非占据态}}\underbrace{\delta\left(E_{k\uparrow\downarrow}-E_{\kappa\uparrow\downarrow}+eV\right)}_{\delta\text{项}} \tag{4-3}$$

另一个通过电学方式判断有机自旋阀的有机层中自旋注入的方法是 Hanle 方法。但是，由于有机材料的无序性特点，其自旋极化电子传输与无机材料的情况有很大区别。Yu 等的理论研究发现，电荷的传输是局域的极化子通过跳跃机制完成的，它们会通过自旋交换作用进一步耦合。如果自旋交换作用足够快，超过了极化子跳跃时间，有机材料中的自旋和电荷运动可能不再耦合。因而，在有机材料中，交换导致的高效自旋输运过程抑制了 Hanle 效应。

4.3 有机自旋电子发展历程

有机自旋电子学中的自旋输运概念是由 Taliani 和 Dediu 等提出的，他们研究并且制备出一种具有横向结构的有机自旋电子器件，该器件结构包含 LSMO/六硫烯(sexithienyl, T_6)/LSMO，通过研究磁电阻和有机半导体厚度之间的关系，在具有 140 nm 厚度的 T_6 有机层中观测到了 30%的磁电阻率[10]。之后，Vardeny 研究组在器件结构为 LSMO/Alq$_3$/Co 中发现了有机自旋阀效应[1]，这项工作激发了很多后续研究工作，科学家尝试更换不同的有机半导体材料和器件结构来证明自旋注入和自旋输运在有机半导体材料中能够被实现。2007 年，Moodera 研究组报道了一项著名的研究工作，他们使用仅有 1.6 nm 厚度的 Alq$_3$ 和 0.6 nm 的 Al$_2$O$_3$ 作为隧穿结，制备了具有 Al/Al$_2$O$_3$(0.6 nm)/Alq$_3$(1.6 nm)/Co(8 nm) 器件结构的有机磁隧穿器件，在室温条件下，探测到了高达 4.6%的隧穿磁电阻率，该电阻率随着偏压增加而不断减小[11]。更为重要的是，他们利用 Tedrow-Meservey 方法[12]测量了自旋极化隧穿行为，这是首次在实验上真正地探测到从铁磁 Co 到 Alq$_3$ 的自旋极化率。由于人们普遍认为有机薄膜是由大量有机分子堆积而形成，所以金属和有机物的界面具有一定的不平整性，在有机半导体材料上所沉积的金属将会在一定程度上通过界面渗入到下层。因此，有机自旋器件的磁电阻率一直存在争议，很多研究致力于理解其基本机制，其中的一种尝试是在沉积磁性层之前用磁性纳米点作为缓冲层，这是因为部分人认为纳米点在有机层内的扩散率很低。Sun 等的研究发现，在有机自旋阀器件的 Co 层和 Alq$_3$ 层之间加入 Co 纳米点可以产生高达 300%的巨磁阻率。

在上述工作中，有机填充层的厚度变化范围很大，可以从几纳米到 100 多纳米，这些器件中都可以测量出有机磁电阻效应，但人们对于分子层的自旋弛豫过程仍然缺乏共识。Schoonus 等通过实验和模型计算对基于 Alq$_3$ 的典型有机自旋阀的自旋输运机制进行了系统研究，与自由电子相似，自旋极化电子在分子层内的运动也会随着层厚度的增加遵循连续跳跃机制[13]。虽然有机材料的自旋-轨道耦合效应并不明显，两次连续跳跃之间的时间可以长达 10 ns，但是由于氢原子核的局域场，自旋会受到小磁场的影响进而产生超精细相互作用。通过对不同 Alq$_3$ 厚度的自旋输运的研究发现，在超薄 Alq$_3$ 层中，直接隧穿占主导；而随着薄膜厚度的增加，开始出现两步和多步隧穿行为。该研究不但在有机半导体自旋输运方面提出了很有价值的理论模型，同时也总结出与磁电阻减少相关的一些因素，包括 Alq$_3$/Co 界面因素、隧穿步骤数的增加以及超精细相互作用所引起的自旋弛豫，这些因素与铁磁磁化方向并无关系。

相比于 Alq$_3$，仅含有碳原子的富勒烯(C$_{60}$)不存在显著的超精细耦合作用，该材料在自旋注入和自旋输运方面被认为非常具有潜质。2011 年，Gobbi 等制备了基于 25 nm C$_{60}$ 薄膜的自旋阀，在室温环境下实现了超过 5%的磁电阻率[6]，并进一步采用多步跳跃模型解释了器件中的电子和自旋相干传输的行为。一年后，Tran 等发表了另一篇有关 C$_{60}$ 磁隧穿结(magnetic tunneling junction，MTJ)的文章，深入研究了该器件的中间态自旋极化隧穿效应[14]。图 4-2 给出在室温和 5 K 环境下，隧穿磁电阻率和 C$_{60}$ 的厚度存在较强的依赖关系，插图给出该器件的磁开关行为。该工作进一步指明，由于铁磁体/有机界面存在一定的粗糙度，局部和非均匀静磁场中的自旋进动也可能对中间态的自旋移相有显著的贡献。与此同时，自旋极化电子传输在一些常用的有机小分子材料中也有相关报道，如红荧烯[15, 16]、并五苯[17, 18]、苝衍生物(PTCDA、PTCTE)[19]、α-NPD[20]、BF$_3$[21]、TPP[8]和酞菁铜，部分有机聚合物包括 P3HT[22]和 PPV[23]。

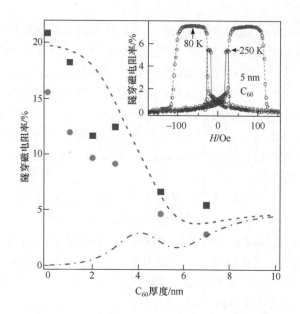

图 4-2 隧穿磁电阻率与 C_{60} 厚度的依赖关系[14]

绿色实心圆代表室温下的结果，蓝色实心方块是 5 K 下的结果。基于结电阻的直接隧穿和两步隧穿的模型计算由红色虚线表示。点划线代表两步隧穿过程的结果。插图中红色和蓝色分别是 80 K 和 250 K 下的隧穿磁电阻率测量结果

4.4 铁电极化调控有机自旋器件

在典型的有机自旋阀结构中，Sun 等在器件结构为 LSMO/Alq$_3$/Co/Au 中引入了铁电薄层，通过该材料来实现铁电调控磁电阻效应[24]。类似于 PbZr$_{0.2}$Ti$_{0.8}$O$_3$ (PZT)这样的铁电材料，其电极化很容易被外加电场来调节，在施加反向电场后，电极化方向也能够被切换。如图 4-3(a)所示，PZT 层介于 LSMO 和 Alq$_3$ 两层之间。在进行磁电阻测量之前，首先可通过外加偏压对 PZT 层进行电极化，由此在 LSMO 和 Alq$_3$ 界面处可形成排列好的偶极子。图 4-3(b)给出不同扫描电压范围下的电滞回线，也包括小范围电滞回线。LSMO 和 Alq$_3$ 界面处势垒的改变导致磁电阻率的大小和正负都有所改变[图 4-3(c)和(d)]。当极化电压和初始极化方向相反时，正向和负向磁电阻信号都可以观察到[图 4-3(e)和(f)]。于是提出了下面的结果：①PZT 的偶极矩会改变 Alq$_3$ 的 HOMO 能级位置，②Alq$_3$ 的 HOMO 能级移动导致了来自多数或少数自旋相关子带的初始自旋注入[图 4-3(g)和(h)]。

Liang 等研究了器件结构为 LSMO/PVDF/Co 的有机多铁性隧穿结，在该器件中，之前所提到的无机材料 PZT 被有机铁电材料 PVDF 所取代[25]。实验证实，通过调控 PVDF 的铁电极化过程可以有效地控制该器件的隧穿磁电阻率。该研究进

一步证明界面隧穿势垒对自旋注入和自旋输运具有显著的影响。此外，这里的 PVDF 扮演两个重要角色，一个是铁电极化层，另一个是隧穿结传输层。

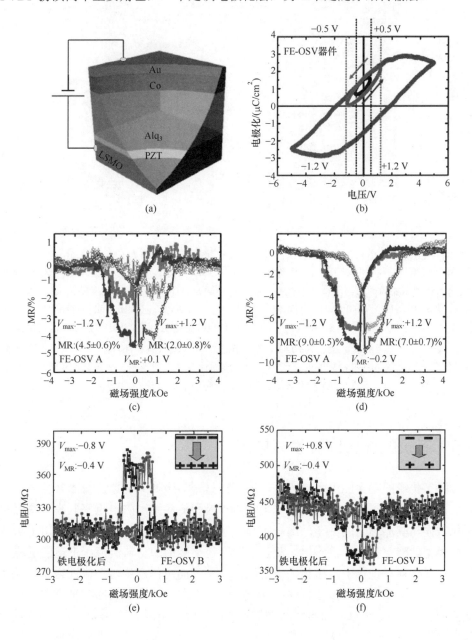

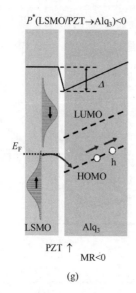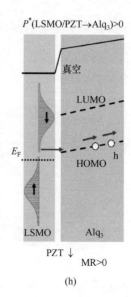

图 4-3 （a）基于铁电材料 PZT 的有机自旋阀的示意图，器件结构为 LSMO（基底）/PZT/Alq₃/
Co/Au；（b）铁电有机自旋阀的典型电极化-电压滞回曲线，黑色和粉色分别对应 V_{max} 为 ± 0.5 V
和 ± 1.2 V 的小滞回曲线，橙色和蓝色箭头表示磁电阻测量中扫描电压的方向；（c）磁电阻扫描
结果，偏压相同（V_{MR} = +0.1 V），初始偏压不同（V_{max} = ±1.2 V）；（d）磁电阻扫描结果，偏压相
同（V_{MR} = −0.2 V），初始偏压不同（V_{max} = ±1.2 V）；（e）磁电阻测量，偏压为−0.4V，初始偏压
为−0.8V；（f）磁电阻测量，偏压为+0.4V，初始偏压为+0.8V；（g）和（h）PZT 从两个相反的方向
电极化情况下，铁电有机自旋阀的能级图，白色圆圈代表空穴载流子，蓝色和红色箭头分别表
示 LSMO 的多数子带和少数子带的自旋极化空穴[24]

4.5　有机隧穿各向异性磁电阻

除了传统的隧穿磁电阻效应外，还存在另一类磁隧穿现象，即隧穿各向异性
磁电阻效应[26-30]。该效应仅需要一个铁磁材料和隧穿结，磁电阻率取决于铁磁的
磁化方向与其晶轴间的夹角。图 4-4 显示了两种不同的器件结构，分别用于两种
不同类型的隧穿各向异性磁电阻测量，隧穿势垒所用的材料类似于上述的磁隧穿
结。在器件运行过程中，磁化矢量可以在 x-y 平面内任意旋转，以铁磁薄膜平面
内任意一个晶轴方向为参考，即图 4-4 中的 x 方向，从该平面向 z 轴方向旋转。
图 4-4（a）和（b）分别对应面内和面外隧穿各向异性磁电阻。在实际实验中，铁磁材
料可以通过外延生长技术在一些合适的单晶基底上制备。该类铁磁薄膜通常具有
良好的晶体结构和磁学性质，磁场矢量施加在不同的晶轴方向上可以调节该铁磁
材料的态密度以及自旋-轨道耦合效应，进而产生各向异性磁电阻。图 4-4（a）和（b）

对应的两种隧穿各向异性磁电阻（TAMR）表达式分别为[31]

$$TAMR_{ratio}(\theta) = \frac{R(\theta) - R(0)}{R(0)} \tag{4-4}$$

$$TAMR_{ratio}(\phi) = \frac{R(\phi) - R(0)}{R(0)} \tag{4-5}$$

其中，θ 和 ϕ 为 M 与 x 参照轴之间的夹角，如图 4-4 所示；R 为某一角度下所产生的磁隧穿电阻。虽然两种构型的表达式形式上是相同的，但它们实际上对应于不同的物理情况。对于平面内构型来说，电流的方向总是垂直于 M。相对地，在平面外构型下，M 会随着电流的方向（垂直于隧穿结）而改变。对于平面外构型，在基于非晶隧穿结 AlO_x 的 $Fe/AlO_x/Si$ 器件中也有报道过 TAMR 效应。

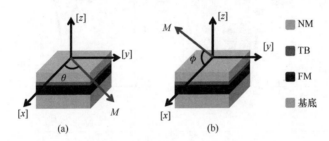

图 4-4　平面内 (a) 和平面外 (b) 的 TAMR 示意图[9]
FM、TB 和 NM 分别为铁磁层、隧穿势垒层和非磁性金属层，M 为磁化强度向量

2004 年，Gould 等首次发现并且提出了磁隧穿各向异性磁电阻效应，该效应基于的自旋器件结构为 $GaAs(001)/(Ga, Mn)As/AlO_x/Ti/Au$，器件中只有一个铁磁层，因此并不存在自旋阀中铁磁之间的磁矩耦合效应，但是这个自旋器件仍然能够在多个角度下产生显著的隧穿磁电阻效应。这一重要的科学现象启发了许多的后续工作，在研究初期主要还是集中在无机系统中。除了外延铁磁体的磁晶各向异性行为，Bychkov-Rashba 自旋-轨道耦合和 Dresselhaus 自旋-轨道耦合对 TAMR 效应也有一定贡献。2011 年，Grunewald 等首次报道了有机自旋电子学中 TAMR 的实验证据[32]。在大气环境下稳定并具有高迁移率的 n 型有机层 PTCDI-C4F7 与铁磁 LSMO 电极结合后，检测到类似于准自旋阀的开关行为。在该体系中，通过平面恒定磁场的 360° 旋转进一步证明了 TAMR 效应，并观察到了二重对称的 TAMR 比率，它实际上来源于 LSMO 层的双轴磁性各向异性。Wang 等对外延生长的 fcc-Co 电极上不同厚度的 C_{60} 分子薄层进行了系统研究[27]。平面内 TAMR 的二重对称性应归因于 Co 薄膜的单轴平面内磁晶各向异性（图 4-5）。由于在输运区域存在多步隧穿过程，TAMR 比率会随 C_{60} 层厚度的增加而减小。

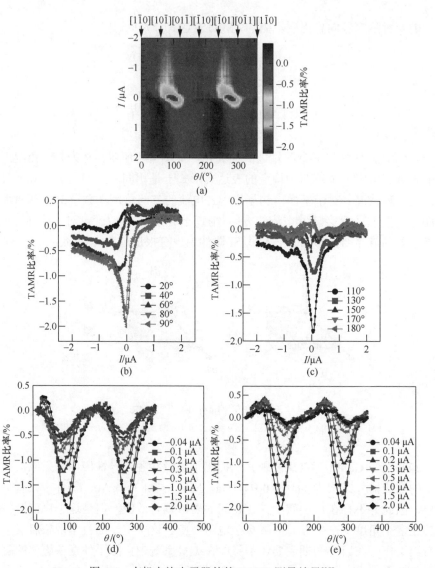

图 4-5　有机自旋电子器件的 TAMR 测量结果[27]

器件结构为 sapphire（单晶蓝宝石）/Co（8 nm）/AlO$_x$（3.3 nm）/C$_{60}$（4 nm）/Al（35 nm）。(a) 平面内 TAMR 比率作为外加电场 I 和角度的函数的等值线图。对于不同的偏压和角度，这里选取了一些图，如(b)～(e)所示。所有的测量都是在 5 K 下和 500 mT 的平面内恒定磁场下进行的

4.6　有机光电器件中激发态自旋阀效应

有机光电子学是一个非常广泛的研究领域，研究内容主要涉及有机光电材料

与器件，如有机发光二极管、有机太阳电池、有机晶体管、有机传感器、有机探测器等[33]，有机半导体材料在柔性电子、小型化器件、制备工艺上颇具优势，在部分器件中，如果使用自旋来代替电荷作为信息载体，能为低能耗器件的发展产生巨大的推动作用，这在科学和人类生活上具有重要意义。

在有机发光二极管中，单重态激子通常情况下在电致发光过程中占主导作用，而三重态激子主要参与相对较慢的物理衰减过程，即通过三重态激子发出磷光。Davis 等在理论方面研究了自旋依赖激子的形成过程，并报道了基于自旋阀的电致发光效应[34]。为了在有机发光二极管中实现与自旋相关的电致发光，器件在设计过程中使用了铁磁材料，使其分别作为顶电极和底电极。该磁性电极作为自旋极化源，它们的相对磁化方向决定了单重态和三重态激子之间的比例。该研究认为，自旋平行状态，也就是当磁化方向相同时，单重态比例会减少；而对于自旋反平行状态，也就是当磁化方向相反时，单重态比例会增加。磁控电致发光效应引起的电致发光正比于单重态的比例[34]：

$$ML = \frac{w_{s,max} - w_{s,min}}{w_{s,max}} = \frac{2}{1 + |P_e P_h|^{-1}} \tag{4-6}$$

式中，w_s 为单重态所占比例；P_e 和 P_h 分别为电子和空穴自旋极化率。与此同时，Arisi 等制备了两种不同的有机发光二极管器件，器件结构为 STO/LSMO/TPD/Alq$_3$/Al 和 glass（玻璃）/ITO/TPD/Alq$_3$/Al[35]，通过对比这两种有机发光二极管的开启电压、电流密度以及电致发光光谱，使用铁磁 LSMO 作为电极的器件没有表现出任何与自旋相关的效应。紧接着，一个瑞士科研团队 Salis 等研究了以 Ni 和 NiFe 为铁磁电极的有机发光二极管器件，使用 Alq$_3$ 和 STAD 分别作为电子传输层和空穴传输层。该报道发现了与平行磁构型相比，反平行磁构型的电致发光强度更强[36]。该实验结果与 Davis 的理论预测一致，这进一步证实了与激子相关联的自旋极化载流子和铁磁体磁化有关。

如何从理论上说明两个铁磁电极对电致发光的影响？2004 年，Bergenti 等发表了相关论文，通过非磁性电极、单磁性电极及双磁性电极三方面来论述了这一问题。根据电子和空穴的自旋取向可将其排列为 e$^\uparrow$h$^\uparrow$、e$^\uparrow$h$^\downarrow$、e$^\downarrow$h$^\uparrow$、e$^\downarrow$h$^\downarrow$，综合考虑单重态和三重态统计分布，电子和空穴反平行状态对应 $\frac{(S+T)}{2}$，因此，4 个电子-空穴对包含 1 个单重态和 3 个三重态，单重态的比例占 $\frac{1}{4}$：

$$e^\uparrow h^\uparrow + e^\uparrow h^\downarrow + e^\downarrow h^\uparrow + e^\downarrow h^\downarrow = T + \frac{(S+T)}{2} + \frac{(S+T)}{2} + T = S + 3T \tag{4-7}$$

对于单铁磁电极器件，如果将自旋向上($\uparrow$)作为参考系，则这时单重态和三重态的数据统计可以表示为

$$e^{\uparrow}h^{\uparrow} + e^{\uparrow}h^{\downarrow} = T + \frac{(S+T)}{2} = \frac{S}{2} + \frac{3T}{2} \tag{4-8}$$

这里，单重态比例仍为$\frac{1}{4}$。然而，当两个电极均为铁磁时，且其磁化方向可受外界磁场调控，由于两个铁磁电极的反平行状态较易形成单重态，平行状态较易形成三重态，因此有望实现自旋极化电子和空穴注入效率翻倍：

$$e^{\uparrow}h^{\downarrow} = \frac{(S+T)}{2} = \frac{S}{2} + \frac{T}{2} \tag{4-9}$$

这一概念为制备高效率的自旋有机发光二极管提供了可行性。

对于一个有机发光二极管来讲，要达到足够高的电致发光强度需要相对较大的外加偏压，这对其能耗和寿命具有很大的挑战。2012 年，Valy Vardeny 课题组报告了一种基于 OLED 的双极有机自旋阀器件[37]。他们在实验中创造了两个重要的科研技术，一个是使用氘代有机聚合物 D-DOO-PPV，其目的是减小超精细耦合作用，同时增大自旋扩散长度；另一个是在 D-DOO-PPV 有机层和铁磁 Co 电极之间制备一层很薄的缓冲层，如 LiF，以此来提高自旋和电荷载流子的注入效率，并且减少有机层和铁磁界面处的反应。整个器件结构如图 4-6(a)所示，在电致发光过程中，发射光可以透过半透明薄膜 Co/Al 并被检测到。图 4-6(b)给出该器件在 10 K 下测得的电致发光磁场效应曲线，器件中包含 25 nm D-DOO-PPV和 1.5 nm LiF，图中黑色虚线表示电致发光磁场效应曲线，该信号源于有机层

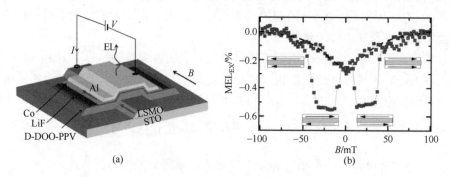

图 4-6   (a)由 STO(基底)/LSMO/D-DOO-PPV/LiF/Co/Al 组成的自旋 OLED 的示意图，光是从顶部发射的；(b)在 4.5 V 偏压、10 K 温度下测量自旋 OLED 的电致发光磁场效应，红点和蓝点分别对应从负到正、从正到负两个相反的磁场扫描方向，黑色虚线描述了一个固有的电致发光磁场效应背景信号，黑色箭头表示电极的磁化方向[37]

D-DOO-PPV 本身。该工作表明，与自旋相关的电致发光磁场效应和自旋扩散长度与材料中的同位素存在依赖关系。

Sun 等将有机自旋阀效应和太阳电池结合起来，利用自旋极化电子作为载流子研究光伏响应[38]。图 4-7(a) 给出了有机自旋光伏器件 Si/SiO$_2$/Co/ AlO$_x$/C$_{60}$/NiFe 的结构示意图，其中镍铁合金 NiFe 电极是半透明的。图 4-7(b) 是该自旋器件在 80 K 和 295 K 时测得的磁电导曲线，高电导和低电导分别用反平行和平行箭头表示，低温有助于增强磁电率。对于这种单层有机分子薄膜太阳电池，在室温白光照射下可以获得典型的光伏响应，图 4-7(c) 给出该太阳电池在暗态和光照下的光伏 I-V 特征曲线。图 4-8(a) 和 (b) 描述了自旋光伏器件中自旋效应和光伏行为的示意图，从图 4-8(a) 的图 a1 和图 a2 中可以看到，在没有外加偏压 (V_{app}) 的情况下，由于内建电场的作用，光生电子和空穴载流子可以被两个铁磁电极所收集并产生短路电流密度 J_{sc}。如果在稳态下测试该器件，可以发现稳态下的开路电压 V_{OC} 是由两个铁磁电极的相对方向所决定的，如图 4-8(c) 和 (d) 所示。图 4-8(e) 总结了三种不同的 I-V 特性曲线，分别对应暗态、光照自旋平行、光照自旋反平行。该工作提出了有机自旋阀调控光伏性能的重要概念。

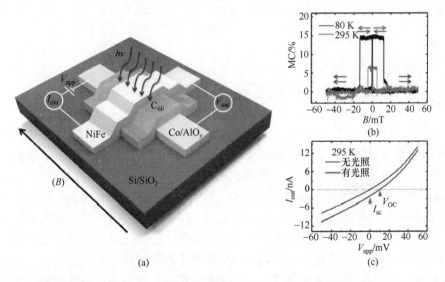

图 4-7　(a) 由 Si/SiO$_2$/Co/AlO$_x$/C$_{60}$/NiFe 组成的垂直有机自旋电子器件的结构示意图，光通过顶部半透明 NiFe 电极发射出来；(b) 磁电阻率曲线在 80 K 和 295 K 的环境下都具有明显的自旋平行和反平行磁矩耦合效应；(c) 在 295 K 下有光照和无光照的 I-V 特征曲线[38]

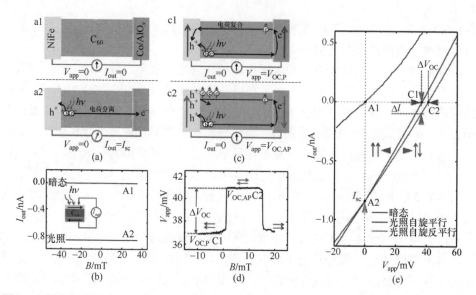

图 4-8 （a）短路情况下（$V_{app}=0$）的磁自旋光伏响应；（b）输出电流 I_{out} 表明了光伏响应；（c）在开路条件和外加磁场下该器件的工作示意图；（d）80 K 下平行和反平行磁构型的 V_{app}-B 曲线；（e）铁磁电极的磁矩为平行和反平行时，在白光照射下（7.5 mW/cm²）的 I-V 曲线，测量是在 80 K 下进行的[38]

4.7 有机-无机杂化钙钛矿自旋输运研究

  有机-无机杂化钙钛矿（以下简称钙钛矿）具有较高的载流子迁移率、较大的可见光吸收系数、较小的激子结合能及较长的电子和空穴扩散长度，近年来被广泛应用于太阳电池和发光二极管中[39-43]。从钙钛矿化学组成来看，该类材料中的重金属元素可产生较强的自旋-轨道耦合效应[44-46]。而且，由于其晶体结构反演不对称，钙钛矿中会出现 Rashba 效应，使自旋简并的能带在空间中劈裂成两个自旋极化的子能带，偏离布里渊区的对称中心位置[47,48]。由此可见，钙钛矿是一种结合了半导体、极化和自旋这三大物理属性的新型多功能材料。在与自旋相关的钙钛矿电学输运方面，研究主要涉及自旋极化电子输运和激发态下磁场效应。在自旋输运方面，研究者可通过钙钛矿自旋阀器件来研究该输运过程。典型的钙钛矿自旋阀器件是由上下铁磁电极和中间的钙钛矿层构成，外加磁场可以改变上下两个铁磁电极的磁化方向[49]。当对该器件施加一个偏置电压时，自旋极化载流子从铁磁电极的一端注入，通过钙钛矿层后到达另一个铁磁电极层。在整个自旋输运过程中，磁电阻是反映自旋阀器件性能的一个重要物理指标。另外，铁磁和非磁性钙钛矿之间会形成自旋界面，该界面电子态密度与自旋极化有依赖关系。在自旋阀器件中，自旋界面会对自旋注入、输运和探测过程有较大的影响，特别是对磁电阻的影响。而且，研究者发现在该自旋界面处自旋电流可以有效地转化为电荷电流，同时利用脉冲自旋泵浦的方法可得出该转化效率。

4.7.1　钙钛矿的晶体结构和电子结构

图 4-9(a) 是钙钛矿的晶体结构，其化学表达式为 ABX_3。其中 A 位可以是有机阳离子，如甲胺离子($CH_3NH_3^+$，MA)、甲脒离子[$HC(NH_2)_2^+$，FA]，或无机阳离子，如铯离子(Cs^+)；B 位为金属阳离子，如铅离子(Pb^{2+})、锡离子(Sn^{2+})等；X 位为卤族元素离子，如碘离子(I^-)、溴离子(Br^-)、氯离子(Cl^-)。B 位和 X 位构成八面体结构，A 位离子填充于八面体的间隙中。此外，A、B 和 X 位还可以分别混合多种离子，形成掺杂结构。通过掺杂不同的元素和比例，可以调节钙钛矿的物理属性。例如，在 A 位掺杂体积较大的离子，会使钙钛矿的晶格扩张，导致其带隙减小；在 X 位掺入离子($I \rightarrow Cl$)，可以增强 X 位的电负性，使 X 位与 B 位离子形成的化学键减弱，导致钙钛矿的带隙增大。

通常，半导体材料中的电子和空穴分别被描述为在 k 空间中导带和价带极值点处自旋简并的抛物线形[图 4-9(b)]，其能量表达式为

$$E^\pm(k) = \frac{\hbar^2 k^2}{2m^*} \tag{4-10}$$

式中，k 为波矢；$\hbar = h/2\pi$，为约化普朗克常量；m^* 为电子或者空穴的有效质量。如果半导体材料具有较强的 SOC 作用和空间结构反演破坏，从而产生 Rashba 效应，导致 k 空间中的自旋简并消除，劈裂形成两个自旋极化子能带[图 4-9(b)]，此时能量表达式[50]为

$$E^\pm(k) = \frac{\hbar^2 k^2}{2m^*} \pm \alpha_R |k| \tag{4-11}$$

在图 4-9(b) 中，这两个自旋极化子能带偏离布里渊区的对称中心点 Γ。其中，$\alpha_R = 2E_R/k_0$，为 Rashba 分裂系数；E_R 为 Rashba 劈裂形成的带边和直接带隙间的能量差值；k_0 为发生 Rashba 分裂后引起能带在 k 空间中的偏移量。

研究者发现钙钛矿的晶体结构并不是严格的中心反演对称，原因是金属与卤素构成的八面体(BX_6)结构略微被扭曲，而且八面体间隙中的有机阳离子会以一定取向快速转动，破坏了晶体结构的中心反演对称性。另外，钙钛矿中存在重金属元素(如 Pb、I、Sn)而表现出较强的 SOC。Even 等计算 $MASnI_3$ 和 $MAPbI_3$ 的能带时发现其空间结构反演对称受到破坏，带边产生了自旋劈裂，在 k 空间中不同自旋态的能带偏离钙钛矿的 Γ 点[图 4-9(c)]。Kim 等通过第一性原理计算发现

钙钛矿的导带底为自旋-轨道耦合态（自旋角动量 $S = 1/2$，轨道角动量 $L = 1$，总角动量 $J = 1/2$）；价带顶为纯自旋态（$S = 1/2$，$J = 1/2$）[51]。因此，钙钛矿被认为是发生 Rashba 效应的理想材料（α_R 为几个电子伏埃）。如图 4-9 (d) 所示，铁电材料或者外加电场均可以调控 Rashba 效应，导致钙钛矿的导带底和价带顶分别呈现出相反的角动量螺旋方向。

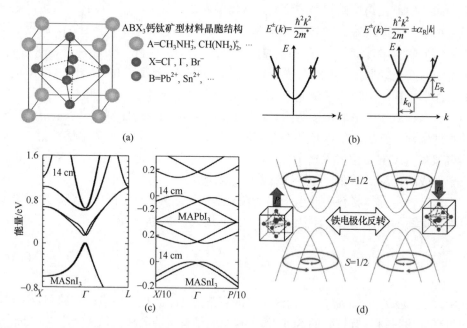

图 4-9　(a)有机-无机杂化钙钛矿的晶体结构；(b)Rashba 效应示意图；(c)具有不同自旋极化的 Rashba 分裂子带偏离 k 空间中的 Γ 点；(d)Rashba 分裂子带的自旋螺旋性[51]

图 4-10(a) 是通过第一性原理计算得到的 PbI$_3$ 和 MAPbI$_3$ 的电子能带结构和它们的态密度[52]。MAPbI$_3$ 的导带是由 Pb 6p 轨道和 I 5s 轨道构成，价带是由 Pb 6p 和 I 5p 反键轨道构成，且价带靠近费米能级。因此，MAPbI$_3$ 被认为是典型的 p 型半导体材料。在不考虑 SOC 作用时，PbI$_3$ 和 MAPbI$_3$ 的直接带隙位于 R[111]处，这就说明 MAPbI$_3$ 中的有机阳离子对钙钛矿的电子结构影响较小。图 4-10(b) 是有 SOC 效应或无 SOC 效应时 PbI$_3$ 的电子能带变化情况。图 4-10(c) 是基于考虑准粒子能和 SOC 效应时 MAPbI$_3$ 的带隙能量和非简并能级劈裂情况。从图中可得，SOC 效应均会引起 PbI$_3$ 和 MAPbI$_3$ 的能带变化。

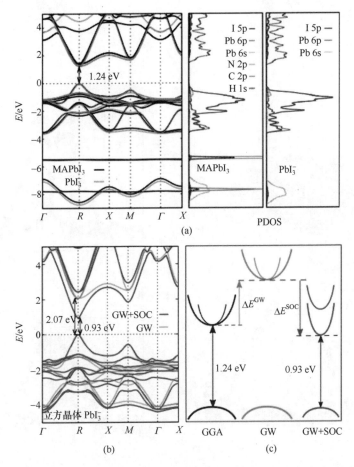

图 4-10　(a) 无 SOC 作用时，立方晶体 PbI$_3^-$ (绿色虚线) 和 MAPbI$_3$ (黑色实线) 的电子能带结构图以及它们的投影态密度；(b) 有或无 SOC 作用时，立方晶体 PbI$_3^-$ (红色实线) 和 MAPbI$_3$ (绿色实线) 的电子能带结构；(c) 准粒子能和 SOC 作用诱导 MAPbI$_3$ 的能量变化和非简并能级劈裂[52]

4.7.2　三维钙钛矿自旋电子器件中的自旋输运

图 4-11(a) 展示了钙钛矿自旋阀器件结构。该器件是由上下两种铁磁电极 [La$_{0.63}$Sr$_{0.37}$MnO$_3$(LSMO) 和 Co] 及中间的钙钛矿层构成，其中铁磁电极在空间上互相垂直。当器件接入偏置电压时，自由电荷载流子从一个电极注入，通过钙钛矿层到达另一个铁磁电极。改变外加磁场时，器件两端的铁磁电极的磁化方向会随之改变。在特定磁场下，铁磁电极的磁化方向会出现平行或者反平行。当磁化方向相互平行时，自旋阀器件的电阻为 R_P；当磁化方向反平行时，器件电阻为 R_{AP}。因此，器件的磁电阻 (MR) 值在 R_P 和 R_{AP} 之间变化，表现出自旋阀效应，MR

可定义为

$$MR = \frac{R_{AP} - R_P}{R_{AP}} \times 100\% \tag{4-12}$$

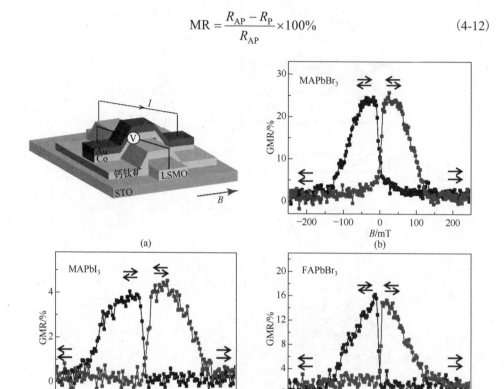

图 4-11　(a) 钙钛矿自旋阀器件结构；(b)～(d) 温度为 10 K 和偏置电压为 0.1 V 时三种钙钛矿
自旋阀器件的巨磁电阻(GMR)效应[53]

图 4-11(b)～(d) 分别是三种钙钛矿(MAPbBr$_3$、MAPbI$_3$、FAPbBr$_3$)自旋阀器件在偏置电压为 0.1 V 和温度为 10 K 时的 GMR 曲线，均表现出自旋阀效应。这三个器件的 MR 最大值(MR$_{max}$)分别可达 25%、5% 和 16%。其中，FAPbBr$_3$ 器件中的电极磁化方向出现反平行时的磁场值约为 25 mT，该值大于 MAPbBr$_3$ 和 MAPbI$_3$ 器件中对应的磁场值(50 mT)。这是因为铁磁电极与钙钛矿间由于自旋-轨道杂化而形成自旋界面，导致这三种钙钛矿自旋阀器件中的铁磁电极出现磁化方向平行或反平行时的磁场值各不相同。因此，由 MR 曲线可知这三种钙钛矿自旋阀器件中均发生了自旋注入和输运过程，而且钙钛矿中的化学组分对该过程产生调控作用。

4.7.3　钙钛矿自旋器件中的自旋扩散长度和自旋寿命

图 4-12(a) 显示了钙钛矿层的厚度与磁电阻间的关系。当钙钛矿层厚度逐渐增加时，这三种钙钛矿器件表现出的最大磁电阻值均会逐渐减小。这是因为钙钛矿层的厚度可以改变自旋扩散长度(λ_{sd}, $\lambda_{sd} = \sqrt{3D_s\tau_s}$)。通过利用 Julliére 模型可以写出磁电阻与厚度之间的关系为

$$GMR_{max} = \frac{2P_1P_2 e^{\frac{d-d_0}{\lambda_{sd}}}}{1 - P_1P_2 e^{\frac{d-d_0}{\lambda_{sd}}}} \tag{4-13}$$

式中，P_1 和 P_2 分别为这两种铁磁电极的自旋极化率；d_0 为钙钛矿层的厚度。将图 4-11(b)～(d) 中的实验数据代入式(4-13)中，可以计算出钙钛矿中的 λ_{sd}。因此，可得 MAPbBr$_3$、MAPbI$_3$、FAPbBr$_3$ 中的 λ_{sd} 分别为 (221±18) nm、(108±11) nm、(231±12) nm，其他参量如表 4-1 所示。其中，λ_{sd}(MAPbBr$_3$) ≈ λ_{sd}(FAPbBr$_3$) > λ_{sd}(MAPbI$_3$)。这就表明钙钛矿中重金属元素越多(Pb、I)，λ_{sd} 越短。相反，仅仅改变有机基团(MA→FA)而不改变其他化学组分，λ_{sd} 变化不明显。因此，钙钛矿中的 SOC 作用越强，λ_{sd} 就越小，但有机基团基本不会改变其 λ_{sd}。基于此，保持钙钛矿层厚度不变，通过测量不同温度下钙钛矿自旋阀器件的最大磁电阻值，然后根据式(4-13)计算出不同温度下对应钙钛矿层中的 λ_{sd}。如图 4-12(b) 所示，这

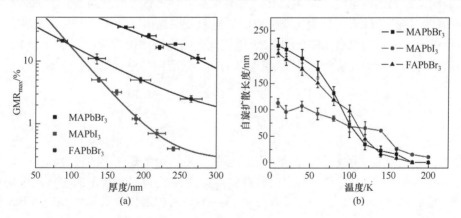

图4-12　(a) 三种钙钛矿自旋阀器件中钙钛矿层厚度依赖的 GMR$_{max}$ 曲线，实线是通过方程(4-13)拟合的曲线；(b) 温度依赖的自旋扩散长度曲线，该曲线数值来源于自旋阀器件的巨磁电阻效应，其中温度变化范围为 10～200 K[53]

三种钙钛矿器件中的 λ_{sd} 均会随温度的升高而缩短。MAPbBr₃ 和 FAPbBr₃ 中的 λ_{sd} 曲线在温度为 20～140 K 范围内快速下降；在低温范围（$T < 50$ K），MAPbBr₃ 和 FAPbBr₃ 中的 λ_{sd} 远远大于 MAPbI₃ 中的 λ_{sd}。由此可见，温度可以调控钙钛矿器件中的 λ_{sd}，而且这种温度依赖关系与碘化物和溴化物钙钛矿的相变温度有关。

表 4-1 三种钙钛矿自旋阀器件中的自旋参量[53]

钙钛矿	λ_{sd}/nm	g_h 因子	τ_s/ps	D_s/(cm²/s)	λ_{sd}/nm
MAPbBr₃	221 ± 18	0.55	802 ± 32	0.14 ± 0.04	184 ± 11
MAPbI₃	108 ± 11	0.33	356 ± 22	0.12 ± 0.05	113 ± 7
FAPbBr₃	231 ± 12	0.55	788 ± 26	0.18 ± 0.06	206 ± 12

为了探究钙钛矿中的自旋寿命（τ_s），对自旋阀器件进行 Hanle 效应测量，具体的实验测量示意如图 4-13(a)所示。外加磁场 B_z 垂直于整个器件平面，在外加偏压下，注入的自旋极化电子会围绕磁场 B_z 方向产生拉莫尔进动，进动频率可表示为 $\omega_L = g\mu_B B_z/\hbar$，同时扩散进入钙钛矿层。由于钙钛矿自旋阀器件在小偏置电压下，器件内部的电荷输运呈现扩散态，自旋极化电子的自旋进动会减弱最初从磁性电极两端注入的极化电荷的自旋角动量，该过程被称为自旋相移，并且会减小自旋阀器件的磁电阻值。图 4-13(b)～(d)是这三种钙钛矿自旋阀器件的 Hanle 效应曲线。这些曲线表明自旋阀器件中的磁电阻效应是由钙钛矿层中的自旋输运过程所引起，并不是来自 LSMO 与 Co 电极间的隧穿磁电阻效应。为了分析 Hanle 效应，可利用一维自旋漂移-扩散模型对 Hanle 效应曲线进行拟合：

$$\Delta R(B_z) \propto \int_0^\infty \frac{1}{\sqrt{4\pi D_s t}} e^{\left(-\frac{d^2}{4D_s t}\right)} \cos(\omega_L t) e^{\left(-\frac{t}{\tau_s}\right)} dt \qquad (4\text{-}14)$$

式中，D_s 为自旋扩散系数；d 为钙钛矿层的厚度。由于器件中的自旋载流子以空穴为主，则式(4-14)中的 τ_s 为空穴的自旋寿命，ω_L 为自旋载流子的拉莫尔进动频率。对于 MAPbI₃ 而言，g_h 因子为 0.33，另外两种溴化物钙钛矿（MAPbBr₃ 和 FAPbBr₃）中的 g_h 因子均为 0.55。利用式(4-14)对图 4-13(b)～(d)中的磁电阻曲线进行拟合，就能得到这三种钙钛矿器件中的 τ_s 分别为(802 ± 32) ps，(356 ± 22) ps 和(788 ± 26) ps。显然，MAPbBr₃ 和 FAPbBr₃ 中的 τ_s 非常接近，而 MAPbI₃ 与这两种溴化物钙钛矿中的 τ_s 值相差很大。这就表明钙钛矿中的有机组分对 τ_s 影响较小。相反，重金属元素对自旋寿命起决定性作用。另外，根据 λ_{sd} 与 τ_s 间的关系

$\left(\lambda_{\text{sd}}=\sqrt{3D_{\text{s}}\tau_{\text{s}}}\right)$，可以计算出这三种钙钛矿的 D_{s}，如表 4-1 所示。从表中可知，

$D_{\text{s}}(\text{FAPbBr}_3)\approx D_{\text{s}}(\text{MAPbBr}_3)>D_{\text{s}}(\text{MAPbI}_3)$。

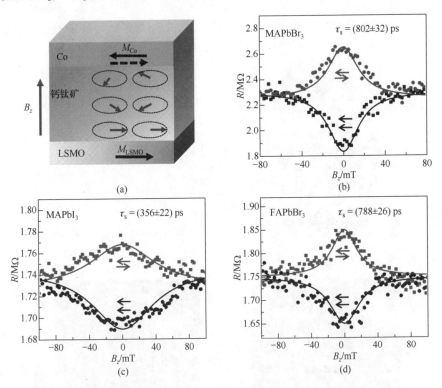

图 4-13　(a) 钙钛矿自旋阀器件的 Hanle 效应测量示意图，当两个铁磁电极的磁化方向平行或者反平行时，施加面外方向的磁场；(b)～(d) 温度为 10 K 条件下 MAPbBr$_3$、MAPbI$_3$ 和 FAPbBr$_3$ 自旋阀器件的巨磁电阻效应，实线是利用一维自旋漂移-扩散模型得到[53]

4.7.4　二维手性钙钛矿自旋电子器件中的自旋输运

最近，二维手性钙钛矿材料(即将手性有机分子融入到二维钙钛矿中)引起了研究者的广泛关注。在温度为 2 K 的条件下，研究者发现外加磁场 $B=0$ 时融入手性有机分子的二维 Pb-Br 钙钛矿多层膜的自旋极化光致发光可达 3%，这就表明钙钛矿的自旋电子特性可以被融入的有机基团的手性所调控。手性钙钛矿体系中的自旋极化电荷输运表明，注入的极化电流是优先于其中一个自旋态，并且依赖于手性有机分子的手性。因此，这种杂化手性钙钛矿起到自旋过滤的作用，该种现象被称为手性诱导的自旋选择(chiral-induced spin selectivity，CISS)。图 4-14 (a) 和 (b) 分别是二维手性钙钛矿材料 $(R\text{-MBA})_2\text{PbI}_4$ 和 $(S\text{-MBA})_2\text{PbI}_4$ 的晶体结构和

XRD 图谱。XRD 图谱表明这两种手性材料的结晶度相当，只有(002)峰位可被探测到，除此之外没有其他杂峰出现。为了进一步确定这两种材料的结晶度，还测量了它们的二维 XRD 图谱，如图 4-14(c) 和(d)所示。从图中可见，(R-MBA)$_2$PbI$_4$ 和(S-MBA)$_2$PbI$_4$ 薄膜均呈现出明显的布拉格点，表明这两种薄膜中的晶粒是高度取向的。

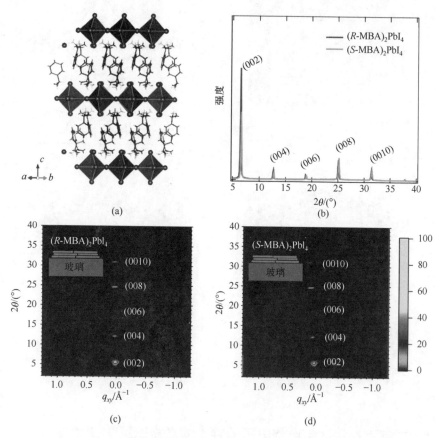

图 4-14　(a)手性钙钛矿的晶体结构；(b)～(d)手性钙钛矿薄膜的一维 XRD 和二维 XRD 图谱[54]

图 4-15(a)是(R-MBA)$_2$PbI$_4$、(S-MBA)$_2$PbI$_4$ 和(rac-MBA)$_2$PbI$_4$ 薄膜的光吸收谱，这些材料均在 500 nm 处表现出极强的光吸收能力，表明二维钙钛矿层中存在介电和量子束缚性。图 4-15(b)是这三种钙钛矿薄膜的圆二色谱(circular dichroism，CD)。(R-MBA)$_2$PbI$_4$ 和(S-MBA)$_2$PbI$_4$ 的圆二色谱表现出明显的衍射特征，而且这两种手性钙钛矿的 CD 信号是相反的，但出现 CD 信号的峰位是相同的，分别为 215 nm、260 nm、310 nm、380 nm、497 nm 和 508 nm。在 215 nm 和 260 nm 处出现高能量 CD 信号，这是由其中孤立有机分子(R-MBA 和 S-MBA)

的光学行为引起。而那些低能量 CD 效应来自无机 Pb-I 框架中的光学行为。此外，$(rac\text{-MBA})_2PbI_4$ 表现出微弱的 CD 信号。因此，手性有机分子的融入导致无机元素 Pb-I 框架内产生光学手性。

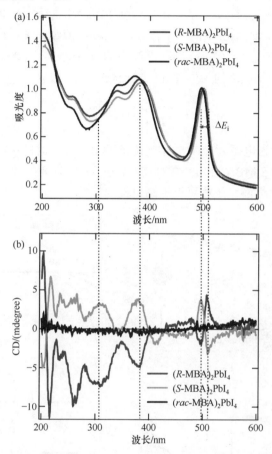

图 4-15　$(R\text{-MBA})_2PbI_4$、$(S\text{-MBA})_2PbI_4$ 和 $(rac\text{-MBA})_2PbI_4$ 的线性吸收谱(a)和圆二色谱(b)[54]

　　图 4-16(a) 是磁电导(mCP)-探针 AFM 测量原理示意图。在氟掺杂氧化锡(fluorine-doped tin oxide，FTO) 导电玻璃上旋涂一层二维手性钙钛矿，然后利用有磁性的 Co-Cr 电导探针 AFM 探测手性二维钙钛矿中的自旋电荷输运过程。器件的顶部被一个具有不同磁化方向的永久磁铁磁化。当给 FTO 导电玻璃施加偏压时，这些电子先是从基底注入，然后通过二维手性钙钛矿层后到达顶端。当载流子通过手性有机分子从无机层隧穿时会发生垂直方向的电荷输运过程。在手性分子的中心，螺旋电位可以调控隧穿载流子的不同自旋极性的电荷转移。图 4-16(b)～(d)为室温环境不同磁化方向下不同手性钙钛矿薄膜的电流-电压(I-V) 曲线。这些 I-V 曲线均呈现出 S 线形，表明电荷在输运中发生了双势垒隧穿

过程。对于图 4-16(b) 中的 (R-MBA)$_2$PbI$_4$ 薄膜而言，顶部磁化方向朝上时的电流大于磁化方向朝下时的电流。这就表明自旋取向平行于顶部磁化方向的载流子比那些反平行自旋取向的载流子优先从 FTO 转移到顶端。相反，对于图 4-16(d) 中的 (S-MBA)$_2$PbI$_4$ 薄膜而言，顶部磁化方向朝下时的电流大于磁化方向朝上时的电流。但是，对于图 4-16(c) 中的非手性 (PEA)$_2$PbI$_4$ 薄膜，无论顶部的磁化方向朝上还是朝下或者无磁化，(PEA)$_2$PbI$_4$ 薄膜中的电流大小都比较接近。为了量化不同钙钛矿薄膜中极化电流的各向异性，自旋极化 P 可以定义为

$$P = \frac{I_+ - I_-}{I_+ + I_-} \times 100\% \tag{4-15}$$

式中，I_+ 和 I_- 分别为电压为 −2 V 时顶端磁场朝上和朝下时的电流大小。计算可得 (R-MBA)$_2$PbI$_4$ 和 (S-MBA)$_2$PbI$_4$ 中的自旋极化率分别为 86% 和 −84%。如此高的自旋极化率说明多手性隧穿过程可以提高自旋选择性。

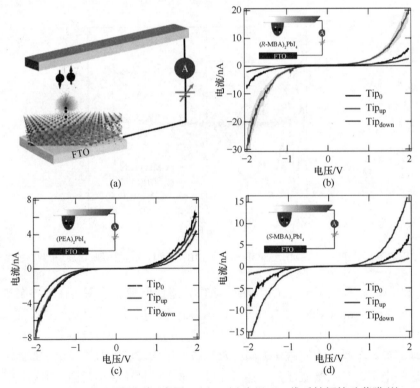

图 4-16　(a) mCP-AFM 测量原理示意图；(b)～(d) 室温下二维手性钙钛矿薄膜(约 50 nm) (R-MBA)$_2$PbI$_4$ 和 (S-MBA)$_2$PbI$_4$ 以及非手性二维钙钛矿 (PEA)$_2$PbI$_4$ 的 I-V 曲线，其中蓝色、红色和黑色曲线分别表示顶部的磁化方向为朝北、朝南和无磁化[54]

二维手性钙钛矿自旋阀器件结构如图 4-17 中的插图所示。其结构是由单个铁磁性电极 NiFe、二维手性钙钛矿和非磁性电极 ITO 组成。显然，这种自旋阀器件不同于传统自旋阀器件，原因是器件两极并不都是铁磁电极，其中一个为非磁性电极 ITO。图 4-17(a)～(c)为在 10 K 下测得二维手性钙钛矿(R-MBA)$_2$PbI$_4$ 和(S-MBA)$_2$PbI$_4$ 以及非手性二维钙钛矿(PEA)$_2$PbI$_4$ 自旋阀器件的磁电阻曲线。它们的磁电阻效应可定义为

$$MR = \frac{R(B) - R(0)}{R(0)} \times 100\% \qquad (4\text{-}16)$$

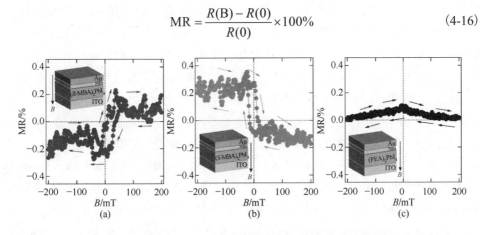

图 4-17　正向电压为 0.5 V 和 10 K 下(R-MBA)$_2$PbI$_4$(a)、(S-MBA)$_2$PbI$_4$(b)、(PEA)$_2$PbI$_4$ 的 MR 效应曲线，其中钙钛矿薄膜的厚度约为 60 nm[54]

首先，从图 4-17(a)和(b)可以看出这两种手性钙钛矿自旋阀器件的 MR 效应是相反的；其次，MR 效应服从磁性电极的磁滞回线，原因是注入载流子的自旋极化正比于磁性电极 NiFe 的磁化。这种具有相反手性钙钛矿自旋阀器件的相反 MR 效应表明从磁性电极 NiFe 处注入的自旋极化载流子通过手性钙钛矿层的同时还发生了 CISS。此外，图 4-17(c)中非手性二维钙钛矿(PEA)$_2$PbI$_4$ 的磁电阻并未表现出与手性二维钙钛矿类似的 MR 效应曲线，而且未遵循 NiFe 的磁化曲线。因此，非手性(PEA)$_2$PbI$_4$ 自旋阀器件中不会发生 CISS。

这两种手性钙钛矿中所发生的 CISS 是由手性有机层形成的自旋极化隧穿势垒造成的，而且在手性二维钙钛矿体系中可以形成无机层和有机层交替的多层势垒。载流子通过有机层的隧穿势垒高度取决于手性分子的自旋和手性。由于 NiFe 和 ITO 的功函数与二维钙钛矿的价带比较接近，因而器件中的载流子以空穴为主。器件中自旋极化的隧穿势垒作为自旋过滤，会优先促进载流子在某一个自旋方向的隧穿。因此，二维手性自旋阀器件的 MR 效应与 mCP-AFM 测量结果一致，均是来源于钙钛矿中无机和有机分子间隧穿势垒中的 CISS。

4.7.5 钙钛矿自旋霍尔效应

SOC 效应对电子自旋的探测和调控极其关键，具体表现为：SOC 可以通过自旋霍尔效应(spin Hall effect，SHE)和逆自旋霍尔效应(inverse spin Hall effect，ISHE)影响自旋电流(spin-current)和电荷电流(charge-current)间的转化效率[55-57]。ISHE 的定义为：当三维自旋电流 J_S^{3D}（自旋极化沿 x 方向）从铁磁电极注入到非磁性材料中时，在 SOC 的作用下，横向三维电荷电流 J_C^{3D}（自旋极化沿 y 方向）将产生。这两种电流间的转化率为：$\theta_{SHE}=J_C^{3D}/J_S^{3D}$，其中，$\theta_{SHE}$ 代表自旋霍尔角，与材料中的 SOC 强度成正比。最近，研究者在二维电子气体系和三维拓扑绝缘体中发现了一种非常有效的界面自旋电流转化为电荷电流的过程。当大量的自旋电荷聚集在自旋界面(称为 Rashba 界面)时会有二维电荷电流 J_C^{2D} 形成。这是由于当较强的 SOC 作用存在时，铁磁金属与非磁性金属界面间会由 Rashba 劈裂态所决定。在 k 空间中，Rashba 劈裂态通常是由两种具有相反螺旋性的简并自旋态模拟。在这种情况下，由于界面缺乏反演对称性，就会产生逆 Rashba-Edelstein 效应(inverse Rashba-Edelstein effect，IREE)。当三维自旋电流 J_S^{3D} 从磁性金属层注入到界面 Rashba 态，IREE 会产生横向二维电荷电流 J_C^{2D}。这种自旋电流转化为电荷电流的效率可以通过 IREE 长度来定义：$\lambda_{IREE}=J_C^{2D}/J_S^{3D}=\alpha_R\tau_s/\hbar$，其中，$\alpha_R$ 为 Rashba 系数；τ_s 为 Fermi 能级处的有效自旋角动量散射时间。据文献报道，室温下 MAPbBr$_3$ 单晶界面的 Rashba 系数 α_R 大约为 11 eV。

图 4-18 为钙钛矿薄膜与铁磁电极界面处通过 IREE 诱导产生的自旋电流转化为电荷电流(spin current to charge current conversion，StC)的机理图。较强的兆瓦脉冲激光照射磁性电极时发生自旋泵浦过程，导致 MAPbBr$_3$ 界面处产生瞬态自旋电流(J_S)。由于 MAPbBr$_3$ 层中发生 ISHE，J_S 就会转化为三维电荷电流 J_C^{3D}。这两种电流间的关系为

$$J_C^{3D}\approx\sigma E_{ISHE}\propto\theta_{SHE}\left(\frac{2e}{\hbar}\right)J_S\times S \tag{4-17}$$

式中，E_{ISHE} 为两个铜触点间 MAPbBr$_3$ 中的诱导电场；θ_{SHE}、e、$\hbar$、S 和 σ 分别为自旋霍尔角、元电荷、约化普朗克常量、自旋极化矢量和 MAPbBr$_3$ 的电导率。此外，在 Rashba 界面处通过 IREE 过程产生的电荷电流 J_C^{2D} 表示为

$$J_C^{2D}\propto\lambda_{IREE}\left(\frac{2e}{\hbar}\right)J_S\times S \tag{4-18}$$

式中，λ_{IREE} 为 IREE 的相关长度，用来表征二维电荷电流转化为三维自旋电流的

转化率。这两种电流的方向(平行或反平行)取决于 θ_{ISHE} 和 λ_{IREE} 的极性,如图 4-18(c)所示。

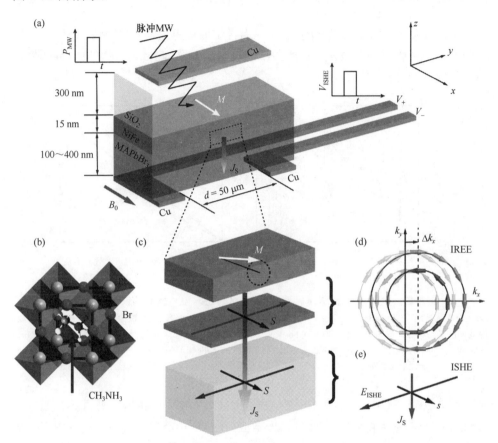

图 4-18　钙钛矿 MAPbBr$_3$ 和磁性电极 NiFe 界面的 IREE 以及钙钛矿薄膜内的 ISHE 诱导产生 StC 的机理图

(a)脉冲自旋泵浦测量的器件结构:NiFe/MAPbBr$_3$/Cu。(b)MAPbBr$_3$ 的化学结构。(c)详细的自旋泵浦过程。J_S、S、E_{IREE} 和 E_{ISHE} 分别表示 MAPbBr$_3$ 层中脉冲自旋电流的流向、自旋极化矢量、在 NiFe 和 MAPbBr$_3$ 界面处产生的脉冲 IREE 场(绿色箭头)、MAPbBr$_3$ 层中产生的脉冲 ISHE 场(蓝色箭头)。值得注意的是,E_{IREE} 和 E_{ISHE} 的方向互为相反。(d)IREE 和 ISHE 过程分别发生在 NiFe 与 MAPbBr$_3$ 的界面和 MAPbBr$_3$ 层中。在 NiFe 和 MAPbBr$_3$ 界面发生 Rashba 分裂,导致不平衡的自旋密度,如自旋极化方向为 k_y 的自旋聚集,该现象是由 NiFe 基底的自旋泵浦通过 IREE 产生方向为 k_x 的二维电荷电流 J_C^{2D}。此外,当在 NiFe 和 MAPbBr$_3$ 界面处的自旋聚集进入到 MAPbBr$_3$ 层时,二维自旋电流 J_C^{2D} 就会通过钙钛矿的体内 ISHE 过程转化为三维电荷电流 J_C^{3D}。(e)自旋极化电流、极化矢量、ISHE 场三者在空间中的方向[55]

图 4-19(a)为 NiFe/MAPbBr$_3$ 薄膜在不同兆瓦频率下的铁磁共振(ferroelectricity resonance,FMR)效应。从图中可以看出,FMR 曲线的线宽(一个峰位到另一个峰位的线宽为 ΔH_{PP})随着磁场的增加而增加。磁场与频率间的关系如图 4-19(a)的插

图所示。根据 Kittel 公式可以得出 NiFe 薄膜的饱和磁化磁矩 M_s 和 g 因子的值。图 4-19(b) 为频率与 FMR 线宽 (ΔH_{PP}) 的依赖关系，其中 $\Delta H_{PP} \propto \dfrac{4\pi\alpha\nu}{\sqrt{3}\gamma}$，$\Delta H_{PP}$ 随频率 ν 的增大呈现出线性增加的趋势 (α 为吉尔伯特阻尼常数；γ 为旋磁比)，根据直线的斜率可以得到系数 α。该实验结果表明铁磁层 NiFe 与 MAPbBr$_3$ 界面处发生了自旋泵浦过程。

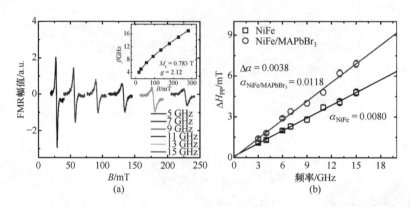

图 4-19　室温条件下 NiFe 薄膜和 NiFe/MAPbBr$_3$ 双层薄膜的铁磁共振效应

(a) 室温环境下 NiFe/MAPbBr$_3$ 双层薄膜在不同频率下的铁磁共振效应；插图显示了共振场与频率间的函数曲线，得出 NiFe 的饱和磁矩 M_s 和 g 因子；(b) 在 NiFe 和 NiFe/MAPbBr$_3$ 薄膜中频率与线宽 ΔH_{PP} 的关系，可以得出 NiFe/MAPbBr$_3$(100 nm) 双层薄膜和 NiFe 薄膜的吉尔伯特阻尼因子 α，NiFe/MAPbBr$_3$ 双层薄膜中的增量 $\Delta\alpha = 0.0038$ 归因于二者界面处发生的自旋泵浦过程，其中黑色/红色实线代表线性拟合曲线[55]

图 4-20(a) 和 (b) 为器件 NiFe/MAPbBr$_3$[(133 ± 15) nm]/Cu 在脉冲兆瓦激发下 (峰值为 1 kW) 测量得到的脉冲 $I_C^{3D}(B)$ 效应。在两个相反磁场方向下诱导电流的极性变化表明，诱导电压的确是从 NiFe 电极处通过自旋泵浦 StC 转化过程而得来。假设 StC 转化效率是由 MAPbBr$_3$ 薄膜中的自旋霍尔角 (θ_{SHE}) 决定的，NiFe/MAPbBr$_3$ 界面处自旋泵浦诱导电流 I_C 可表示为

$$I_C^{3D} = w\left(\frac{2e}{\hbar}\right)\lambda_{sd}\theta_{SHE}\tan\left(\frac{d_N}{2\lambda_{sd}}\right)j_S^0 \tag{4-19}$$

式中，w 为钙钛矿层的厚度；j_S^0 为 NiFe/MAPbBr$_3$ 界面处的自旋电流，该值可通过校准磁场 B_1 得到；d_N 和 λ_{sd} 分别为 MAPbBr$_3$ 层的厚度和自旋扩散长度。从 I_C 和 B_1 值可知，厚度为 133 nm 的 MAPbBr$_3$ 薄膜表现出相对较大的 $\lambda_{sd}\theta_{SHE}$ 值[约为 0.045 nm，如图 4-20(c) 所示]，该值与材料的 SOC 相关。MAPbBr$_3$ 薄膜表面发生强烈的 Rashba 劈裂，导致 StC 转化效率较高。因此，有必要研究 MAPbBr$_3$ 表面 IREE 效应和 MAPbBr$_3$ 体内 ISHE 效应分别对 StC 转化效率的贡献。通常可以用

两种实验方法来分离界面和体内诱导的 StC 转化：①通过改变 MAPbBr$_3$ 层厚度表征界面 IREE 的贡献；②通过调控界面修饰表面 Rashba 态。

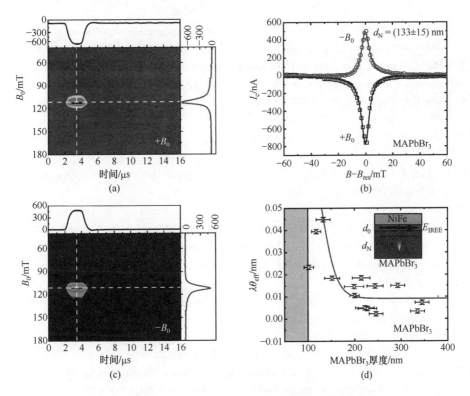

图 4-20　NiFe/MAPbBr$_3$ 双层薄膜中的脉冲自旋泵浦效应

(a) 在 1 kW 微波激励下，NiFe (15 nm)/MAPbBr$_3$ (～130 nm) 双层中，StC 转换脉冲电流 I_c 的颜色图与磁场 B 和时间 t 之间的函数。其中上面和右边的图显示了水平和垂直位置处所得到的线轮廓。(b) 在 1 kW 微波激励下，NiFe (15 nm)/MAPbBr$_3$ (～130 nm) 双层中，磁场与脉冲电流间的曲线。(c) NiFe/MAPbBr$_3$ (d_N = 133 nm) 界面在 2 μs 的长微波下测量得到的磁场依赖的 I_c (B) 效应。(d) MAPbBr$_3$ 层厚度依赖的有效值 $\lambda\theta_{eff}$，其中的红线是利用式 (4-17) 得到的拟合曲线。插图显示的是在 NiFe/MAPbBr$_3$ 界面处产生 E_{IREE} 和在 MAPbBr$_3$ 层内产生 E_{ISHE} 的原理示意图[55]

　　保持 NiFe 的厚度不变，改变 MAPbBr$_3$ 的厚度 d_N，利用自旋泵浦测量方法研究厚度对 NiFe/MAPbBr$_3$ 界面自旋电流转化为电荷电流的影响。图 4-20 (d) 为有效 $\lambda\theta_{eff}$ 值与厚度 d_N 之间的关系。基于式 (4-17) 中 J_C/J_S 的比率可得 $\lambda\theta_{eff}$ 值。实验发现 $\lambda\theta_{eff}$ 值在 d_N 较小范围内呈现缓慢增加趋势。值得注意的是，用溶液法很难制备出厚度小于 100 nm 的均匀致密钙钛矿薄膜，原因为溶液法是一种纳米生长方法，厚度越小就越不能清楚定义薄膜。在较大厚度 d_N 范围，$\lambda\theta_{eff}$ 值会减小。这就表明 NiFe/MAPbBr$_3$ 界面存在 IREE，在钙钛矿体内是 ISHE。

参 考 文 献

［1］ Xiong Z H, Wu D, Valy Vardeny Z, Shi J. Giant magnetoresistance in organic spin-valves. Nature, 2004, 427(6977): 821-824.

［2］ Sun D L, Yin L F, Sun C J, Guo H W, Gai Z, Zhang X G, Ward T Z, Cheng Z H, Shen J. Giant magnetoresistance in organic spin valves. Phys Rev Lett, 2010, 104(23): 236602.

［3］ Wang F J, Xiong Z H, Wu D, Shi J, Vardeny Z V. Organic spintronics: The case of Fe/Alq₃/Co spin-valve devices. Synth Met, 2005, 155(1): 172-175.

［4］ Wang F J, Vardeny Z V. Recent advances in organic spin-valve devices. Synth Met, 2010, 160(3): 210-215.

［5］ Devkota J, Geng R G, Subedi R C, Nguyen T D. Organic spin valves: A review. Adv Funct Mater, 2016, 26(22): 3881-3898.

［6］ Gobbi M, Golmar F, Llopis R, Casanova F, Hueso L E. Room-temperature spin transport in C₆₀-based spin valves. Adv Mater, 2011, 23(14): 1609-1613.

［7］ Sun X, Gobbi M, Bedoya-Pinto A, Txoperena O, Golmar F, Llopis R, Chuvilin A, Casanova F, Hueso L E. Room-temperature air-stable spin transport in bathocuproine-based spin valves. Nat Commun, 2013, 4(1): 2794.

［8］ Xu W, Szulczewski G J, LeClair P, Navarrete I, Schad R, Miao G, Guo H, Gupta A. Tunneling magnetoresistance observed in La₀.₆₇Sr₀.₃₃MnO₃/organic molecule/Co junctions. Appl Phys Lett, 2007, 90(7): 072506.

［9］ Wang K. Cobalt/fullerene spinterfaces. Enschede: University of Twente, 2015.

［10］ Dediu V, Murgia M, Matacotta F C, Taliani C, Barbanera S. Room temperature spin polarized injection in organic semiconductor. Solid State Commun, 2002, 122(3): 181-184.

［11］ Santos T S, Lee J S, Migdal P, Lekshmi I C, Satpati B, Moodera J S. Room-temperature tunnel magnetoresistance and spin-polarized tunneling through an organic semiconductor barrier. Phys Rev Lett, 2007, 98(1): 016601.

［12］ Meservey R, Tedrow P M. Spin-polarized electron tunneling. Phys Repo, 1994, 238(4): 173-243.

［13］ Schoonus J J H M, Lumens P G E, Wagemans W, Kohlhepp J T, Bobbert P A, Swagten H J M, Koopmans B. Magnetoresistance in hybrid organic spin valves at the onset of multiple-step tunneling. Phys Rev Lett, 2009, 103(14): 146601.

［14］ Tran T L A, Le T Q, Sanderink J G M, van der Wiel W G, de Jong M P. The multistep tunneling analogue of conductivity mismatch in organic spin valves. Adv Funct Mater, 2012, 22(6): 1180-1189.

［15］ Shim J H, Raman K V, Park Y J, Santos T S, Miao G X, Satpati B, Moodera J S. Large spin diffusion length in an amorphous organic semiconductor. Phys Rev Lett, 2008, 100(22): 226603.

［16］ Lin R, Wang F, Rybicki J, Wohlgenannt M, Hutchinson K A. Distinguishing between tunneling and injection regimes of ferromagnet/organic semiconductor/ferromagnet junctions. Phys Rev

B, 2010, 81（19）: 195214.

[17] Ikegami T, Kawayama I, Tonouchi M, Nakao S, Yamashita Y, Tada H. Planar-type spin valves based on low-molecular-weight organic materials with $La_{0.67}Sr_{0.33}MnO_3$ electrodes. Appl Phys Lett, 2008, 92（15）: 153304.

[18] Shimada T, Nogawa H, Noguchi T, Furubayashi Y, Yamamoto Y, Hirose Y, Hitosugi T, Hasegawa T. Magnetotransport properties of Fe/pentacene/Co: TiO_2 junctions with Fe top contact electrodes prepared by thermal evaporation and pulsed laser deposition. Jpn J Appl Phys, 2008, 47（2）: 1184-1187.

[19] Palosse M, Fisichella M, Bedel-Pereira E, Séguy I, Villeneuve C, Warot-Fonrose B, Bobo J F. Spin-polarized transport in NiFe/perylene-3,4,9,10-tetracarboxylate/Co organic spin valves. Jpn J Appl Phys, 2011, 109（7）: 07C723.

[20] Wang F J, Yang C G, Vardeny Z V, Li X G. Spin response in organic spin valves based on $La_{2/3}Sr_{1/3}MnO_3$ electrodes. Phys Rev B, 2007, 75（24）: 245324.

[21] Palosse M, Séguy I, Bedel-Pereira É, Villeneuve-Faure C, Mallet C, Frère P, Warot-Fonrose B, Biziere N, Bobo J F. Spin transport in benzofurane bithiophene based organic spin valves. AIP Adv, 2014, 4（1）: 017117.

[22] Morley N A, Rao A, Dhandapani D, Gibbs M R J, Grell M, Richardson T. Room temperature organic spintronics. J Appl Phys, 2008, 103（7）: 07F306.

[23] Wang F, Yang C G, Ehrenfreund E, Vardeny Z V. Spin dependent reactions of polaron pairs in PPV-based organic diodes. Synth Met, 2010, 160（3）: 297-302.

[24] Sun D L, Fang M, Xu X S, Jiang L, Guo H W, Wang Y M, Yang W T, Yin L F, Snijders P C, Ward T Z, Gai Z, Zhang X G, Lee H N, Shen J. Active control of magnetoresistance of organic spin valves using ferroelectricity. Nat Commun, 2014, 5（1）: 4396.

[25] Liang S, Yang H, Yang H, Tao B, Djeffal A, Chshiev M, Huang W, Li X, Ferri A, Desfeux R, Mangin S, Lacour D, Hehn M, Copie O, Dumesnil K, Lu Y. Ferroelectric control of organic/ferromagnetic spinterface. Adv Mater, 2016, 28（46）: 10204-10210.

[26] Wang K, Tran T L A, Brinks P, Sanderink J G M, Bolhuis T, van der Wiel W G, de Jong M P. Tunneling anisotropic magnetoresistance in Co/AlOx/Al tunnel junctions with fcc Co（111） electrodes. Phys Rev B, 2013, 88（5）: 054407.

[27] Wang K, Sanderink J G M, Bolhuis T, van der Wiel W G, de Jong M P. Tunneling anisotropic magnetoresistance in C_{60}-based organic spintronic systems. Phys Rev B, 2014, 89（17）: 174419.

[28] Wang K, Sanderink J G M, Bolhuis T, van der Wiel W G, de Jong M P. Tunnelling anisotropic magnetoresistance due to antiferromagnetic CoO tunnel barriers. Sci Rep-UK, 2015, 5（1）: 15498.

[29] Rüster C, Gould C, Jungwirth T, Sinova J, Schott G M, Giraud R, Brunner K, Schmidt G, Molenkamp L W. Very large tunneling anisotropic magnetoresistance of a （Ga, Mn）As/GaAs/ （Ga, Mn）As stack. Phys Rev Lett, 2005, 94（2）: 027203.

[30] Moser J, Matos-Abiague A, Schuh D, Wegscheider W, Fabian J, Weiss D. Tunneling anisotropic magnetoresistance and spin-orbit coupling in Fe/GaAs/Au tunnel junctions. Phys

Rev Lett, 2007, 99(5): 056601.

[31] Matos-Abiague A, Fabian J. Anisotropic tunneling magnetoresistance and tunneling anisotropic magnetoresistance: Spin-orbit coupling in magnetic tunnel junctions. Phys Rev B, 2009, 79(15): 155303.

[32] Grünewald M, Wahler M, Schumann F, Michelfeit M, Gould C, Schmidt R, Würthner F, Schmidt G, Molenkamp L W. Tunneling anisotropic magnetoresistance in organic spin valves. Phys Rev B, 2011, 84(12): 125208.

[33] Maindron T. OLED: Theory and principles//Templier F. OLED Microdisplays: Technology and Applications. New York: John Wiley & Sons, Inc. :1-33.

[34] Davis A H, Bussmann K. Organic luminescent devices and magnetoelectronics. J Appl Phys, 2003, 93(10): 7358-7360.

[35] Arisi E, Bergenti I, Dediu V, Loi M A, Muccini M, Murgia M, Ruani G, Taliani C, Zamboni R. Organic light emitting diodes with spin polarized electrodes. J Appl Phys, 2003, 93(10): 7682-7683.

[36] Salis G, Alvarado S F, Tschudy M, Brunschwiler T, Allenspach R. Hysteretic electroluminescence in organic light-emitting diodes for spin injection. Phys Rev B, 2004, 70(8): 085203.

[37] Nguyen T D, Ehrenfreund E, Vardeny Z V. Spin-polarized light-emitting diode based on an organic bipolar spin valve. Science, 2012, 337(6091): 204-209.

[38] Sun X, Vélez S, Atxabal A, Bedoya-Pinto A, Parui S, Zhu X, Llopis R, Casanova F, Hueso L E. A molecular spin-photovoltaic device. Science, 2017, 357(6352): 677-680.

[39] Green M A, Ho-Baillie A, Snaith H J. The emergence of perovskite solar cells. Nat Photonics, 2014, 8(7): 506-514.

[40] Hodes G. Perovskite-based solar cells. Science, 2013, 342(6156): 317-318.

[41] Correa-Baena J P, Saliba M, Buonassisi T, Grätzel M, Abate A, Tress W, Hagfeldt A. Promises and challenges of perovskite solar cells. Science, 2017, 358(6364): 739-744.

[42] Sun X J, Han C F, Wang K, Yu H M, Li J P, Lu K, Qin J J, Yang H J, Deng L L, Zhao F G, Yang Q, Hu B. Effect of bathocuproine organic additive on optoelectronic properties of highly efficient methylammonium lead bromide perovskite light-emitting diodes. ACS Appl Energy Mater, 2018, 1(12): 6992-6998.

[43] Green M A, Ho-Baillie A. Perovskite solar cells: The birth of a new era in photovoltaics. ACS Energy Lett, 2017, 2(4): 822-830.

[44] Egger D A, Rappe A M, Kronik L. Hybrid organic-inorganic perovskites on the move. Acc Chem Res, 2016, 49(3): 573-581.

[45] Li W, Zhou L, Prezhdo O V, Akimov A V. Spin-orbit interactions greatly accelerate nonradiative dynamics in lead halide perovskites. ACS Energy Lett, 2018, 3(9): 2159-2166.

[46] Even J, Pedesseau L, Jancu J M, Katan C. Importance of spin-orbit coupling in hybrid organic/inorganic perovskites for photovoltaic applications. J Phys Chem Lett, 2013, 4(17): 2999-3005.

[47] Niesner D, Hauck M, Shrestha S, Levchuk I, Matt G J, Osvet A, Batentschuk M, Brabec C,

Weber H B, Fauster T. Structural fluctuations cause spin-split states in tetragonal (CH$_3$NH$_3$) PbI$_3$ as evidenced by the circular photogalvanic effect. P Natl Acad Sci USA, 2018, 115(38): 9509-9514.

[48] Yu Z G. The Rashba effect and indirect electron-hole recombination in hybrid organic-inorganic perovskites. Phys Chem Chem Phys, 2017, 19(23): 14907-14912.

[49] Žutić I, Fabian J, Das Sarma S. Spintronics: Fundamentals and applications. Rev Mod Phys, 2004, 76(2): 323-410.

[50] Zhai Y, Baniya S, Zhang C, Li J, Haney P, Sheng C X, Ehrenfreund E, Vardeny Z V. Giant Rashba splitting in 2D organic-inorganic halide perovskites measured by transient spectroscopies. Sci Adv, 2017, 3(7): e1700704.

[51] Kim M, Im J, Freeman A J, Ihm J, Jin H. Switchable $S = 1/2$ and $J = 1/2$ Rashba bands in ferroelectric halide perovskites. P Natl Acad Sci USA, 2014, 111(19): 6900-6904.

[52] Gao W, Gao X, Abtew T A, Sun Y Y, Zhang S, Zhang P. Quasiparticle band gap of organic-inorganic hybrid perovskites: Crystal structure, spin-orbit coupling, and self-energy effects. Phys Rev B, 2016, 93(8): 085202.

[53] Wang J, Zhang C, Liu H, Liu X, Guo H, Sun D, Vardeny Z V. Tunable spin characteristic properties in spin valve devices based on hybrid organic-inorganic perovskites. Adv Mater, 2019, 31(41): 1904059.

[54] Lu H P, Wang J Y, Xiao C X, Pan X, Chen X H, Brunecky R, Berry J J, Zhu K, Beard M C, Vardeny Z V. Spin-dependent charge transport through 2D chiral hybrid lead-iodide perovskites. Sci Adv, 2019, 5(12): eaay0571.

[55] Sun D L, Zhang C, Kavand M, Wang J Y, Malissa H, Liu H L, Popli H, Singh J, Vardeny S R, Zhang W, Boehme C, Vardeny Z V. Surface-enhanced spin current to charge current conversion efficiency in CH$_3$NH$_3$PbBr$_3$-based devices. J Chem Phys, 2019, 151(17): 174709.

[56] Sinova J, Valenzuela S O, Wunderlich J, Back C H, Jungwirth T. Spin Hall effects. Rev Mod Phys, 2015, 87(4): 1213-1260.

[57] Lou P C, Katailiha A, Bhardwaj R G, Bhowmick T, Beyermann W P, Lake R K, Kumar S. Large spin Hall effect in Si at room temperature. Phys Rev B, 2020, 101(9): 094435.

第 **5** 章

自 旋 界 面

5.1 引言

自旋界面是指铁磁和有机半导体之间所产生的界面效应[1, 2]。在有机自旋电子学研究中，不仅要考虑自旋极化电子在有机半导体材料中的注入、输运、调控、弛豫、探测等问题，还需要进一步了解铁磁-有机半导体界面的电子结构和磁学性质。由于这类界面对自旋极化率和自旋注入势垒有着决定性作用[3]，所以这相关研究尤为重要[1-3]。本章将对自旋界面的形成机理进行详细介绍，同时列举一些典型的科研实例。

5.2 自旋界面的形成原理

一般，杂化界面可由非磁性金属材料和有机分子组成，如图 5-1 所示，非磁性金属包含其自定义的费米能级（E_F），以及连续能带中的离域电子，而有机材料的电子结构则由一些离散能级所组成。当有机分子与金属相接触后，分子的离散能级一般会产生两种变化方式：①通过界面电荷转移或波函数之间叠加来产生界面能量展宽效应；②自旋和电荷在能级间转移的过程中，有机层与铁磁电极之间的相对能量会产生位移[4]。

铁磁材料的电子结构包含自旋向上（↑）和自旋向下（↓）的两个子能带，二者在费米能级处所占比例有所差别。由于自旋向上和自旋向下所对应的态密度不同 $D_{FM}^{\uparrow}(E) \neq D_{FM}^{\downarrow}(E)$，因此铁磁材料具有一定自旋极化率，该极化率由自旋态密度中的多数和少数子能带电子数目，以及费米能级的位置决定。相比之下，非磁性有机分子具有离散式能级[图 5-1(c)]。当这两种材料相互接触时，二者之间的相互作用与非磁性金属和有机半导体的界面情况相类似，但是这里必须综合考虑界

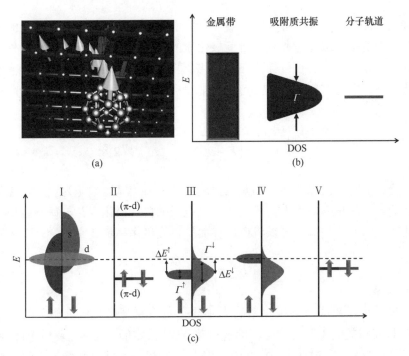

图 5-1　(a) 从铁磁体到有机分子(如 C_{60})的自旋注入示意图;(b) 非磁性金属和分子轨道的能量
展宽示意图;(c) 分子与铁磁体接触时的自旋界面示意图[5]

面处原子间和分子间轨道杂化和自旋极化态密度。事实上,对于铁、钴、镍 3d
型铁磁材料,s 和 d 轨道的参与程度会有所差别,分子的表面态密度会以两种方
式改变:①界面的离散式能级会展宽,进而影响表面态密度,该能级与自旋取向
有一定依赖性,能级展宽程度是由铁磁和有机分子相互作用的程度而决定的。在
界面处,自旋简并的分子能级将劈裂为两个由自旋取向所决定的能量 $\varepsilon_{\text{eff}}^{\uparrow} \neq \varepsilon_{\text{eff}}^{\downarrow}$,
二者所对应的能量展宽也不相同,即 $\Gamma^{\uparrow} \neq \Gamma^{\downarrow}$。根据海森伯不确定性原理
$\Gamma \approx \hbar/\tau$,由自旋取向所决定的能量展宽效应使得该能量态具有一定展宽寿命,
这里的自旋依赖能量展宽 $\Gamma^{\uparrow(\downarrow)}$ 可以表示为

$$\Gamma^{\uparrow(\downarrow)}(E) = 2\pi \sum_{i\uparrow(\downarrow)} \left| V_{i\uparrow(\downarrow)} \right|^2 \delta(E_i - E) \tag{5-1}$$

式中,$V_{i\uparrow(\downarrow)}$ 为某一自旋态 $i^{\uparrow\downarrow}$ 下铁磁和有机分子之间的耦合强度;$\sum_{i\uparrow(\downarrow)} \delta(E_i - E)$ 为

参与耦合的总能量态。②在自旋界面态密度中,自旋向上和自旋向下所对应的子
能带可发生相对位移,该界面自旋态与铁磁材料的自旋态不相同。这种效应在某
些方面非常重要,如通过该效应能够实现自旋过滤,也就是使界面处的自旋极化

率能接近 100%。在这种情况下，某一个特定的自旋态密度如自旋向上的子能带可完全位于费米能级处，并且在自旋极化流的产生方面占主导作用。此外，与铁磁材料相比较，该效应也可导致自旋极化反转。基于铁磁和有机半导体界面的这两个特征，界面态密度 $D_{int}^{\uparrow(\downarrow)}(E)$ 可以用能量展宽 $\Gamma^{\uparrow(\downarrow)}$ 和 $\varepsilon_{eff}^{\uparrow(\downarrow)}$ 表示为

$$D_{int}^{\uparrow(\downarrow)}(E) = \frac{\Gamma^{\uparrow(\downarrow)}/2\pi}{\left(E - \varepsilon_{eff}^{\uparrow(\downarrow)}\right)^2 + (\Gamma^{\uparrow(\downarrow)}/2)^2} \tag{5-2}$$

由于自旋界面具有铁磁特性，因此在自旋注入和自旋输运中尤为重要，必须考虑该界面的自旋极化率，而不是仅关注铁磁电极的自旋极化率。与铁磁金属中的自旋极化率计算方式相似，可以将自旋界面的自旋极化率定义为

$$P_{int} = \frac{D_{int}^{\uparrow} - D_{int}^{\downarrow}}{D_{int}^{\uparrow} + D_{int}^{\downarrow}} \tag{5-3}$$

由此可以看出，界面自旋极化率的大小与正负主要是由与自旋相关的能量展宽 $\Gamma^{\uparrow(\downarrow)}$，以及自旋向上和自旋向下的能量差 $\Delta E^{\uparrow\downarrow}$ 决定的。这里需要思考两种情况，该情况是对自旋界面态密度 $D_{int}^{\uparrow(\downarrow)}$ 中扩展态 Γ，以及子能带和费米能级差值间大小关系的描述，如 $\Gamma \gg \Delta E$ 和 $\Gamma \ll \Delta E (\Delta E = E_F - \varepsilon_{eff}^{\uparrow(\downarrow)})$。

(1) 如果 $\Gamma^{\uparrow(\downarrow)} \gg \Delta E^{\uparrow(\downarrow)}$，费米能级完全处于电子自旋向下所对应的态密度中[图 5-1(c)中Ⅲ]。从图 5-1(c)中Ⅰ和Ⅲ来看，相比于铁磁的自旋态密度，自旋界面的态密度与能量展宽呈反比关系，$D_{int}^{\uparrow(\downarrow)} \approx \dfrac{1}{\Gamma^{\uparrow(\downarrow)}}$，由此可导致自旋极化反转，这也就说明界面态密度和铁磁态密度相反，$D_{int}^{\uparrow(\downarrow)} \propto \dfrac{1}{D_{FM}^{\uparrow(\downarrow)}}$。这时的有效自旋极化率或界面自旋极化率可以表示为

$$P_{int} = \frac{\Gamma^{\uparrow} - \Gamma^{\downarrow}}{\Gamma^{\uparrow} + \Gamma^{\downarrow}} \approx -\frac{D_{FM}^{\uparrow} - D_{FM}^{\downarrow}}{D_{FM}^{\uparrow} + D_{FM}^{\downarrow}} = -P_{FM} \tag{5-4}$$

(2) 如果 $\Delta E^{\uparrow\downarrow} \gg \Gamma^{\uparrow(\downarrow)}$，有机分子的能量展宽效应较小，界面自旋子能带有略微移动。事实上，这反映了铁磁和有机分子间相对较弱的相互作用，但是自旋界面中的自旋极化率有可能会被增强[图 5-1(c)中Ⅳ]。在该过程中，大部分自旋向上的子能带都处于费米能级附近位置。这时的界面态密度可以表示为 $D_{int}^{\uparrow(\downarrow)} \approx \dfrac{\Gamma^{\uparrow(\downarrow)}}{(\Delta E^{\uparrow(\downarrow)})^2}$，与铁磁态密度的关系可以表示成 $D_{int}^{\uparrow(\downarrow)} \propto \dfrac{D_{FM}^{\uparrow(\downarrow)}}{(\Delta E^{\uparrow(\downarrow)})^2}$。在该情况下，有

效自旋界面态密度与铁磁电极的自旋极化正负相同，但它受到 $(\Delta E^{\uparrow(\downarrow)})^2$ 的制约。该条件下的有效自旋极化率或界面自旋极化率可以表示为

$$P_{\text{int}} = \frac{\dfrac{\Gamma^{\uparrow}}{\Delta E^{\uparrow 2}} - \dfrac{\Gamma^{\downarrow}}{\Delta E^{\downarrow 2}}}{\dfrac{\Gamma^{\uparrow}}{\Delta E^{\uparrow 2}} + \dfrac{\Gamma^{\downarrow}}{\Delta E^{\downarrow 2}}} > P_{\text{FM}} \tag{5-5}$$

综上所述，铁磁金属和有机分子界面杂化作用是建立在铁磁诱导有机分子轨道上的自旋极化。在下面的内容中，将着重介绍一些关于自旋界面的典型例子。

5.3　自旋界面中的输运研究

对于自旋界面的初步认知，始源于有机半导体分子材料 Alq₃ 的磁隧穿结。该工作采用纳米压印法制备了一种基于 LSMO/Alq₃/Co 结构的纳米级磁隧穿结，使用这种结构的目的是防止器件薄膜的不均匀性，以及防止漏电流的产生[6]。图 5-2 给出了该器件在 2 K 低温、−5 mV 反向偏压下测得的隧穿磁电阻信号，其磁电阻率甚至超过了 300% 并且表现出负的效应。事实上，该器件产生如此巨大的磁电阻率与通常情况下使用微米尺寸的磁隧穿结所测得的结果相比较很不寻常，研究发现该巨磁阻信号主要是受铁磁和有机半导体自旋界面的影响，由界面局域效

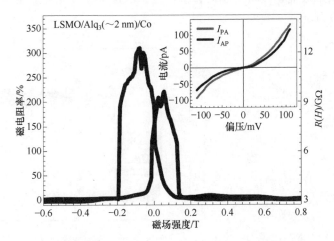

图 5-2　有机纳米 MTJ 在 2 K、−5 mV 时的磁电阻测量结果[6]
较低的翻转场对应于 LSMO 磁性层，较高的翻转场对应于 Co 层。插图显示了 2 K 温度下在平行 (I_{PA}) 和反平行 (I_{AP}) 磁构型的 I-V 曲线

应而引起。此外，外加偏压的大小并没有对隧穿磁电阻的正负造成显著的影响，然而，在一些微米尺度大面积的 Alq_3 自旋隧穿和自旋阀器件上可以探测到负的磁电阻效应。Barraud 等在该工作中提出，这种纳米尺寸的磁隧穿结在界面处存在相对较少的缺陷，并且可在铁磁表面的第一层分子中形成自旋杂化诱导极化态。因此，自旋界面在自旋注入过程中起到重要作用，并且可以极大地影响隧穿磁电阻的正负和大小。

如果考虑到界面密度态具有一定的自旋依赖性，这是否意味着在铁磁体和非磁性界面层之间存在磁矩耦合效应？Raman 等设计和制备了有机自旋器件，该器件包含一种平面分子苯甲酰锌[ZMP，见图 5-3(a)]，并且使用铁磁钴作为底部磁电极，顶部电极是非磁性铜，整个器件结构为 Co(8 nm)/ZMP(40 nm)/Cu (12 nm)[7]。在 4.2 K 的低温下，器件在小磁场范围内呈现出明显的磁滞回线 [图 5-3(b)]。通过密度泛函理论的计算[图 5-3(c)和(d)]，他们认为该平面分子的结构使得面内轨道间重叠较强，导致较强的 d-p 轨道杂化，也就是说分子的 p_z 原子轨道与钴的 d 轨道(主要与 d_{z^2}、d_{xz} 和 d_{yz})产生了强烈的杂化，最终形成了基于铁磁-有机分子 p_z-d 的自旋界面。通过进一步分析铁磁钴表面上第一层和第二层分子的电子结构和磁学性质，研究自旋态密度沿 z 轴方向的分布情况，他们发现了吸附在钴表面的第一个分子表现出能量展宽效应，同时还具有反平行于金属钴磁矩($\sim 1.7\ \mu_B$)的 $0.11\ \mu_B$ 的净磁矩。相比之下，第二个分子层没有表现出任何磁矩，该分子的电子结构包含高于和低于费米能级的分子离散能级。另一个非常重要的现象是自旋子能带的相对移动，这种能量构型可能会产生较大的自旋极化，最终导致自旋过滤效应。

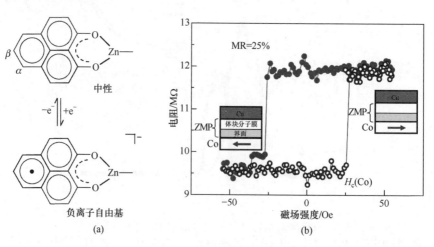

(a)　　　　　　　　　　　　　　(b)

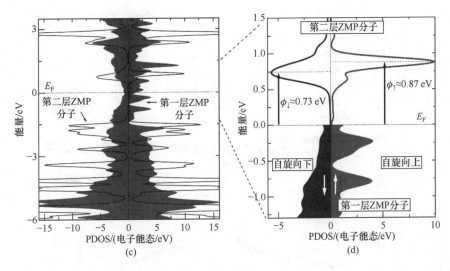

图 5-3 (a) ZMP 有机分子的结构示意图；(b) 关于器件结构为 Co(8 nm)/ZMP(35 nm)/Py(12 nm) 的磁电阻测量结果；(c) 利用第一性原理计算出铁磁钴表面的第一层和第二层 ZMP 有机分子态密度分布情况；(d) 为 (c) 图中靠近费米能级附近的局部放大图

　　Wang 等在基于 C_{60} 的有机自旋器件中进行了自旋界面的研究。该器件由生长在单晶体蓝宝石基底上的外延 Co 薄膜、C_{60} 分子薄膜、量子隧穿结 Al_2O_3、金属电极 Al 组成，Co 是该器件中唯一的铁磁材料[8]。他们将该器件的自旋输运磁电阻和其他几种结构进行了对比，如图 5-4(a)～(e) 所示，以此来验证 Co 与 C_{60} 自旋界面对自旋输运磁电阻的影响。从图 5-4(e) 中可以看出，H_{c1} 和 H_{c2} 之间确实存在亚稳定电阻态。该现象表明 Co 和自旋界面之间存在磁耦合行为，这种磁滞回线和典型有机自旋阀磁电阻的磁滞回线很相似，其高电阻态和低电阻态分别对应于自旋反平行和自旋平行两种状态。

　　相比于有机分子材料，有机-无机杂化钙钛矿也表现出显著的自旋界面效应[9]。图 5-5(a) 为 Ni 单层薄膜的各向异性磁电阻(AMR)曲线。该曲线反映出 Ni 单层的矫顽值和磁转换行为。从图中可以看出，Ni 单层的矫顽值大约为 1 mT 时，AMR 达到最大；当 $B > 15$ mT 时，AMR 曲线为完全饱和曲线。图 5-5(b) 为这两种界面 ($Ni/MAPbI_{3-x}Cl_x$ 界面 1 和 $MAPbI_{3-x}Cl_x/Ni$ 界面 2)的 AMR 曲线。显然，这两种界面的 AMR 曲线与 Ni 单层的 AMR 曲线不同。这两种界面的 AMR 曲线所反映出的矫顽值均大于 Ni 单层的矫顽值，且界面 1 的矫顽值大于界面 2 的矫顽值。这就说明发生在 $Ni/MAPbI_{3-x}Cl_x$ 界面与 $MAPbI_{3-x}Cl_x/Ni$ 界面间的磁交换行为互不相同。原因是自旋极化电荷注入铁磁电极后，部分载流子会在电极与钙钛矿层间发生电荷聚集现象，从而形成自旋界面。但部分载流子通过钙钛矿层到达另一个电极。

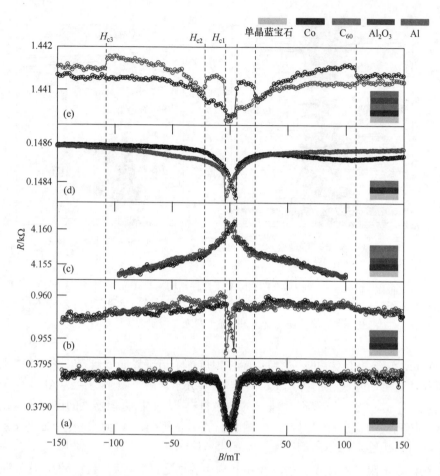

图 5-4　(a) 在单晶蓝宝石基片 (0001) 上制备的 8 nm 厚 Co 薄膜的 TAMR；(b) 单晶蓝宝石 (基底)/Co (8 nm)/AlO$_x$ (3.3 nm)/Al (35 nm) 器件的 TAMR；(c) 单晶蓝宝石 (基底)/Co (8 nm)/AlO$_x$ (3.3 nm)/C$_{60}$ (2 nm)/Al (35 nm) 器件的 TAMR；(d) Co (8 nm)/C$_{60}$ (4 nm) 双层器件的 TAMR；(e) 单晶蓝宝石 (基底)/Co (8 nm)/C$_{60}$ (4 nm)/AlO$_x$ (3.3 nm)/Al (35 nm) 器件的 TAMR。所有测量都是在 5 K 下完成，器件隧穿结有效面积为 250 μm × 300 μm[8]

需要注意的是，部分自旋极化电子还会在另一个自旋界面处聚集，最后到达铁磁电极层。因此，钙钛矿自旋阀器件中的自旋界面对自旋极化电子的输运过程有很大影响。图 5-6 是 Ni 单层、Ni/MAPbI$_{3-x}$Cl$_x$ 和 MAPbI$_{3-x}$Cl$_x$/Ni 的磁滞回线。其中 Ni 单层表现出极小的矫顽值和最大的磁力矩，而 Ni/MAPbI$_{3-x}$Cl$_x$ 和 MAPbI$_{3-x}$Cl$_x$/Ni 的自旋界面表现出比 Ni 单层更大的矫顽值。这就说明非磁性材料钙钛矿与铁磁性材料在界面处产生的相互作用使非磁性材料磁硬化。同时，图 5-6 所示的磁滞回线也再次证明了钙钛矿自旋阀器件中的确可以形成自旋界面，且自旋界面对自旋极化电荷的输运过程极为重要。

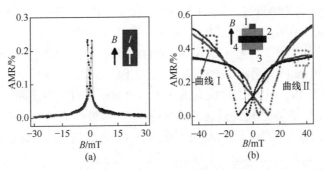

图 5-5 (a)生长在玻璃基底上的 Ni(30 nm)单层薄膜的磁电阻曲线。插图表示电流 I 和磁场 B 的方向相同。(b)MAPbI$_{3-x}$Cl$_x$ 与 Ni 电极界面的 AMR 曲线,其中曲线 I 为 Ni/MAPbI$_{3-x}$Cl$_x$ 界面间的 AMR 曲线;曲线 II 为 MAPbI$_{3-x}$Cl$_x$/Ni 界面间的 AMR 曲线。插图显示了包含四个触点的十字交叉形自旋电子器件结构,曲线 I 是通过测量触点 1 和 3 所得;曲线 II 是通过测量触点 2 和 4 所得[9]

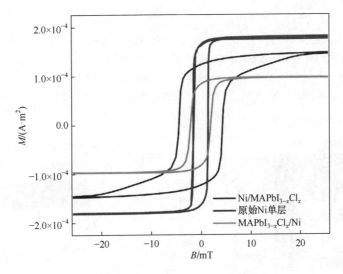

图 5-6 室温条件下 Ni 单层(30 nm)、界面 Ni/MAPbI$_{3-x}$Cl$_x$ 和界面 MAPbI$_{3-x}$Cl$_x$/Ni 的磁滞回线[9]
所有的样品都生长在石英基底上

图 5-7(a)和(b)分别为室温条件下偏压为 30 mV 和 60 mV 时自旋阀器件玻璃/Ni/MAPbI$_{3-x}$Cl$_x$/Ni 的自旋输运曲线。MR 曲线(红线和黑线)在 1.7~18.5 mT 范围内出现了自旋阀效应,表明器件中两个自旋界面处聚集的自旋极化电荷的自旋方向为反平行;当磁场 $B < 1.7$ mT 时,MR 曲线会在 $B = 1$ mT 处出现磁转化行为,该值为 Ni 的矫顽值。图 5-7(c)中自旋阀器件的微分电导为非线性,表明器件无漏

电。为了进一步证实图 5-7(a) 中的 MR 信号来源于 Ni 与 MAPbI$_{3-x}$Cl$_x$ 间的自旋界面耦合，在 Ni 与 MAPbI$_{3-x}$Cl$_x$ 之间沉积了 20 nm 的 Ag 薄膜。非磁性金属 Ag 具有去自旋极化的作用，以此破坏自旋界面的形成，消除自旋界面对自旋阀器件 MR 效应的影响。图 5-7(a) 中沉积 Ag 器件的 MR 曲线为蓝色曲线，该曲线表现为器件的磁场效应，无自旋阀效应产生。因此，这就说明自旋阀器件玻璃/Ni/MAPbI$_{3-x}$Cl$_x$/Ni 中出现的自旋阀效应的确来自两个自旋界面间的磁耦合。

自旋极化扫描隧穿显微镜 (SP-STM) 技术可以被用来研究单分子中自旋极化电子输运。图 5-8(a) 给出了 H$_2$Pc 分子吸收在 Fe 表面的自旋极化图像。H$_2$Pc 本身

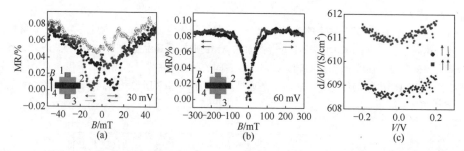

图 5-7　(a) 偏压为 30 mV 时自旋阀器件玻璃/Ni/MAPbI$_{3-x}$Cl$_x$/Ni 在 |B| < 40 mT 范围内的磁电阻曲线，其中蓝色曲线是器件玻璃/Ni/Ag/MAPbI$_{3-x}$Cl$_x$/Ni 在偏压为 30 mV 时测量所得；插图显示磁场方向平行于长边的底电极 Ni。(b) 偏置电压为 60 mV 时自旋阀器件在|B| < 300 mT 范围内的磁电阻曲线；插图显示磁场方向平行于长边的底电极 Ni。(c) 自旋平行和反平行时自旋阀器件的微分电导 dI/dV 曲线[9]

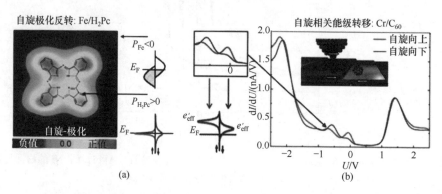

图 5-8　(a) 诱导自旋极化反转的实验证据和单个分子表面与自旋相关的能量转移。P 代表自旋极化，e'_{eff} 代表有效电子能量[11]；沉积在 Fe 表面的 H$_2$Pc 分子的自旋极化图像通过自旋极化扫描隧穿显微镜实验完成。铁表面的自旋极化为负 (蓝色)，分子上方的自旋极化为正 (橙黄色)，突出显示了 H$_2$Pc 轨道上的自旋极化反转[10]。(b) 对沉积在铬表面的 C$_{60}$ 分子进行的自旋极化扫描隧穿测量。自旋向上 (红色) 和向下 (蓝色) 的电导曲线的隧穿电导曲线图

是一个具有平面分子结构的非磁性有机半导体,当它吸附在铁磁 Fe 表面上时,由于铁磁和有机分子间的轨道杂化效应,可在该单分子上观察到自旋极化现象,并且在该工作中发现其极化值与 Fe 相反[图 5-8(b)][10]。此外,该技术也被用来研究沉积在铬表面的 C_{60} 分子,特别是该分子轨道的自旋依赖性和能量转移。从微分电导曲线中得到的隧穿磁电阻率可以高达 100%,这归因于自旋态密度和移动,从而导致了自旋极化率的增加。

5.4　X 射线磁圆二色性能谱

　　磁光效应是磁学领域中的一项重要的研究方法和技术,如可见光区域内的科尔磁光效应和直线极化波法拉第旋转效应;此外,基于 X 射线近边吸收(XANES)的磁光效应,如 X 射线磁圆二色性(XMCD)能谱,也已成为磁学研究的一项重要表征手段[12]。该方法使用 X 射线作为激发源,获取材料的吸收谱,可通过吸收谱和相关理论模型拟合进行元素分辨、化学键分析、表面电子和磁学性质表征等,一直以来受到磁学研究者的青睐[13, 14]。关于 XMCD 能谱的研究起源于 20 世纪 90 年代,其发展是为了深入研究铁磁性原子的磁矩。事实上,该技术充分地利用了同步辐射中 X 射线的偏振性,它主要针对铁磁性材料,特别是铁磁性块体材料、纳米薄膜、多层膜和合金膜等[15, 16]。此外,该技术在研究有机半导体和铁磁薄膜的界面自旋态方面也颇有优势。

　　X 射线又称伦琴射线,是一种波长介于紫外线与 γ 射线之间的电磁波,波长为 0.01～10 nm,其能量范围为 100 eV～100 keV。X 射线根据其能量高低可以分为硬 X 射线和软 X 射线。能量为 1～10 keV,波长为 0.1 nm 以下的称为硬 X 射线;波长大于 0.1 nm 的则称为软 X 射线(X 射线的软硬之分并没有严格界限)。硬 X 射线能量高,穿透能力强,波长与原子半径相当,基于硬 X 射线的表征方法(如衍射、散射、吸收等)已被广泛应用于物质原子结构分析中。而软 X 射线,能量较低,对样品辐射损伤相对较小(但容易被空气或水吸收而发生衰减),在电子结构分析、物质成像研究中发挥着重要作用。

　　当 X 射线穿过样品时,由于样品对 X 射线的吸收,光的强度会发生衰减,这种衰减与样品的组成及结构密切相关。X 射线吸收光谱(XAS)就是利用 X 射线入射前后信号变化来分析材料元素组成、电子态及微观结构等信息的光谱学手段。XAS 方法通常具有元素分辨性,几乎对所有原子都具有相应性,对固体(晶体或非晶)、液体、气体等各类样品都可以进行相关测试。当 X 射线能量等于被照射样品某内层电子的电离能时,会发生共振吸收,使电子电离为光电子,而 X 射线吸收系数发生突变,这种突跃称为吸收边(edge)。原子中不同主量子数的电子的吸收边相距颇远，按主量子数命名为 K、L、M…吸收边。原子外层电子根据排布轨道的不同，不同主量子数 (n) 对应的轨道依次为 1，2，3，4，5，6，7；相对应的电子层符号依次为 K，L，M，N，O，P，Q。注意：每一种元素都有其特征的吸收边系，因此 XAS 可以用于元素的定性分析。此外，吸收边的位置与元素的价态相关，氧化价增加，吸收边会向高能侧移动（一般化学价每增加 1，吸收边就移动 2~3 eV），因此同种元素，化合价不同也是可以分辨出来的。

在 XMCD 能谱测试中，通常情况下，所制备的样品被放置于超高真空腔内，当外加磁场和入射 X 射线相平行时，铁磁材料对左旋偏振光和右旋偏振光的吸收程度不同，这种非对称的光吸收性可以用来反映材料原子体系下的平均磁矩大小和方向。根据光吸收的黄金规则可知，电子从始态跃迁到末态的吸收系数与二者之间的跃迁矩阵平方成正比，同时，也与末态的态密度成正比。在一级近似下即在忽略芯能级空穴势能的情况下，单电子吸收截面可以分解为与能量有关的原子跃迁矩阵元和态密度的乘积。因此，近边吸收谱能够直接反映出固体材料中电子未占据态的能带结构、电荷转移、电子轨道、电子轨道杂化、自旋态等信息。1992年，Thole 等提出了著名的磁性圆二色吸收谱的轨道加和定则[17]；之后，Carra 等给出了自旋加和定则[18]，通过 XMCD 能谱，以及自旋和轨道加和定则可以确定出原子的自旋和轨道角动量，这使得实验所测得的 X 射线吸收谱的积分强度和 XMCD 能谱的积分强度与介质的磁学性质联系起来。通过测定材料中特定原子的 XMCD 能谱，结合加和定则就可以分别获得该元素的自旋磁矩和轨道磁矩。根据费米黄金规则，原子吸收 X 光子后，芯能级的电子受激跃迁到上能级的空态或部分填充态。电偶极跃迁的吸收截面为

$$\sigma_{abs} = \frac{2\pi}{h} \left| \left\langle \Phi_f \left| \frac{eA}{mc} p \cdot e_q \right| \Phi_i \right\rangle \right|^2$$

$$\rho(E_f) \propto \left| \left\langle \Phi_f \left| r \cdot e_q \right| \Phi_i \right\rangle \right|^2 \rho(E_f) \delta(h\omega - E_f + E_i)$$

(5-6)

式中，e_q 为入射偏振光的单位矢量，−1，0，+1 分别代表右旋圆偏振光、线偏振光、左旋圆偏振光。式 (5-6) 反映了电子吸收 X 射线光子后的跃迁情况，不仅与入射光的电子末态态密度有关，还取决于偏振性。以 3d 过渡金属原子为例，根据跃迁选择定则 $\Delta l = \pm 1$，$\Delta m = +1$ [左旋（LCP）]，$\Delta m = -1$ [右旋（RCP）]，可以得到原子对不同偏振光的吸收截面。计算表明，偏振导致了吸收截面的变化。

在外加磁场中，体系的哈密顿量可以表示为 $H(r, B)$，设 $\Phi(r, B)$ 是体系的本征函数，则它的时间反演函数 $\Phi'(r, B) = \Phi^*(r, -B)$ 也是薛定谔方程的解。则对于不同的偏振光和不同的磁化方向，X 射线吸收截面表示为

$$\sigma(e_q, B) \propto \int \Phi_f^*(B) e_q \cdot r(B) \Phi_i(B) \mathrm{d}r \cdot \int \Phi_f(B) e_q^* \cdot r \Phi_i^*(-B) \mathrm{d}r$$

$$= \int \Phi_f'(-B) e_q \cdot r(B) \Phi_j^*(-B) \mathrm{d}r \cdot \int \Phi_f^*(-B) e_q^* \cdot r \Phi_i^*(B) \mathrm{d}r = \sigma(e_q^*, -B) \tag{5-7}$$

同样有

$$\sigma(e_q, -B) = \sigma(e_q^*, B) \tag{5-8}$$

可得

$$\mathrm{XMCD} = \sigma(e_q, B) - \sigma(e_q^*, B) = \sigma(e_q, B) - \sigma(e_q, -B) \tag{5-9}$$

加和定则是 XMCD 实验的理论基础,它提供了原子的自旋角动量和轨道角动量与 XMCD 谱线之间的关系,将 X 射线吸收谱的积分强度、XMCD 能谱的积分强度与材料的磁学性质联系起来。例如,对于 3d 过渡金属来讲,其轨道和自旋加和定则可表示为

$$m_{\mathrm{orb}} = -\frac{4 \int_{L2+L3} (\mu_+ - \mu_-) \mathrm{d}E}{3 \int_{L2+L3} (\mu_+ + \mu_-) \mathrm{d}E} (10 - n_{3d}) \tag{5-10}$$

$$m_{\mathrm{spin}} = \frac{6 \int_{L3} (\mu_+ - \mu_-) \mathrm{d}E - 4 \int_{L2+L3} (\mu_+ - \mu_-) \mathrm{d}E}{\int_{L2+L3} (\mu_+ + \mu_-) \mathrm{d}E} \times (10 - n_{3d}) \times \left(1 + \frac{7 \langle T_Z \rangle}{2 \langle S_Z \rangle}\right) \tag{5-11}$$

式中,m_{orb} 为轨道磁矩;m_{spin} 为自旋磁矩;$\mu_\pm$ 为不同磁化方向消除入射光墙厚的吸收谱;L2 和 L3 分别代表主量子数为 2 和 3 时的吸收边;$\langle T_Z \rangle$ 为磁偶极算符的期望值;在 Hartree 原子单位中,$\langle S_Z \rangle \approx \frac{1}{2} m_{\mathrm{spin}}$;$n_{3d}$ 为 3d 电子的占据数。从加和定则可以看出,磁矩的计算依赖于吸收谱及其积分面积。

图 5-9(a) 给出了生长在单晶 MgO 基底上,Fe 薄膜的低能电子衍射图,该薄膜和基底能够形成较好的晶格匹配。图 5-9(b) 给出了单层和多层 C_{60} 薄膜中碳元素 K 边的 X 射线吸收谱。对于多层 C_{60} 薄膜,X 射线吸收谱的吸收峰代表一些核激发态,第一个吸收峰(284.45 eV)代表 LUMO 轨道,而 285.8 eV 和 286.35 eV 分别对应 LUMO+1 和 LUMO+2 轨道。而单层 C_{60} 薄膜包含两个相对较宽的吸收峰,这说明 Fe 和 C_{60} 的界面处存在一定的轨道间相互作用,或称之为轨道杂化效应,该杂化效应诱导出光谱展宽。单层 C_{60} 界面处的 LUMO+1 和 LUMO+2 轨道可合并为一体,反映在 X 射线吸收谱的峰位向较高能量移动,类似的情况也出现在

Al 和 Au 表面所生长的 C_{60}。如此明显的光谱展宽和相对平移说明 C_{60} 和 Fe 界面存在较强的化学键。同时，对于单层 C_{60} 薄膜，在 283.5 eV 的吸收峰包含一个光谱肩，这说明该位置所对应的界面 LUMO 能级中包含一定量从 Fe 向 C_{60} 转移的电子。图 5-10 给出了有无 C_{60} 条件下 Fe L 边的 XMCD 谱线，通过对谱线进行归一化处理以及加和定则分析，C_{60}/Fe 结构中 Fe L_3 边的 XMCD 信号有所减小，然而 L_2 边的 XMCD 信号基本没有改变。由于 Fe 和 C_{60} 轨道杂化效应，Fe 表面轨道磁矩有所减小。

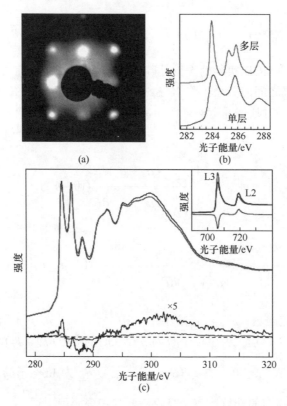

图 5-9　(a) 生长在单晶 MgO(001) 基底上，外延体心结构 Fe 薄膜的低能电子衍射图；(b) 生长在 Fe 表面的单层和多层 C_{60} 薄膜 X 射线吸收谱；(c) 碳 K 边的 XAS 和 XMCD 谱，插图为铁 L 边的 XAS 和 XMCD 谱[19]

图 5-11 是通过实验测试并利用加和定则来分析 Fe_3O_4/C_{60} 界面，该 XMCD 能谱图通过 Fe 的 $L_{2,3}$ 吸收边来获取。表 5-1 总结了加和定则对 Fe_3O_4/C_{60} 界面的分析结果，从这些数据中可以看出虽然轨道磁矩被认为对杂化界面较为敏感，但这里的轨道磁矩变化并不大。然而，自旋磁矩有较为明显的变化，当 C_{60} 吸附在 Fe_3O_4 表面时，自旋磁矩由原先的 (2.95 ± 0.21) μ_B 变为 (2.62 ± 0.18) μ_B。

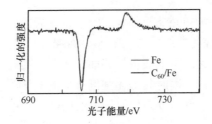

图 5-10 有无 C_{60} 条件下测得的 Fe L 边的 XMCD 谱线[19]

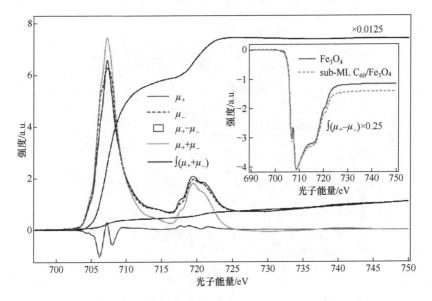

图 5-11 加和定则分析 Fe_3O_4 单层薄膜和 C_{60}/Fe_3O_4 中 Fe $L_{2,3}$ 边的 XAS 和 XMCD 谱图[20] μ_+ 和 μ_- 分别表示在旋光和磁化方向平行和反平行时 $2p \rightarrow 3d$ 的 XAS 强度；$\int(\mu_+ + \mu_-)$ 和 $\int(\mu_+ - \mu_-)$ 分别代表 XAS 和 XMCD 谱的积分强度

表 5-1 $Fe_3O_4(001)$ 表面和 Fe_3O_4/C_{60}（单层）界面以 μ_B 为单位的
自旋磁矩 (m_{spin}) 和轨道磁矩 (m_{orb}) 信息[20]

	m_{spin}/μ_B	m_{orb}/μ_B	m_{orb}/m_{spin}
$Fe_3O_4(001)$	2.95 ± 0.21	0.29 ± 0.03	0.10
sub-ML $C_{60}/Fe_3O_4(001)$	2.62 ± 0.18	0.32 ± 0.03	0.12

铁磁和铁磁/有机半导体自旋界面的磁学性质如磁滞回线，可以通过同步辐射 XMCD 技术获取，如图 5-12 所示。图 5-12（a）给出了铁磁 Co 在室温（红色曲线）

和 100K(蓝色曲线)环境下的磁滞回线,以及在 Co 表面制备 TTF 分子后在 100 K 下所测得的磁滞回线(绿色曲线)[21]。当 Co 表面被 TTF 分子覆盖后,由于这两种材料之间的相互作用,进而可形成自旋界面。如图 5-12(a)所示,Co/TTF 样品表现出磁矫顽力增大的效应,同时与磁化强度有关的 L_3 峰值所占比例也有所减小。图 5-12(b)中给出了两个大小较为相似的磁滞回线,其中一条曲线(红色)代表铁磁 Co 薄膜的磁滞回线,另一条曲线(蓝色)代表 Co/TTF 样品在 323 K 下退火 5 min 后的磁滞回线。这种磁滞回线还原现象说明表面 TTF 分子在退火过程中从 Co 表面升华。

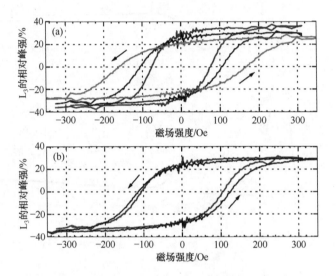

图 5-12　基于铁磁 Co-L_3 XAS 测得的磁滞回线[21]

(a)室温下测得的磁滞回线(红色曲线),100 K 测得的磁滞回线(蓝色曲线),Co 表面沉积 TTF 后在 100 K 下测得的磁滞回线(绿色曲线);(b)在 100 K 下,铁磁 Co-L_3 XAS 所测得的磁滞回线(红色曲线),以及 Co/TTF 样品在 323 K 下退火 5 min 后的磁滞回线(蓝色曲线)

参 考 文 献

[1] Stefano S. Molecular spintronics: The rise of spinterface science. Nat Phys, 2010, 6(8): 562-564.

[2] Cinchetti M, Dediu V A, Hueso L E. Activating the molecular spinterface. Nat Mater, 2017, 16: 507.

[3] Steil S, Großmann N, Laux M, Ruffing A, Steil D, Wiesenmayer M, Mathias S, Monti O L A, Cinchetti M, Aeschlimann M. Spin-dependent trapping of electrons at spinterfaces. Nat Phys, 2013, 9(4): 242-247.

[4] Galbiati M, Tatay S, Barraud C, Dediu A V, Petroff F, Mattana R, Seneor P. Spinterface: Crafting spintronics at the molecular scale. MRS Bull, 2014, 39(7): 602-607.

[5] Xu H X, Wang M S, Yu Z G, Wang K, Hu B. Magnetic field effects on excited states, charge transport, and electrical polarization in organic semiconductors in spin and orbital regimes. Adv Phys, 2019, 68(2): 49-121.

[6] Barraud C, Seneor P, Mattana R, Fusil S, Bouzehouane K, Deranlot C, Graziosi P, Hueso L, Bergenti I, Dediu V, Petroff F, Fert A. Unravelling the role of the interface for spin injection into organic semiconductors. Nat Phys, 2010, 6(8): 615-620.

[7] Raman K V, Kamerbeek A M, Mukherjee A, Atodiresei N, Sen T K, Lazic P, Caciuc V, Michel R, Stalke D, Mandal S K, Blugel S, Munzenberg M, Moodera J S. Interface-engineered templates for molecular spin memory devices. Nature, 2013, 493(7433): 509-513.

[8] Wang K, Strambini E, Sanderink J G M, Bolhuis T, van der Wiel W G, de Jong M P. Effect of orbital hybridization on spin-polarized tunneling across Co/C$_{60}$ interfaces. ACS Appl Mater & Inter, 2016, 8(42): 28349-28356.

[9] Wang K, Yang Q, Duan J S, Zhang C X, Zhao F G, Yu H M, Hu B. Spin-polarized electronic transport through ferromagnet/organic-inorganic hybrid perovskite spinterfaces at room temperature. Adv Mater Interfaces, 2019, 6(19): 1900718.

[10] Kawahara S L, Lagoute J, Repain V, Chacon C, Girard Y, Rousset S, Smogunov A, Barreteau C. Large magnetoresistance through a single molecule due to a spin-split hybridized orbital. Nano Lett, 2012, 12(9): 4558-4563.

[11] Atodiresei N, Brede J, Lazić P, Caciuc V, Hoffmann G, Wiesendanger R, Blügel S. Design of the local spin polarization at the organic-ferromagnetic interface. Phys Rev Lett, 2010, 105(6): 066601.

[12] Funk T, Deb A, George S J, Wang H, Cramer S P. X-ray magnetic circular dichroism: a high energy probe of magnetic properties. Coordin Chem Rev, 2005, 249(1): 3-30.

[13] Chen J G. NEXAFS investigations of transition metal oxides, nitrides, carbides, sulfides and other interstitial compounds. Surf Sci Rep, 1997, 30(1): 1-152.

[14] Stöhr J, König H. Determination of spin- and orbital-moment anisotropies in transition metals by angle-dependent X-ray magnetic circular dichroism. Phys Rev Lett, 1995, 75(20): 3748-3751.

[15] Chen C T, Sette F, Ma Y, Modesti S. Soft-X-ray magnetic circular dichroism at the $L_{2,3}$ edges of nickel. Phys Rev B, 1990, 42(11): 7262-7265.

[16] Schütz G, Wagner W, Wilhelm W, Kienle P, Zeller R, Frahm R, Materlik G. Absorption of circularly polarized X rays in iron. Phys Rev Lett, 1987, 58(7): 737-740.

[17] Thole B T, Carra P, Sette F, van der Laan G. X-ray circular dichroism as a probe of orbital magnetization. Phys Rev Lett, 1992, 68(12): 1943-1946.

[18] Carra P, Thole B T, Altarelli M, Wang X. X-ray circular dichroism and local magnetic fields. Phys Rev Let, 1993, 70(5): 694-697.

[19] Tran T L A, Wong P K J, de Jong M P, van der Wiel W G, Zhan Y Q, Fahlman M. Hybridization-induced oscillatory magnetic polarization of C$_{60}$ orbitals at the C$_{60}$/Fe(001) interface. Appl Phys Lett, 2011, 98(22): 222505.

[20] Wong P K J, Zhang W, Wang K, van der Laan G, Xu Y B, van der Wiel W G, de Jong M P.

Electronic and magnetic structure of C_{60}/Fe_3O_4 (001): A hybrid interface for organic spintronics. J Mater Chem C, 2013, 1 (6): 1197-1202.

[21] van Geijn E, Wang K, de Jong M P. Electronic and magnetic properties of TTF and TCNQ covered Co thin films. J Chem Phys, 2016, 144 (17): 174708.

索 引